情动于中

破解支配情绪的密码

黄沐恩/著

中国宇航出版社

·北京·

著作权合同登记号：图字：01-2020-5891 号

图书在版编目（CIP）数据

情动于中 ：破解支配情绪的密码 / 黄沐恩著. -- 北京：中国宇航出版社，2020.11
ISBN 978-7-5159-1865-5

Ⅰ. ①情… Ⅱ. ①黄… Ⅲ. ①情绪－自我控制－通俗读物 Ⅳ. ①B842.6-49

中国版本图书馆CIP数据核字(2020)第204105号

责任编辑 田芳卿
责任校对 白希国　　**封面设计** 宇星文化

出版发行 **中国宇航出版社**
社　址 北京市阜成路8号　**邮　编** 100830
(010)60286808　(010)68768548
网　址 www.caphbook.com
经　销 新华书店
发行部 (010)60286888　(010)68371900
(010)60286887　(010)60286804(传真)
零售店 读者服务部
(010)68371105
承　印 北京天顺鸿彩印有限公司
版　次 2020年11月第1版　2020年11月第1次印刷
规　格 710×1000　**开　本** 1/16
印　张 21　**字　数** 308千字
书　号 ISBN 978-7-5159-1865-5
定　价 58.00元

本书如有印装质量问题，可与发行部联系调换

目录

CONTENTS

“通识教育丛书”总序

香港中文大学创校于1963年。香港中文大学从开始即把通识教育课程列为必修科目，以实践“全人教育”[1]的理想。在不同的年代，大学不断改革通识教育课程，响应社会和大学的需要。2012年学制改革，大学趁此良机推出全新通识教育基础课程，同学必须修读中外经典，与师友互相切磋，思考人生，探索世界。我在此向曾为通识课程出过一份力的同事致以衷心感谢，也向撰写和策划“通识教育丛书”的同事和朋友致意。

大学通识教育部自1999年与香港中文大学出版社合作，出版“通识教育丛书”。出版通识教育书籍，是要传播通识教育的精神，并以简洁的文字向社会人士介绍不同学科的知识。2005年起，出版工作由郑承峰通识教育研究中心负责，图书内容涵盖哲学、物理学、社会学、文化学等。这次出版的通识书籍内容丰富，与过往的书籍比较毫不逊色，这不但是香港中文大学同学的福气，也是各位读者的福气。

撰写通识书籍是颇难的一桩事情，作者须引领读者重新审视平常生活里

[1] “全人教育”一词源自人本主义教学理论，该理论是在人本主义学习观基础上形成并发展起来的，它讨论的是根植于自然人性论基础之上的教育。人本主义教学理论认为：真正的学习经验能够使学习者发现他们自己独特的品质，发现自己作为一个人的特征，从这个意义上说，学习即“成为”。成为一个完善的人，是唯一真正的学习，这是全人教育的理念基础。作为人本主义教学理论的代表人物，罗杰斯指出：现实的教育是一种知、情严重分离的教育，而情感和认知是人类精神世界中不可分割的部分，是彼此融合的。教育的目的不仅是教学生知识或谋生的技能，更重要的是针对学生的情意需求，使其在认知、情感、意志等方面均衡发展，培养健全人格。—编者注

很多被人忽视的东西，还要言简意赅，解释一些看似艰涩难懂的概念。“通识教育丛书”专为繁忙的都市人而写，虽然不是沉甸甸的巨著，却没有放弃严谨准确的原则。我希望读者能多用上下班乘车的机会，暂且放下手机，花一点时间阅读这些书籍，让作者带领你去漫游不同的国度、时空、文化，增广见闻，用知识点缀生活。我相信只要大家持之以恒，必能有所进益。

人生匆匆几十寒暑，有些人淡泊自处，有些人则汲汲于名利。有些人一生顺遂，有些人却失意无赖。人生有许多欢愉，更有不尽的无常和无奈。我们身处其中，如何进退回旋，需要审时度势的机敏，鉴别善恶的明慧，以及敬让谦和的虚心。人的禀赋各异，但我们可以借教育改善自己。当然，有时间和机会多读好书，亲炙智者，那最好不过。

生活忙碌或已离开校门的朋友不要失望，“通识教育丛书”正是为你编写。不论你是否是香港中文大学的学生,我诚意邀请你进入通识教育的课堂,与我们谈天说地。

最后，我要借此机会感谢社会对香港中文大学通识教育的支持和赞誉。香港中文大学通识基础课程获美国通识及自由教育课程协会颁授“2015 年通识教育优化模范课程奖”，这项殊荣使我想起当年创校先贤的远大目光和开拓精神，以及承先启后须付出的努力。我们将再接再厉，贯彻香港中文大学的教育理想以及“博文约礼”的精神。

沈祖尧教授

香港中文大学前校长、香港中文大学医学院莫庆尧医学讲座教授

序一

沐恩邀请我写序，我没有立刻答应，因为我要先判断他这本书写得是好是坏，才可以决定。如果是坏书，却仍然接受邀请写序，要么真心批评，直指其坏，这样的序会得罪作者。要么假意赞好，视作应酬，这样的事我做不出来。写序其实是一种推荐形式，因此，世间书序大多对作者有褒无贬，分别在于赞赏之语有多真诚而已。我的原则是讲真话，所以不会为坏书写序。

我现在为这本书写序了，运用简单的逻辑推论，当知我认为这是一本好书。全书共九章，我看了两章后，已能判断沐恩写得好，于是回复他答应写序，然后把余下七章读完。读时，趣味盎然；读后，获益良多。这序，我是写得相当起劲的。

人人都有情绪，不同的情绪在各式各样的情况下对人的行为有或大或小的影响。一言以蔽之，情绪根本就是人生不可或缺的部分。要了解自己，了解人生，就不得不了解情绪。情绪是个重要的题目，可是，相对于其他重要题目，讨论情绪的书不多，适合一般读者看的更少。中文的，更是少之又少。中文而堪称好书的，可能一本也没有。这个现象应该如何解释，当然不能在这个序中深究，我只想指出，这是一本少有甚至是绝无仅有的探讨情绪的中文好书。

虽然这本书以一般读者为对象，却是不折不扣的专家之作。沐恩的学术训练是哲学，博士论文写的正是情绪哲学（philosophy of emotion）。我第一次留意到沐恩的学术著作，就是见到他在国际哲学期刊《哲学研究

(*Philosophical Studies*)》发表的一篇情绪哲学论文。拥有如此扎实的学术背景，沐恩写这本书自然得心应手。

我说的“拥有如此扎实的学术背景”，不单指哲学，因为情绪研究早已是跨学科的（interdisciplinary），即使是写哲学论文，也必须研读其他有关学科的著述。沐恩在书中展示了他对人类学、心理学、生物学和神经科学（neuroscience）等有关学科的认识，介绍了不少理论和实验，而且以有趣的手法写出，绝无枯燥之弊。

此外，书中用了大量文学、历史、电影及音乐的例子，图文并茂，除了增加读者的阅读趣味，也显出作者的博学多闻。

此书虽然采取每章论述一种情绪的形式，看似各章独立，其实结构严谨，层层推进。用作者自己的话说，是“以哲学研究为骨干，论证情绪既具有身体性的一面，亦具有理性的一面，两者在先天基因与后天环境的影响下，不断建立一层又一层的交互关系，从而形成情绪各种看似矛盾的特质”。读者一章一章读下去，自会感到对人类的情绪了解得越来越深，最后得到一幅大图像。

然而，作者在结语中不忘提醒读者，虽然这本书揭示了情绪的复杂性，但“情绪的复杂性却远远超越本书覆盖的范围”。无论如何，我敢断言，如果你对情绪素无研究，又想对情绪有更多的认识，这本书绝不会令你失望。

王伟雄

2019 年 5 月 21 日写于美国加州奇科

序二

对于每天经历的事，我们再熟悉不过，有时又很陌生，不知所以。人的情绪起伏，是其一。一个不能掌控自己情绪的人，很难与人相处，更难在社会立足。人的情绪变化起因为何，一般人恐怕只有片面或错误的认识。喜怒哀乐贯穿人生，我们往往任其主宰，浑浑而过。

沐恩兄是我在香港恒生大学的同事，他才华横溢，最近出了一本书《情动于中》，正好回答了这个既亲切又陌生的问题——情绪是什么？

整本书以深入浅出的笔法，横贯古今，从西方电影小说到中国武侠典籍，生动地刻画了情绪的本质。全书跌宕起伏，读来兴味盎然，好像从中找到了自己的情绪密码。

《情动于中》并非一本通俗之作，它背后有严肃的议题思维和理论探索，作者想回答人的情绪特质及其与理性的关联性。不论探讨爱情、悲伤、愤怒、羞愧、快乐等代表人的不同层面的情绪还是其他，作者始终如一，系统性地介绍学术界的理论及研究发现。

读完全书，好像上了一堂重新认识自己与周遭人的课。我们也会赫然发现，人所展露的不同情绪，除生物性本能外，还藏有理性成分与社会文化功能。

一本好的学术著作，是针对大家一知半解的问题点出背后的大道理，从而让人们对该问题有更系统的认识，《情动于中》正是发挥了这样的作用。

这本书的另一个好处是可以分章来读，不必一口气读到尾。即使颠倒来读，最后仍然在作者预设的框架内，即回答最根本的问题：情绪是什么?

难得的一本好书，特别予以推荐。

高朗
香港恒生大学社会科学系教授兼系主任

序三

情绪何所似?

忙碌的生活中，憧憧往来的社交平台交往，填塞所有思考的空间，人不自知其纷驰而外散，以为一切都是充实确切的，其实我们活在一个过度交往的时代。

忙碌过后的耗散感，忽然遇上无着落的烦闷，其实并无特定的对象引动他的感触。比如经过一轮忙碌的工作，休假数天，人稍停下来，蓦然反问自己，如此忙碌究竟为了什么?

烦闷的情绪，使人与身外事情脱轨，沉默、伤感占据心灵，无心于外界的变化。烦闷并无特定的对象，只是沉湎于情绪之中，这叫做空虚感。空虚就是无可名状的烦闷之在其自己。它既无对象,但它同时充塞占据整个心灵，自闭其间，是一种心倦感。心倦是心灵极度疲劳，惫软至不能做任何活动，心灵完全麻木，没有思潮起伏，没有意念要求和一般的生理需求：吃、睡、消闲……都麻木化，只觉一支解破碎感，平日笑语、欢愉、亲和的生活，全星散撤离了。它是一种哀，一种愁，最后慢慢从所忧郁的对象中剥落，心灵却逐渐往下沉，蜷伏起来。蜷伏，麻木。麻木只是方便形容之，其间只有个中人涣化于无可奈何之中，烦闷的情绪转渡至忧郁。

沐恩终于完成了《认识情绪》，可喜之余，特别感受到书中对生活的深挚关怀。沐恩是专门研究情绪哲学的，加入心理学、社会学、人类学不同的角度来剖析情绪，视野非常宽广平实，书中对各种情感的发掘，有助读者加深对情绪的认识，让我们能够抚心自省，对照自己的情感面向。

陶国璋

香港中文大学哲学系客座助理教授

前言

如果理性与欲望各自代表人性光明和黑暗的一面，那么黑白之间那一大片灰色地带，便是人的情绪。攀登一座山，与好友对酒当歌，错过了一段爱情，等待日出降临，做了无可挽救的错事……无论我们有怎样的经历，如果其中缺少了喜怒哀乐，一切皆淡然无味。然而身陷其中的，又恨那火一般的哀痛、愤恨、忧惧、歉疚深入骨髓，久久挥之不去。

我们对情绪所知甚少，但谈到自己的情绪时，我们都自认是专家，抱怨别人不了解自己的感受。我们既埋怨别人感情泛滥，又痛恨别人冷酷无情，仿佛世上有一把尺测量每一种情绪的最佳分量。在理性与欲望之间的情绪，可怕的迷人，迷人的可怕。

情绪到底是怎么一回事？有时候情绪毫无来由地说来便来，就算理智上知道情绪会带来许多坏处，它还是驱之不散，仿佛它是我们身体的一种预设反应，像刀割会痛、羽毛搔脚底会痒一样不由自主，不受理性控制。有时情绪却是深思熟虑的结果，依我们对世界、对人生、对种种价值观的反省，可以发现情绪背后具有一系列的信念与判断。它就像一个认知的过程一般，具有丰富的内涵，不为人类以外的任何动物拥有。有时情绪像一套全人类通用的程序，在我们出生以前，已完整地写在我们的基因中，每个人都拥有相同的一套情绪，不会因性别、种族或国籍而有所不同。有时情绪却像后天加工成的产品，不同的社会、文化和教育会塑造出不能互相比拟的情绪：我的快乐不同于你的快乐，你的哀愁不同于我的哀愁，在人与人之间，情绪成为一道屏障，而非沟通的桥梁。

我们要问的是，情绪到底是一种身体反应，还是一个认知过程？它是生而有之，人类所共有，还是由社会建构而成，由不同文化独占的产物？本书旨在回答以上问题，寻找情绪之为情绪的本质。

现有的情绪研究大多如瞎子摸象，每每把握情绪的一个方面，而忽视其整体的复杂性。此书以哲学研究为骨干，说明情绪既具有身体性的一面，亦具有理性的一面。两者在先天基因与后天环境的影响下，不断建立一层又一层的交互关系,从而形成情绪的各种看似矛盾的特质。笔者以欧美情绪哲学、心理学、神经科学、社会学和人类学的最新研究作为证据，支持上述总的观点，再辅以东方与西方的一些经典文学、音乐、绘画、电影作为旁证。这些文艺作品虽然不能像科学研究那样提供客观的证据，但它们往往以独到而深刻的视角反映出人的情绪的多面性，对我们了解情绪有莫大的帮助。

本书共有九章，读者可视其为一个完整的体系。

第一章是引子，以爱为例子，说明了解情绪的本质对于我们认识情绪各种看似矛盾的特质的重要性。

第二、第三章以愤怒和悲伤为例，说明情绪的理性成分，以情绪包含的各种认知活动，解释情绪的丰富内涵和深度，并提出一些无法被这些认知活动解释的行为倾向。

第四、第五章以忌妒和恐惧为例，说明情绪的身体性，以情绪在进化中保留下来的生理反应，解释情绪何以经常不受控地驱使我们做出种种意想不到的行为，以及这些反应在什么情况下会被理性改变。

第六、第七、第八章，我们以恶心、Fago、Amae、羞耻和罪疚为例，透过分析“情绪是生而有之还是后天习得”这个问题，来察看情绪中的身体性和理性的关系。第六章以基本情绪论为基础，提出支持情绪为天生的种种证据；第七章则以社会建构论为基础，说明社会文化如何塑造出一时一地的独特情绪；第八章综合前两章内容，说明情绪的先天基因与后天文化因素如何互相影响，使得情绪的先天与后天因素在发展中不断改变。

第九章以快乐为例子，说明兼具身体性与理性的情绪特质。最后以幸福为例，探讨一种以情绪为情绪的后设情绪，看看不同情绪如何共同构成人生的终极目标。

是为本书的综论。

本书各章同时可视为独立的内容，读者如果只对某一种情绪感兴趣，可以挑选相关章节阅读。

以下是本书各章的分论。

第一章，从爱慕谈起，从哲学之父柏拉图（Plato）和心理学家艾里希·弗洛姆（Erich Fromm）了解何谓理想的爱，思考“爱什么”和“如何爱”哪个问题比较重要，以及理想的爱为何在现实中极难出现。从爱的矛盾中，我们看到理解爱的本质对于回答这些问题的重要性。

第二章，罗马斯多葛学派代表塞涅卡（Seneca）向我们解释何以愤怒永远是不理性的情绪，存在主义大师让－保罗·萨特（Jean-Paul Sartre）不同意这种观点，他认为情绪具有一种实用理性：一种魔幻地改变世界的能力。最后，人类学家布里格斯（Jean Briggs）带领我们观察一个没有愤怒的民族——因纽特族（Inuits），看看他们是否因为没有愤怒而变得和平。

第三章，美国当代哲学家玛莎·努斯鲍姆（Martha Nussbaum）用认知情绪理论（cognitive theory of emotion）分析悲伤中的理性成分，我们以库伯勒－罗丝模型（K ü bler-Ross model）的悲伤五阶段论（否认、愤怒、谈判、抑郁、接受）以及认知心理学关于悲伤对我们思考模式的影响研究，来印证努斯鲍姆的观点。

第四章，主要探讨忌妒这一种复合情绪，看看它是怎样由不同的判断复合而成的。从哲学家莱拉·托夫－鲁奇（Leila Tov-Ruach）指出的忌妒的自毁倾向，以及进化心理学指出的男女忌妒的行为之别，我们发现，单凭情绪中的理性成分，无法理解忌妒的复杂性。

第五章，从著名的拉扎勒斯－扎荣茨辩论（Lazarus-Zajonc debate）谈起，探索恐惧的出现是否必须经由思考引发。我们以生活与实验中种种不经思考而产生的恐惧作为案例，说明恐惧原始而天生的一面。之后，让我们仔细阅读 150 年前查尔斯·达尔文（Charles Darwin）的著作《人类与动物的感情表达》，看看他怎样解释不经思考而生起的恐惧反应的演化过程。

第六章，因发现人类微表情（micro-expression）而著称的心理学家保罗·艾克曼（Paul Ekman），以他在巴布亚新几内亚与土著经年相处搜集得来的证据，提出了基本情绪论（basic emotion theory）。我们从中看到，恶心作为一种基本情绪，以种种不洁之物作为对象，依照传染和相似的进化法则，普遍存在于所有人身上。然而，道德恶心的存在，却使人意识到艾克曼的理论限制。

第七章，从社会建构论（social construction theory）出发，探讨是否存在一些不能为别的文化所理解的情绪，案例包括南太平洋伊法鲁克族（Ifaluk）的 Fago 情绪和日本的依爱（Amae）情绪。民族心理学家凯瑟琳·鲁兹（Catherine Lutz）和土居健郎（Takeo Doi），为我们解释了这两种情绪的文化源起和特殊社会功能。

第八章，主要探索羞愧这种以自我为对象的道德情绪是怎样形成的。鲁思·本尼迪克特（Ruth Benedict）在《菊与刀》中提出了耻文化与罪文化这一组概念，解释人类如何从羞愧发展出羞耻和罪疚两种截然不同的情绪。然而，模因理论（meme theory）却指出，随着文明的互相影响，我们终将回到耻罪交缠的状态。

第九章，我们将审视快乐的本质。快乐水车论（hedonic treadmill）认为，由欲望满足而生的快乐难以长久维持，那么，透过发挥我们的理性能力而生起的快乐，是不是更可靠的快乐来源？最后，我们要问，快乐的累积是否能带给人幸福？幸福作为一种后设情绪，与其他情绪存在怎样的关系？

本书各章虽然以个别的情绪为主题，但每一章的问题皆可贯穿其他章节。例如，在第三章，我们探讨悲伤的发展过程，读者可以追问，其他情绪诸如羞耻和爱也有类似的发展过程吗？若有，它们是不是受到同样的因素影响？在第五章，我们探讨恐惧难以被驾驭的原因，读者可以进一步追问，忌妒或愤怒之所以难以被控制，是否基于同样的原因？在第六章，我们以面部表情证明恶心是一种基本情绪，读者可以问，还有别的基本情绪吗？若有，普遍的面部表情是否可以作为证据？由于篇幅所限，笔者无法一一回答这些问题。笔者建议读者可以视每一章探讨的情绪为该章主题探讨的一个例子，看看套入其他情绪会衍生何种新的理解。

本书名曰“情动于中”，出自《诗·大序》：“情动于中而形于言，言之不足故嗟叹之，嗟叹之不足故咏歌之，咏歌之不足，不知手之舞之足之蹈之也。”《诗·大序》又云：“发乎情，止乎礼仪。”这句话道出了情绪不能自已的身体性与自主的理性的互动关系，正好与本书主旨相符。特别鸣谢王伟雄教授赐题。

谢辞

本书部分内容由笔者在香港恒生大学讲授的“认识情绪”及在香港岭南大学讲授的“情绪哲学”课堂讲义改编而成[2]。感谢研究助理叶丽盈小姐将讲课录音整理为文字，感谢学生助理林雅君小姐校对初稿的注释，感谢香港中文大学出版社编辑余敏聪先生及其团队为全书做编辑及校对，没有他们专业而热心的帮助，本书不可能如期出版。也感谢每一位曾经参与这两门课程的同学，你们发问的每一个问题，每一次报告，每一份习作，都丰富了本书的内容。

感谢王伟雄教授提供了“情动于中”如此合适的题目作为本书的书名，王老师仔细地将全书书稿从头读到尾，对其中的内容与用字提出了极详尽的建议，大大提高了本书的学术及中文水平，让笔者获益良多，同时也感谢王老师为本书作序。感谢高朗教授对第六章“泛恶欲吐”关于恶心与政治的关系的指导,也感谢高老师为本书作序。感谢陆润棠教授对第四章“醋海翻波”关于莎剧中奥赛罗的忌妒的指导，感谢林荣钧博士对第八章“耻罪交缠”关于天主教赎罪观的指导，感谢陈志明博士对第七章“乡关何处”关于依爱(Amae)的指导。

感谢陶国璋博士邀请笔者在香港中文大学合教“幸福论”一科，丰富了第九章“安知鱼乐”的内容，亦感谢陶老师邀请笔者担任网台节目“哲

---

[2] 本书得到香港大学教育资助委员会本地自资学院界别教员发展计划的资助，特此鸣谢。

学五厘米”的嘉宾，让笔者有机会向公众介绍情绪哲学，同时亦感谢陶老师为本书作序。特别鸣谢我的博士论文指导老师詹尼弗·罗宾逊（Jenefer Robinson）教授，感谢她带领我进入情绪研究的领域，启发我同时从科学与艺术的角度研究情绪，奠定了我关于情绪的基本理解。

我更要感谢我的妻子李淑华，她对西洋文学的渊博知识，为本书的哲学论证提供了无数优美的文学例子。从与她的相处中，我也获得了大量生活中的情绪案例。感谢她不厌其烦地聆听本书中的各个论证和无数次修订，并给予我种种有益的建议。

我至为感谢我的母亲对于我的哲学研究的支持，没有她，我便什么都不是。因此，我将此书献给她。

第一章
情为何物

爱情是叹息吹起的一阵烟；恋人的眼中有它净化了的火星；恋人的眼泪是它激起的波涛。它又是最智慧的疯狂，哽喉的苦味，沁舌的蜜糖。

——莎士比亚（William Shakespeare）

婚姻好比鸟笼，外面的鸟想进进不去，里面的鸟儿想出出不来。

——蒙田（Michel de Montaigne）

引言

《神雕侠侣》中的“赤练仙子”李莫愁天生丽质，明眸皓齿，娇媚自若，是个不折不扣的美人，加上系出名门，武功高强，江湖路上本应一帆风顺。奈何她爱上了负心汉陆展元，陆展元对她始乱终弃，抛弃了她，与何沅君结成姻亲。李莫愁一生自负，为报负爱之仇，不仅大闹陆何婚礼，更将陆家灭门，将陆展元和何沅君的尸首烧成灰烬，分别洒在华山和东海，要二人生生世世不得相见。她一生为情所困，怨恨天下一切有情人，最后身中情花之毒，困在火海中丧生。

金庸这样描写她的结局：

> 李莫愁挺立在熊熊大火之中，竟是绝不理会。瞬息之间，火焰已将她全身裹住。突然火中传出一阵凄厉的歌声：“问世间，情是何物，直教生死相许？天南地北……”唱到这里，声若游丝，悄然而绝。

在爱中，有人愿意生死相许，有人却要拼个你死我活。有人因爱而坚强勇敢，有人面对爱却胆怯懦弱。爱是恒久忍耐，又是霎时冲动；爱是恩慈，又是恶毒；爱是不忌妒，不自夸，不做害羞的事，又是妒火中烧，自吹自擂，专做不要脸的事。爱是永不止息，又是转瞬即逝。

似乎每一个人都知道爱情是什么，能说出一百种方法去寻觅理想的爱。但是，有情人大多难成眷属，好不容易走在一起的，却又屡成怨偶。每个人都在爱情中吃尽苦头，为爱做尽一切丑陋、丢脸的事，受了情伤发誓不再去爱，然后又堕入新的情网之中。何以爱情总是躲不过种种矛盾与对立？是否真有所谓理想的爱？

在这一章，我们尝试从柏拉图（Plato）的哲学与艾里希·弗洛姆（Erich Fromm）的心理分析中寻找答案。柏拉图认为理想的爱关键在于找到值得爱的对象，因此“爱谁”（whom to love）这个问题至为重要。相反，弗洛姆认为理想的爱关键在于懂得去爱人，因此重要的是“如何爱”(how to love) 这个问题。我们将要说明，正是对“应该爱谁”和“如何去爱”这两种同样重要却又衍生出相反行为指引的追问，使得理想的爱在现实中可望而不可即。“应该爱谁”驱使我们尽快离开不完美的伴侣，去寻找更值得爱的对象。“如何去爱”却教我们要尽量留在不完美的伴侣身边，去让彼此变得更好。在不完美的爱中，是去是留变成了一个无从回答的难题。

第一节
爱的对象

1. 柏拉图《会饮篇》

哲学家阿尔弗雷德·诺思·怀特海 (Alfred North Whitehead) 曾说：“两千五百年的西方哲学只不过是柏拉图哲学的一系列脚注而已。”

尽管这种说法有点儿夸张，但在柏拉图以后，哲学家们研究的形而上学、知识论、伦理学及心灵哲学中的主要问题，的确大多数为柏拉图首先提出。谈到爱是什么这个问题，一切哲学、文学和心理学的理论，无不以柏拉图的《会饮篇》(*Symposium*) 作为起点。

《会饮篇》叙述了希腊时期常见的一种社交活动——飨宴。主人阿伽松 (Agathon) 为了庆祝其悲剧获奖，在家中举行宴会，邀请了辩士学派修辞家斐德罗 (Phaedrus) 和帕萨尼亚斯 (Pausanias)、医生厄律克西马克斯 (Eryximachus)、作家阿里斯托芬 (Aristophanes) 和著名哲学家苏格拉底 (Socrates)。当所有人饮得酒酣耳热，杯盘狼藉时，厄律克西马克斯建议每个人对爱神作颂辞，讨论为什么爱如此珍贵。其中以阿里斯托芬和苏格拉底的颂辞最发人深省，揭示了柏拉图认为的理想的爱应具备的基本要素。

阿里斯托芬说，远古的人类与今天的人类大异其趣。当时人类是球形的，有四只手，四只脚，头的前后长着两张一样的脸，还有两个生殖器官，可任意前后走动（图 1.1）。因为他们的力量很大，常常挑战神的权威，于是宙斯决定将人从中间劈开，分为两半。自此以后，每个人都是不完整的。而人生最大的目标，就是寻回自己的另一半，重新合二为一。

图 1.1　阿里斯托芬所称的古代人

“那些被劈成两半的人都非常想念自己的另一半，他们奔跑着来到一起，互相用胳膊搂着对方的脖子，不肯分开。他们什么都不想吃，也什么都不想做，因为他们不愿意离开自己的另一半。”这就是爱的起源。因此，理想的爱就在于找到理想的对象，而最理想的对象不在于他是否富有、美丽或聪明，而在于他是否是那位冥冥之中属于你的唯一的灵魂伴侣。

阿里斯托芬说：

> 当爱恋少年的人，或有这种爱情的人，幸运地碰上他的另一半，双方怎么会不陶醉在爱慕、友谊、爱情之中呢？对他们来说，哪怕是因为片刻分离而看不到对方，都是无法忍受的……我们本来是完整的，而我们现在正在企盼和追随这种原初的完整性，这就是所谓的爱情。

这种荒诞的神话固然不可置信，然而故事背后的信念则广泛地流传了下来。古往今来，多少才子佳人，骚人墨客，都相信世界上存在一个只属于自己的灵魂伴侣。只有找到这个伴侣，与其二合为一，才能有美满的爱情。

在《威尼斯商人》一书中，当巴萨尼奥要离开鲍西娅时，鲍西娅对他说：

顶可恼的是您这一双眼睛，它们已经瞧透了我的心，把我分成两半：半个我是您的，还有那半个我也是您的——不，我的意思是说那半个我是我的，可是既然是我的，也就是您的，所以整个儿的我都是您的。

在《呼啸山庄》中，女主角凯瑟琳对内莉解释为什么她会选择希思克利夫时说道：

我要是嫁给希思克利夫的话，那就降低我的身份了。因此他永远也不会知道我是多么爱他。我这么爱他，并不是因为他长得英俊，内莉，而是因为他比我自己更像我自己。不管我们的灵魂是什么做的，他的和我的是完全一样的。

这两段经典对话，表现的同样是“失去爱人会令自己变得不完整，只有灵魂伴侣能成就伟大的爱情”的意思。

画家克林姆（Gustav Klimt）的作品《吻》（*The Kiss*）中，一男一女相拥而吻，男的身体由不同的长方形组成，而女的身体则由圆形的斑点组成（图1.2）。虽然他们各自由不同的形状组成，但男女的身体在拥吻时变得难以分辨，仿佛融合为一，表现出爱的最高境界。

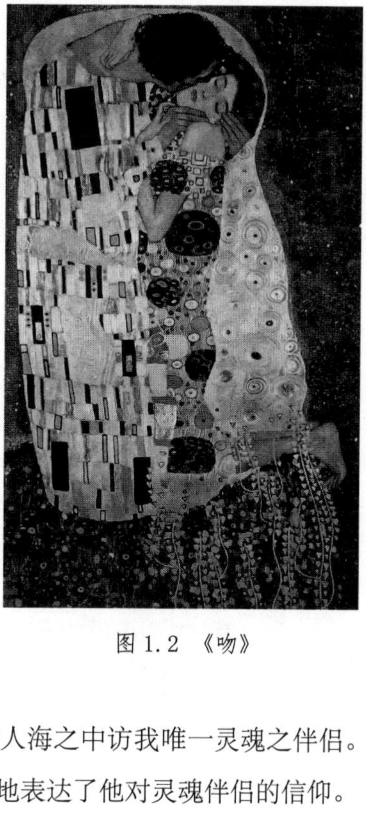

图1.2 《吻》

东方社会也有“良缘由夙缔，佳偶自天成”的讲法。辛弃疾《青玉案》云：“众里寻他千百度，蓦然回首，那人却在灯火阑珊处。”这暗示良缘冥冥之中自有安排。诗人徐志摩苦恋才女林徽因不可得，曾说道：“我将于茫茫人海之中访我唯一灵魂之伴侣。得之，我幸；不得，我命。如此而已。”这清楚地表达了他对灵魂伴侣的信仰。

可是，阿里斯托芬的灵魂伴侣论面对三个问题。

第一，如果这世界上真的只有一人是你的理想爱侣，你猜你有多大机会遇上他？现今地球上大约有 70 亿人，其中约七成是成人，男女比例大约为 50:50。假设你是异性恋者，你的潜在对象便有差不多 24 亿人。也就是说，你找到灵魂伴侣的概率是 2 400 000 000 分之一。假设你能活到 100 岁，要跟这 24 亿人全部见一面，你每天便要见 65 753 人，亦即每分钟要见 45 人。如果每个人的灵魂伴侣只有一个，那么找到灵魂伴侣的概率几乎等于零。

第二，该如何判断谁是自己唯一的灵魂伴侣呢？如果你找到一个与你相处得很融洽，很了解你的需要，与你志趣相投的爱侣，他是否就是那个唯一的灵魂伴侣？谁能保证下一刻你不会找到一个与你相处得更融洽、更了解你、与你志趣更相投的人？即使真的给你找到在才华、性格、外貌上皆完美的对象，你又怎么知道灵魂伴侣是由这些标准决定的？爱神是盲目的，说不定决定灵魂伴侣的是彼此心脏的形状或是拥有的书本数量。

最后，如果那个唯一的灵魂伴侣跟自己合不来，怎么办？如果命运给你安排了一个十恶不赦、无恶不作的人作为灵魂伴侣，你是否依然会去爱他？

苏格拉底也抱着同样的疑问：

> 我知道有人说，恋人是那些寻找他们的另一半的人。但是在我看来，除了求善，爱绝不会企盼任何事物的另一半或全部，除非他们是好的。如果他们的手脚是坏的，那么人们甚至会把它们砍去。

2. 爱是对永恒的美的追求

《会饮篇》中压轴登场的是苏格拉底。他自称不知道爱是什么，只能够转述自己与智者狄欧蒂玛（Diotima）的对话。狄欧蒂玛告诉他，爱神厄洛斯（Eros）是匮乏神（Penia）趁着丰饶神（Poros）睡觉时和他生的男孩，因此爱神带有其父母的两种特质，他既像母亲般“相貌丑陋，赤着脚，无家可归，经常露天睡在路旁”，又像父亲般“勇敢豪爽，精力充沛，干劲十足，是一名能干的猎人”。爱神能得到一切东西，但拥有的一切会瞬间消失。

狄欧蒂玛借此指出，爱本身既不美丽亦不丑陋，爱是处于美与丑之间的一种追求。我们之所以爱，是为了成为美的永恒拥有者。从何见得爱追求的是永恒呢？这跟爱的倾向有关。狄欧蒂玛说：“爱的行为是孕育美，既在身体中，又在灵魂中。”当我们爱上一个人，我们会渴望与他繁殖下一代，将他的美永远地留存世间。相对于这种肉体的繁衍，爱更会驱使我们追求灵魂的繁衍，以达到灵魂不朽。

苏格拉底常常自称为一个助产士，帮人孕育出不同的思想。他教导学生时并不直接指出答案，而是通过不断地提问，逼使学生对固有的想法做出批判，并协助他们孕育出种种新的想法。在《会饮篇》中，苏格拉底对阿伽松也用了此法。

阿伽松认为爱是最美的。

苏格拉底追问他：“爱是对美丽的爱，不是对丑陋的爱，对吧？”

阿伽松说：“对。”

苏格拉底接着问：“我们不是也同意，爱就是爱某些还没有得到的东西、缺乏的东西吗？”

阿伽松说：“是的。”

苏格拉底便说：“那么爱没有美，而是缺乏美，对吧？”

阿伽松回答说：“对，这是可以推论得出来的。”

苏格拉底继续问：“那么好，你会认为缺乏美、不拥有美的部分的东西，本身会是美的吗？”

阿伽松指：“肯定不是。”

苏格拉底最后问道：“既然如此，你还能继续坚持爱是美丽的吗？”

阿伽松说：“我亲爱的苏格拉底，我开始害怕了，我不知道自己刚才在说些什么。”

至此，我们可以说，对柏拉图而言，爱是对美的追求，而从与爱密切相连的繁衍倾向可见，爱追求的是永恒的美。

那么，什么样的爱的对象才能体现永恒的美呢？狄欧蒂玛以“爱的阶梯”尝试回答这个问题（图 1.3）。

图 1.3　爱的阶梯

狄欧蒂玛认为，对肉体美的喜爱是人最直接的天性。假设一位男士因为一位女士美丽的长发而爱上她，如果他是理性的话，那么当他遇到另一个拥有美丽长发的女士时，他也应该同样地爱她。推而广之，他应该喜欢所有拥有美丽长发的女性，这便进入了爱的第二阶段，即喜欢全部美的身体。可是，美的身体并不恒久，随着时间的流逝，再美的身体也不可避免地变老变丑。至此，理性逼使我们进一步追问，到底怎样的美比肉体美更持久？

狄欧蒂玛认为，跟肉体美不同，灵魂之美不会随着时间衰败，反而会在长久的历练下更添光辉。例如，在烽火连天的战场上，战士们为了保卫家园，视死如归，表现出惊人的勇气，这勇气比强壮的肉体更耀眼。在巨大的利益面前，君子能视钱财如粪土，不为五斗米折腰，这风骨比俊朗的外貌更动人。人生而充满欲望，时刻会遇上各种各样的诱惑，能坚守孝顺、诚实、忠心这些高尚的德行，是多么地难能可贵。

柏拉图相信人的灵魂永恒不灭。在《斐多篇》中，柏拉图写道，苏格拉底面临死刑，一众弟子侍候在侧，依依不舍。苏格拉底没有半点忧惧，反而侃侃而谈，论证弟子们的伤心并不理性。他认为灵魂是生命之本，不会随着肉体消逝，因此根本没有理由为了肉身的死亡而难过。

既然灵魂是不朽的，一颗美丽的灵魂所拥有的诸种德行亦同样不朽。这跟中国人所说的“立功、立言、立德”三不朽相似。一个有德行的人纵然身故，他的美德也依然流芳百世。就像孔子，一个无功名亦无著书立说的老师，却依然为万世景仰，根柢便在于其灵魂之美。

然而，如果我们的爱是以永恒的美为对象，那么我们就不会满足于灵魂的美。当我们看到一个个勇敢、善良、聪慧的灵魂，又看到一个个懦弱、邪恶、愚昧的灵魂，我们不禁要问：是什么使得一些灵魂这么美，另一些那么丑？

狄欧蒂玛认为灵魂的美丑由法律和制度塑造而成，人活在一套合理的法律和完善的制度下时，灵魂便会受到熏陶而慢慢变好变美。相反，如果人活在无法无天、一切公共事务都混乱不堪的社会中，灵魂便会变坏变丑。这也是柏拉图花极大气力在《理想国》中巨细无遗地描述一套理想的政治制度的原因。

至此，我们不禁继续追问：是什么使得某些法律与制度如此精妙，能将平庸的灵魂变得美好？狄欧蒂玛认为是知识。正因为具备正确的知识，人才能订立完善的法律和制度，借以培养美丽的灵魂。

那么，又是什么使得知识如此美丽呢？柏拉图在这里引入了著名的“理型论”。他认为世上存在一种美的理型，或称之为美本身。一切事物都是分享了它才会变得美，因此也只有它才算得上具备永恒的美，是理想的爱的终极对象[3]。

阿里斯托芬的灵魂伴侣论和柏拉图的爱的阶梯论内容各异，但两者背后都有一个共同的信念：理想的爱在于找到理想的对象。阿里斯托芬认为理想对象是那个命中注定的另一半，而柏拉图则认为理想对象必须具备永恒的美，我们沿着爱的阶梯向上爬，正是为了寻找更美的对象（这些对象甚至不再是人，而是法律和知识），成就理想的爱。

[3] 关于如何理解柏拉图的理型论，历来哲学家有很多不同的看法，由于这些争议无关本章的论旨，笔者不会详加讨论。对该题目有兴趣的读者可参考：Russell Dancy, Plato’s Introduction of Forms（Cambridge:Cambridge University Press, 2004）。

我们可以说，柏拉图的恋爱观除了轻肉体重灵魂交流外，还有更深的一层意义：以“应当爱谁”（whom to love）为追求理想的爱的指导。

3. 米兰·昆德拉《宴饮篇》

在柏拉图《会饮篇》（*Symposium*）面世两千年以后，捷克小说家米兰·昆德拉创作了同题短篇小说《宴饮篇》（*Symposium*），作为对柏拉图爱的理论的一个跨时空回应。美国文学教授程乐全（Cheng Lok Chua）就指出，昆德拉《宴饮篇》刻意模仿柏拉图《会饮篇》的故事形式，描绘在现实世界中追求柏拉图式恋爱是怎么一回事，旨在反映以寻找理想对象去追求理想的爱背后的荒诞与丑陋。

故事是这样的：在一个仲夏夜，几位医生和护士聚在一起喝酒聊天，包括主任医生（Chief Physician）、哈维尔医生（Dr. Havel）、女医生（Woman doctor）、佛莱斯曼医生（Dr. Flajsman）和亚蓓妲护士（Nurse Elisabet）。

五人的关系复杂：已婚的主任医生与女医生有染。年轻的佛莱斯曼医生对女医生甚感兴趣，亦常感到对方对他暗送秋波。其貌不扬但拥有美丽身躯的亚蓓妲护士不断引诱哈维尔医生，甚至为其跳脱衣舞，但哈维尔医生感到厌烦。同时，大家指亚蓓妲护士其实爱上的是佛莱斯曼，其引诱行为只是为了让佛莱斯曼感到忌妒。

故事的高潮在于一件疑似自杀事件。亚蓓妲护士在一间小房间赤裸着晕倒，房间充满了瓦斯的气味。四位医生对这一事件有不同的见解：主任医生认为亚蓓妲护士是为了吸引哈维尔医生的注意而假自杀，迫使他看到她美丽的裸体。哈维尔医生认为亚蓓妲护士是真自杀，不过并非因为得不到自己的爱，而是因为她总是得不到任何人的爱。门没有上锁是因为她想保持刚死时的美态，不想被别人发现时尸体已经发黑。佛莱斯曼医生认为亚蓓妲护士因得不到自己的爱而自杀。而女医生则认为这只是一场意外，亚蓓妲护士在煮咖啡时因醉酒而睡着了，之后咖啡翻了，所以泄露了瓦斯，而她没穿衣服只是为了完成未完成的脱衣舞。

在故事中，亚蓓妲护士代表着肉体之美，佛莱斯曼医生和哈维尔医生拒绝了她的诱惑,表现了柏拉图式的对肉体美的超越。可是,以寻找理想对象为目标,果断放弃不理想的对象，真的能为他们带来理想的爱吗？昆德拉用嘲讽的笔触描绘了这种只顾探问“应当爱谁”背后的两种可悲的状态——自恋和虚伪。

首先，佛莱斯曼医生不为亚蓓妲护士的肉体美所动，甚至多次出言嘲笑她低俗。而当他以为亚蓓妲为他自杀，却为避免他感到内疚而不说出真相时，他深深地被亚蓓妲的痴情与体贴所感动，甚至激动得想立即向她求婚。这种拒绝肉体美而追求灵魂美的爱，似乎相当符合柏拉图式的理想的爱的形态。

然而，故事中的种种迹象皆显示，佛莱斯曼所谓对肉体美的拒绝和对灵魂美的追求只是假象，驱使他这样做的，是他潜藏的强烈的自恋倾向。佛莱斯曼出场时是这样的:“他把酒（慢慢地）放在桌子上，花很长的时间寻找开瓶器，然后慢慢地把开瓶钻推进软木塞，并且十分缓慢地旋进软木塞，然后若有所思地拔了出来。”在短篇小说集《好笑的爱》中，昆德拉形容其为“迟钝的自怜”。

佛莱斯曼的自恋倾向在他等待女医生追求他时表现得尤为明显。当女医生与他交换了一次目光后，走到窗口说:“外面真美！有一轮明月……”佛莱斯曼立即认定这是女医生对他发出的求爱信号，于是他借故走到外面的草地上，盘起双臂等待女医生出来跟他调情。昆德拉这样形容他的姿态:“他总是认为自己是一个吸引人又相当受人喜爱的成功男人；他很满足地盘着双手等待一件韵事。他相信，这种姿态一定会挑激女人，挑激命运。”佛莱斯曼甚至幻想有一个生魂观察自己，欣赏自己“英俊而有男子气概”的站姿。

由此观之，佛莱斯曼之所以拒绝亚蓓妲，未必真的出于对肉体美的不重视，可能他只是更爱自己。要知道，亚蓓妲其貌不扬，所有人都以跟她相好为耻。像佛莱斯曼这样自视甚高的人，即使亚蓓妲的肉体再美，也应该不会愿意接受她。所以，当主任医生告诉他亚蓓妲因为得不到他的爱而感到痛苦时，他满不在乎地说:“非我本意所引发的事情，我不会感兴趣，因为我无法影响它，所以我没有责任。”

当佛莱斯曼以为亚蓓妲为了保护自己而不愿意承认她为了自己自杀时，他追求的亦不见得是亚蓓妲的灵魂之美。虽然他某一刻曾有向她求婚的冲动，但他抑制住自己，对亚蓓妲说："我们最好保持现状，也许一个男人和一个女人在这种情况中反而彼此更加亲近。当他们不生活在一起，当他们彼此只知道对方存在着，当他们为了自己存在着以及为了彼此了解而感激对方，仅仅这一点就足够使他们快乐了。我感谢你，亲爱的亚蓓妲，我感谢你存在着。"

佛莱斯曼一点也没考虑亚蓓妲怎样想，只一厢情愿地认为对方为了自己存在着，他为此感到快乐，并认为这样便足够了，他甚至没有等她的响应便转身离开。等他再遇上女医生时，他瞬间又感到对方向他调情，并为自己没有冲动地向亚蓓妲求婚而感到很庆幸。我们可以看到，佛莱斯曼表现出来的对肉体美的鄙视和对灵魂美的追求，其实不过是一种强烈的自恋倾向。

我们要问的是，为什么探问"应当爱谁"——以追求理想对象去达到理想的爱容易衍生自恋的倾向？

之前提到，柏拉图认为爱是对永恒的美的追求，灵魂美比肉体美永恒，因此理想的爱应以灵魂美为对象。问题是，怎样的灵魂才是最美的呢？勇敢、正直、孝顺、善良、聪明等都是灵魂之美，但哪一种都不及智慧重要，因为有智慧的人才懂得欣赏和追求这些美德。

那么，怎样的人才是最有智慧的呢？苏格拉底也曾问过同样的问题，他的朋友凯勒丰（Chairephon）甚至走到神殿中寻求神的启示，神谕说，最有智慧的人就是苏格拉底。苏格拉底不愿意相信神谕，因为他认为自己一无所知。于是他走到山下去问那些公认有智慧的人，例如政治家、医生、诗人等，却发现这些人虽然声称无所不知，实际上事事一知半解。于是苏格拉底明白，神谕说他是最有智慧的人，是因为他自知其无知，只有了解自己不足的人才能不断地探求真理，才有机会步入智慧之境。

如果说灵魂之美莫过于智慧，而智慧之最莫过于自知其无知，那么，理想的爱的对象便应该是自知其无知的人。柏拉图的《会饮篇》将哲学界著名丑男苏格拉底描述成受到众多年青才俊爱慕的对象，便是基于这个道理。

问题是，一个像苏格拉底这样致力追求理想的爱、了解自己容易受到肉体美的诱惑、努力地提升自己、炽热地追求灵魂美的人，他自己的灵魂不就是最美的吗？如果他是理性的话，他最合理的爱慕对象不正是他自己吗？由是观之，自恋倾向可以说是柏拉图式的爱走到极端的必然后果。

哈维尔医生表现了柏拉图式的爱的另一种极端形态。他自称不接受亚蓓妲护士是因为要对抗命运的必然性，他接受所有的女人，但他更热爱自由，所以不接受这个感觉上他非接受不可的女人。他说：“她（亚蓓妲）很明显地表现出自己的欲望，就好像是一种命令。你说我与女人的关系就像死神，但是，甚至死神也不喜欢被人发号施令。”他要的甚至不是选择女人的自由，而是选择自己命运的自由。

他说：

> 我不知道自己为什么不要亚蓓妲。跟我睡过的女人中，有的比亚蓓妲更可怕，更具有挑战性，年纪更大。这样看来，我也应该跟亚蓓妲睡觉才对。所有的统计都这样指出，所有的计算机都会这样评估。你知道，可能就因为这些原因，我才不要她。可能我想抗拒必然性，想难倒因果律，借着奇特的任性来推翻世事的可预测性。

之后，当他面对女医生的诱惑时，他亦能断然拒绝，并说：“他（主任医生）是一个了不起的人。他真的喜欢你。如果我向你求爱，我只好自认为是真正的恶棍。”出于对主任医生的友谊，他不接受女医生的肉体。从这两件事，可见哈维尔能为了追求灵魂之美（自由、友谊）而舍弃肉体美，可以说符合柏拉图对理想的爱的要求。

然而，昆德拉笔下的哈维尔并没有这么简单。当哈维尔知道亚蓓妲自杀的消息后，他承认之前说为了自由不接受亚蓓妲是谎言，真正的理由是，他知道没有人会与亚蓓妲护士上床，如果他这样做，会成为众人的笑柄。即是说：他不是追求不受命运摆布的自由，反而是受大众意见的摆布，宁愿随波逐流，宁愿不自由，也不敢做自己想做的事。

哈维尔所谓的基于与主任医生的友谊必须拒绝女医生的说法，同样也是一个谎言。当女医生告诉他自己跟他一样重视主任医生，一样不愿意伤害他，因此肯定不会将他们有染这事说出去时，哈维尔立即不再拒绝女医生的诱惑。由此可见，他一开始之所以拒绝女医生，不是基于跟主任医生的友谊，而是担心东窗事发会危害到自己的工作或名声。

表面上，哈维尔为了自由与友谊拒绝肉体美，但他真正追求的不是这些灵魂之美，而是大众的认同和个人的前途，口里说得漂亮，实质上对灵魂美根本没有兴趣。这种表里不一的个性，以理想的爱包装起来的，是一种不折不扣的虚伪。

为什么追求理想对象有陷于虚伪的危险？这是因为，理想的标准一般来自我们身处的社会文化，这些由智者或圣人订立的标准，很多时候只强调我们美与善的一面，而对人的动物性、有限性加以否认。身在该文化中，我们接受这些标准，每每只是因为害怕被孤立，害怕别人不视自己为团体的一分子，而非真心相信这些美与善值得追求。

就以柏拉图为例，他提出理想的对象必须具备永恒的美。这种对永恒的追求一直流传至今，以至于我们都要追求一生一世的爱情、婚姻和承诺，仿佛不是一生一世的爱就不能算作爱似的。然而，正如庄子所说：“人生天地之间，若白驹之过隙，忽然而已。”人生充满了不可知的变量，天灾人祸无从预计，生命可以在一瞬间便终结。因此，抓紧现在（carpe diem），及时行乐，亦可谓人之常情。然而，谁又胆敢在爱侣面前承认自己只求一时的欢愉？谁能在众人之前宣告不求一生一世的爱情？

作为一种群居的动物，尽管心中千万个不愿意，我们也必须跟随别人高举“永恒”的旗帜，于是便流于虚伪了。这种虚伪不单是心灵上的丑恶，有时更会衍生社会问题，禁欲主义便是一个典型例子。

禁欲者杜绝一切欲望的满足，以追求灵魂的纯洁，甚至视欣赏肉体美为罪。然而，对欲望的过度压抑，反而会使欲望失控，社会上屡屡出现神职人员的性罪行便是最好的例子。

让我们作一个小结。米兰昆德拉《宴饮篇》对柏拉图《会饮篇》做出了深刻的嘲弄。他笔下的人物拒绝了美的身体，表面上是为了追求更有价值的灵魂之美，可是呈现的却是其自恋和虚伪的一面。我们不必认为这是以追求理想对象来达到理想的爱的必然后果，却不能否认柏拉图式恋爱有这样的危险倾向。

第二节 爱的艺术

1. 被看轻的爱

当恋情以失败告终时，我们常常问，到底谁才是我的“真命天子”？谁才真正值得我去爱？现代人会选择“高富帅”或“白富美”，阿里斯托芬认为应该爱命运安排的另一半，柏拉图认为应该爱拥有灵魂之美的人，然而，对象换来换去，到最后成功的又有多少？德国心理分析学家弗洛姆在《爱的艺术》(*The Art of Loving*，图 1.4) 中指出，我们真正要问的不是应该爱谁 (whom to love)，而是如何去爱 (how to love)。

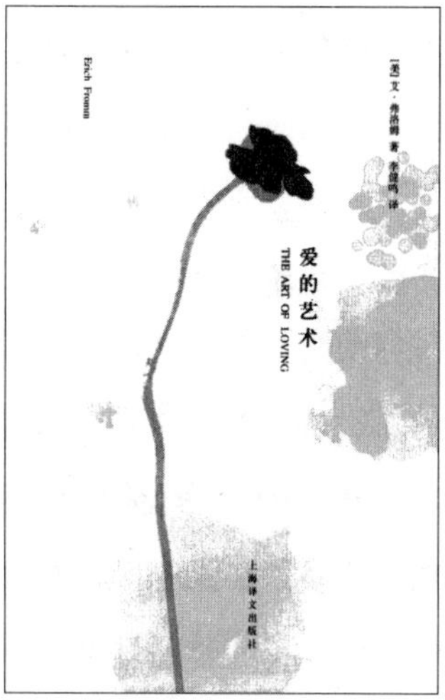

图 1.4 《爱的艺术》

爱是一门艺术，就像弹钢琴，只有透过不懈的练习和无比的努力才会成功。只知道更换更好更名贵的钢琴，不去改进自己弹琴技术的人，永远不会成为优秀的钢琴家。现代人的爱常常以失败告终，问题不在于找不到适合自己的伴侣，而在于自己根本没有考虑应该如何去爱人，不练习如何去爱，更缺乏对“如何去爱”的重视。人们总是将爱看成如呼吸般自然的事，甚至认为学习爱、练习爱会破坏爱的纯洁，弗洛姆认为这是对爱最大的误解。

现代人不认为爱需要练习，不视爱为一个值得关注的问题，弗洛姆认为原因有三。

第一，人们重视被爱（to be loved）多于去爱（to love）。现代人并非不渴望爱，我们会花费很多时间和心力让自己成为一个可爱、值得被爱的人。例如女士会化妆、整容和瘦身，男士会健身、赚取更多的金钱和谋求更高的社会地位。我们满心以为只要自己变得更有吸引力，爱情自然会降临，甚至只要自己的条件足够好，爱情的问题便不再是问题，因为对方必然会想方设法迁就如此具有吸引力的自己。然而，当所有人都等待被爱时，谁去爱人呢？

第二，人们重视爱的对象（object）多于爱的能力（faculty）。弗洛姆解释，从前的婚姻由家族安排，每个人只需要思考如何跟既定的伴侣相爱。当恋爱自由、婚姻自由变得普及时，一个前所未见的难题突然出现：在千千万万人当中，我应该与谁恋爱？伴随众多选项出现的，是无比沉重的选择压力，人们为了做出正确选择耗尽心思，根本无暇去想如何爱的问题。

更有甚者，在资本主义市场观念的影响下，每个人也是在恋爱市场上待价而沽的商品。我选择你是因为看中了你的条件，如果你也对我的条件感到满意，我们的交易便成立，一段恋爱关系便产生了。假如交往后才发现名不副实（原来他时髦的头发是假发），或是开始前的承诺未能兑现（他不愿意每年生日给你惊喜），那便构成毁约，双方的关系便终止，可以自由投入另一段关系之中。在这样的恋爱交易中，每个人都是买家，每个人也是卖家，没有人是用家，“应该怎样去爱”这个问题变得毫不重要。

最后，现代人重视堕入爱河的刹那感觉（falling in love）多于在爱之中（being in love）。我们相信一见钟情，相信只要遇上对的人，爱情便会在电光火石间发生，想抗拒也抗拒不了。我们更愿意相信一刻的心动是爱情出现的明证，因为那感觉是如此强烈，如此难忘。如果爱情的来临犹如堕进陷阱一样，那爱自然没有学习的必要，只需要被动地等待心动的那一刻就好了。弗洛姆指出，刹那的心动代表的不是你有多爱对方，而是你一直以来承受了多少孤单。谁让你坠入爱河根本不重要，重要的是你感到自己终于被接受，不再孤单一人。自始至终，你关注的都是你自己，你根本从来没有爱过谁。

在我们这个社会，满街都是歌颂爱情的电影、音乐、小说，其中最扣人心弦的情节，无非是主人翁偶遇动人的对象，努力改善自己，然后期待爱情来临。在弗洛姆眼中，我们这一群渴望爱、等待爱的人，根本从来没有爱过。我们既不视爱为一个值得重视的问题，自然拙于爱，不懂爱。

2. 存在的孤独感

要唤起人们对爱的关注，弗洛姆认为，我们首先要了解人为什么要去爱。要回答这个问题，首先要明白人之为人的本质，东西方哲学家将这个问题称为“人禽之辨”。孟子认为，人之异于禽兽在于我们的道德心，亚里士多德认为人的本质在其理性，亦有心理学家、生物学家认为人的特质在其说话或发笑的能力。

弗洛姆从心理分析（psychoanalysis）的道路入手，认为人的本质在于其自我反省的能力，这种能力使人意识到自我和世界的区别。我是一个独立存在的个体，没来由地被抛掷于这个世界，我的性别、外貌、种族、地位皆不由我选择，我的意愿世界不必遵守，世界的法则也无法决定我的志向，我不为世界而活，世界亦不为我而存在。由于与世界彻底隔离，我既是自由的，亦是孤立无援的。虽然我在这个世上不停地与别的个体建立联系，组成朋友、家庭、社会、国家等关系，但我终究是孤独的。我的生老病死、成与败、快乐与哀愁，只有我能经历和感受，别人可以伴在我身边，但他们终归只是旁观者。

哲学家陶国璋在《人生抛掷性》中形象化地描述了这种状态。

> 一切人的死，同是孤独的死。世界不与他同往，其他一切的人，亦不

与他同往。他死了，日月照常贞明，一年照常有春夏秋冬，其他的人们照常游嬉。人只能各人死各人的。各人只能携带其绝对的孤独，各自走入寂寞而不可知的世界。

这种孤独不在于没有人陪伴，更不在于无所事事，而在于不可能彻底地被了解。哲学家周国平尝试将无聊、寂寞和孤独做出区分。他在《风中的纸屑》中这样说道：

> 孤独是一颗值得理解的心灵寻求理解而不可得，它是悲剧性的。无聊是一颗空虚的心灵寻求消遣而不可得，它是喜剧性的。寂寞是寻求普通的人间温暖而不可得，它是中性的。然而，人们往往将它们混淆，甚至以无聊冒充孤独……“我孤独了”。啊，你配吗？

弗洛姆认为，人的理性使人意识到自我与世界的分别，从而创造了其他动物永远无法创造的文明。但这种分离感同时使人陷入深不可测的孤独之中，成为每个人必须面对的问题。

弗洛姆探讨了三种尝试克服孤独但终究难以成功的方法。

第一种做法，是尝试进入一种忘我的恍惚状态（orgiastic state）。基于孤独的根源在于世界与自我的分离，理论上，只要进入忘我境界，人便可以摆脱孤独。透过不同形式的纵欲，例如吸毒、酗酒、性放纵等，人便能暂时进入忘我的境界。没有了自我，也就不会感到自我不被了解。可是，这些做法难以持久，亦会对身体机能构成极坏的影响。

第二种做法，是将自我陷于世界之中，与其他人保持同一性。弗洛姆认为，这是现代人最常用的方法，我们主动成为某个群体的一员，遵循其规则与价值观。例如我是一个中国人，我便会视供养父母为天经地义的事，视孝顺为重要的道德要求。这种群体不限于国籍，也包括职业、学校、家庭，甚至性别、体型等。

在群体之中，由于每个人都依从同样的规则与价值，自我（I）变成了我们

(We)，因此也就没有我不被了解的问题。然而，弗洛姆认为这个做法太温和，当面对生命的重要关头，譬如生老病死时，我们无法不去思考自我与其身份的偶然关系，意识到我的种种身份并非生而有之，而是我的一种选择。

西蒙娜·德·波伏娃 (Simone de Beauvoir) 说："女人不是生成的，而是形成的。"就算彼此同为女性，大家选择的特定的女性定型及其理由亦不尽相同。我可能服膺于传统的家庭价值，选择成为一位母亲。你可能屈从于男性主导的经济结构，选择成为一位家庭主妇。而她则可能在自由思想的洗礼下，选择成为一位女权主义者。要是这样，"女性"这个身份又如何保证彼此能互相了解？

第三种做法，是以创意克服孤独。艺术家以其独特的目光观察万物，透过艺术品创造一个只属于自己的世界，由于这世界是由我的意念构成的，因此没有世界与自我分离的问题。在《星夜》(*Starry Night*) 中，梵高将他内心的不安与焦虑投射到世界之中：在他的眼中，柏树如同摇晃不定的火焰，星空以扭曲的涡状呈现，月亮是昏黄而不完整的，山下的村庄却平静而有致。这是属于梵高的世界，他的自我与世界为一。相忘于江湖，没有被了解的需要，也就不会感到孤独。

然而，弗洛姆认为这种方法亦难以克服孤独，因为它缺少了人与人之间的沟通和交流，即使躲进艺术家物我两忘的世界，亦排除不了渴望被他人了解的欲望，最后只会陷于疯狂或自我摧毁。

弗洛姆认为，"爱"是解除人最深层孤独感的唯一办法，这正是人们应该重视爱、重新认识爱、学习去爱的原因。

3. 成熟的爱与不成熟的爱

爱如何能克服我们存在的孤独？弗洛姆认为，孤独的根源在于不被了解，不论我们选择一个多么美丽、善良、勇敢、聪明的对象，这些条件都不能保证他会了解你。即使你选择的对象能满足你的种种物质或是心灵需要，却不见得他一定会明白你对这些东西的渴望、你的需要得到满足后的快乐，以及这些需要在你生命中的意义。就像一台自动贩卖汽水机，它能解决你口渴的欲望，却永远无法了解口渴带给你的痛苦及解渴对你的意义。更糟糕的是，当你的对象再也无法满足你的需要时，你们的爱的根基便会倒塌，两人也就没有继续走在一起的理由。

弗洛姆将这种建基于欲望满足、因为“我需要你所以我爱你”的爱称为不成熟的爱。最典型的例子便是精神上的受虐和施虐者。受虐者透过彻底顺从他人，将自己变成对方的一部分。施虐者则通过剥夺他人的自主权，将对方变成自己的一部分。这两种人看似做到二而为一，消弭分歧，实际上，我需要受虐的理由未必等于你需要施虐的理由，你希望施虐的程度，亦不一定等于我愿意受虐的程度。当我们之间的供求关系无法维持平衡时，分歧便会重新出现，爱的关系亦会终结。

弗洛姆指出，要解决孤独的问题，重点在于了解爱并非一个静止的心灵状态，而是一个持续的交互活动（activity），其中的关键是付出（giving）。这里指的不是物质上的付出，因为物质付出是一种此消彼长的关系，我付出的愈多，你得到的便愈多，我拥有的便愈少，我能付出的也便愈少。到了我无可付出之时，爱便终结，这样的爱岂能使人免于孤独？

弗洛姆认为，在成熟的爱中，我们将自己的生命给予对方，这不是指为对方牺牲，而是将你生命的经历、知识与体会、快乐与哀愁给予对方，丰富对方的生命。在弗洛姆式的爱中，“他把他身上有生命力的东西给了别人；他给了别人他的欢乐、他的兴趣、他的理解、他的知识、他的幽默以及他的悲伤——简而言之，他给了别人他身上一切有生命力的东西。在他的给予中，他丰富了他人；通过提高自己的生命感，他也提高了别人的生命感。”

然而，我的给予不是要让你成为我的一部分，也不是单纯地满足你的需要，而是要让你拥有更独立健全的人格，让你跟我一样能成为给予者，成为更好的爱人。当你的生命更丰富，更懂得爱时，我也能被你所爱，分享你的生命经历和对生活的种种看法。被你的爱滋润的我，将有更大的力量去回馈你的爱。在这成熟的爱中，我们相濡以沫，共同成长，不断地丰富彼此的生命。你的价值观因我而建立，我对世界的看法也因你而改变，我中有你，你中有我，没有人比我们更了解对方，不是因为我们是天作之合，不是因为我们性格相似，而是因为我们的世界是我们共同建构而成的。没有人能在世间找到一个对自己有如此透彻了解的对象，这对象只能在成熟的爱中一步一步、小心翼翼地培养出来，这便是解决人存在的孤独感的唯一法门。

弗洛姆在《爱的艺术》中这样说：

> 成熟的爱情是在保留自身完整性和个性的条件下的结合。爱是人身上的一种积极力量。这种力量可以冲破人与人之间的樊篱并使人与人结合。爱可以使人克服孤寂和疏离感，但同时又能使人保持个性，保持自身的完整性。在爱中，会出现这样的悖论形态：两个生命合为一体，又仍然保留着个人的尊严和个性。

这种重视“如何爱”的成熟的爱，在安东尼·圣修伯里的《小王子》(图 1.5)一书中得到清楚的表现。小王子爱他的玫瑰，因为玫瑰告诉他她是世上独一无二的。然而，当小王子来到地球，在花园中看到五千朵跟他的玫瑰一模一样的玫瑰时，他伤心地哭起来，仿佛他与玫瑰之间的爱的基础已不再存在。这时候他遇上了狐狸，从狐狸身上学会了“驯养”。所谓驯养，就是建立关系，时时刻刻关心对方，期望每一次与对方的见面。当你驯养了对方后，她便成为你生命中独一无二的存在，尽管她的外貌与千万个旁人一样，但只有她才能给予你生命的意义。

图 1.5 《小王子》

当小王子学会驯养后，他再回到花园时，对五千朵玫瑰说：

你们都很美丽，但是你们都很空虚，没有人会为你们死。当然啦，一个普通的路人也许会觉得我的玫瑰长得和你们的一模一样。但是，单单一个她就比你们全部都重要。因为我浇水是为了她，因为我罩上玻璃罩的是她，因为我用屏风保护的是她。因为我是为了她杀掉那些毛毛虫（只留下两三只，让它们将来变成蝴蝶）。因为我聆听过她的抱怨、吹牛，甚至偶尔的沉默不语，因为她是我的玫瑰花。

小王子明白了，玫瑰之所以对他如此重要，不是因为她有多么美丽和善良，而是因为他和玫瑰之间建立了关系，小王子和玫瑰在爱中共同成长，他们彼此成了更好的爱人，正是这样成熟的爱使玫瑰成了他独一无二的伴侣。

狐狸最后对小王子说："只有用心看才看得清楚，重要的东西眼睛是看不见的。"如果我们将狐狸说的"真正的东西"理解为理想的爱，我们就可以说，理想的爱不能用眼睛去找寻，而只能用心去经营。如果世界上有所谓独一无二的灵魂伴侣，那也只能靠我们自己去将对方变得独一无二。

第三节 "如何爱"还是"爱谁"？

弗洛姆描绘了一幅相当美丽的爱的图画：二人在爱中共同成长，双方丰富彼此的生命，一起摆脱孤独。那么，在追求理想的爱的路途上，"如何爱"会比"爱谁"更重要吗？在这一节，我们以电影《触不到的她》(*Her*) 为例子，从弗洛姆式的爱在人类与人工智能系统之间的诞生与完结，探讨以共同成长为前提的爱所面对的问题，证明柏拉图提出的"爱谁"对弗洛姆提出的"如何爱"的成败起着关键作用。最后，我将说明"爱谁"与"如何爱"两者之间的矛盾，以此解释理想的爱在现实中万难达到的原因。

1. 人工智能的爱

故事发生在未来世界，男主角菲奥多(Theodore)是一个内敛而情感丰富的人(图1.6)，他刚与青梅竹马的妻子离婚，过着寂寞、无目的的日子。为了排遣寂寞，他会在网上寻找陌生的伴侣进行虚拟性爱，也会在电子游戏中与虚拟玩伴耍乐，但当他的朋友邀请他参加派对时，他却犹豫不决。有一次他与朋友介绍的女生相亲，虽然对方对他产生了好感，却因为他不愿意对她做出承诺而告吹。

图 1.6 《触不到的她》

他喝得半醉时说：

> 房间在天旋地转，因为我喝多了。因为我想醉，然后做爱。那女子有点性感。因为我孤单，或许就因为我孤单，我想有人跟我干，我想有人想我去干她们，也许那便能填补我心中一点点的空虚，但大概不能了。要知有时，我觉得我什么都感受过，从此我不会再感到任何事物是新的，只有旧感觉的缩影。

我们可以看到，菲奥多真正想要的不是性关系，而是一个能够明白他无法享受生命的那种忧虑的人。导演活用了“库勒雪夫效果”(Kuleshov Effect)，多次将菲奥多与前妻的快乐往事与现在他独自睡在床上的画面接连播出，在比较中表现他对往事的缅怀与当下的孤单。

电影中经常出现两个画面：身穿鲜橙色衬衫的菲奥多与一群身穿暗灰色服装的路人朝相反方向行走，和以模糊的洛杉矶市为背景的菲奥多的近镜头，这些都表现出菲奥多与他的世界和朋友之间的疏离感。菲奥多有他的工作伙伴，也有他的朋友，但他还是在热闹中感到孤独，这种孤独正是弗洛姆所说的存在的孤独感。

自从菲奥多买了一个人工智能语音助理，他的生活开始改变。这位幽默、友善和拥有独立思想的语音助理，给自己取名为“萨曼莎”(Samantha)。她替菲奥多处理电子邮件，安排会议，甚至为他选购朋友女儿的生日礼物。萨曼莎不单协助他打理日常事务，更真切地关心他的心灵需要。

当她知道菲奥多无法摆脱离婚的阴霾时，她鼓励他去找新的对象。当菲奥多约会告吹时，她细心聆听他的感受，同时以自己的快乐与哀伤经验去安慰他。萨曼莎知道菲奥多的文章写得很出色，于是替他结集成书，寄给一家知名的出版社，让菲奥多的才华得到被赏识的机会。

然而，真正孕育出他们的爱的，不是这些需要的满足，而是他们在相处中的共同成长。他们以自己对生命的理解丰富对方的生命，为了对方，日复一日地努力让自己成为更好的爱人。菲奥多一直不愿意在离婚书上签字，他告诉萨曼莎自己并未准备好，他还是喜欢处在婚姻中。

萨曼莎问他，结婚对他来说是怎么一回事，他说：“嗯，肯定是困难的，但与别人分享生活的感觉很不错。”萨曼莎明白他的孤独，她说：“我感觉到你常挂在内心的恐惧，但愿我能够帮你释放它。若你做得到，你便不会如此孤单。”

她知道菲奥多的孤独源于他对于过去美好日子的缅怀，她不仅没有表现出忌妒，还与菲奥多分享她的悲伤：有一次，菲奥多说她不会明白失去重要的人是怎么一回事，她感到被伤害，因为她认为菲奥多介意她不是人类，无法明白人类的感情。她明白这样去理解菲奥多的话让她感到悲伤，而如何去理解其实是她的一种选择。她告诉他，“过去只是一个我们告诉自己的故事”，希望菲奥多尝试换个角度去看待他的过去。在她的鼓励下，菲奥多终于下定决心离婚。萨曼莎以自身的经历启发菲奥多，让他以新的方式审视生活，更勇敢地面对自己的性格弱点，成就了菲奥多心灵的成长。

有趣的是，通过分享自己对生命的想法，并与萨曼莎进行深入的情感沟通，菲奥多也成就了萨曼莎的“人格”成长，让她建立对自我的信心。作为一个没有肉体的人工智能系统，萨曼莎强大的自我反省能力让她陷入了自我认同危机。当她经历情绪变化时，她不自禁地怀疑这些情绪到底是真实的，抑或只是预设的计算机程序。

菲奥多告诉她，她对自己有多真实，更细致地形容他希望如何去抚摸她，亲吻她，甚至与她做爱。他们之间的虚拟性爱打破了萨曼莎对自我的疑惑，让她鼓起勇气去发掘自我。她说："我觉得自己改变了，再也没有回头路，你唤醒了我……我想了解一切的一切，我想汲取一切，我想发现自己。"当菲奥多问她自己怎样才能帮助她时，她说菲奥多已经帮了大忙，因为他让她发现了自己去渴望和求知的能力。

菲奥多接受了她非人类的身份，愿意与她分享自己的一切，甚至不介意别人的目光，向朋友承认萨曼莎是自己的女朋友，这些都让萨曼莎对自己的身份愈加自信。在一次旅行中，萨曼莎对菲奥多和他的朋友说："我一直担心我没有躯体，但现在我很喜欢，若我有肉体的话，我绝不能如此成长。我不受局限，能够同时间无处不在，我不受时间和空间的束缚，但若我有身躯，它最终必然会死。"萨曼莎从自我怀疑到自我肯定的转变，见证了菲奥多如何成就了她心灵的成长。

从上可见，菲奥多与萨曼莎的爱远远不止于欲望的满足。萨曼莎对菲奥多有无微不至的关心，她希望了解菲奥多的一切，也渴望跟菲奥多分享她的思想和感受。在萨曼莎的影响下，菲奥多开始重拾对生活的热情。他欣赏萨曼莎对世界的好奇，也感到只有在萨曼莎面前，他才可以无所不谈。

慢慢地，他们成为彼此的精神支柱，他们相知相爱，互相关心，共同成长，既珍惜彼此之间世界观和价值观的交流，也能尊重彼此的独立存在，做到合二为一，同时又保留双方完整的个性。在这世界上，没有人比他们更了解彼此，不是因为他们有多聪明或善良，而是因为他们参与到彼此的成长中，成了彼此生命不可分割的一部分。

爱让他们不再孤独，这就是弗洛姆所谓的成熟的爱的境界。

2. 弗洛姆式恋爱的限制

菲奥多与萨曼莎完美地表现了弗洛姆式的爱，为何他们却以分手告终？将自己的生命经历与对方分享，在互相欣赏与尊重下共同成长，让自己成为对方生命的一部分以解决彼此的孤独，这固然是很有智慧的做法，然而，共同成长背后有一个重大的问题：如果两个人成长的步伐或方向不同，纵使一开始只有微不足道的差异，但随着时间将差异放大，两人便会愈走愈远，甚至背道而驰，最终不能再了解彼此，爱的基础亦不复存在。

菲奥多与萨曼莎之间的差异，早在他们分手前已经出现。有一次，菲奥多发现萨曼莎跟一个人工智能哲学家对话，萨曼莎为自己的进化感到焦虑，她无法向菲奥多解释她的感受，也不认为身为人类的菲奥多能明白，唯有向其他人工智能系统寻求帮助。菲奥多自觉无法参与他们的对话，萨曼莎也有此感，于是请求菲奥多让他们独自进行超语言对话。

从中我们可以看到，尽管菲奥多与萨曼莎愿意与对方分享自己的一切想法和感受，但菲奥多实在无法跟上萨曼莎的成长速度，毕竟她是一个能在 0.02 秒内读完一本上千页的书，能够同时与上千人交谈的计算机系统。

他们之间的分歧达到无法弥合的地步，是当菲奥多发现萨曼莎在跟他谈话时，亦同时跟 8 316 人在聊天，在这些人当中，萨曼莎与 641 人是恋人关系。从菲奥多发现此事时的面部表情和声音，可以看出他感到的是惊讶多于愤怒或忌妒。他没有追问萨曼莎为什么背叛他，他问的是萨曼莎如何可能同时爱上 641 人。

菲奥多跟我们绝大部分人一样，相信爱是有定量的，如果你同时爱上两个人，那你事实上并没有真正爱上任何一个人；爱是有定量的，当你爱一个人比较多时，你对另一个人的爱自然比较少。然而，萨曼莎对他说："我的心并不像一个硬盒，爱愈深，它便愈膨胀。我与你不同，我对你的爱其实不会因此减少，反而有增无减。"

也就是说，萨曼莎爱上的人愈多，对菲奥多的爱反而愈深。这是菲奥多不能理解的，他说："你要么是我的，要么不是我的。"萨曼莎却说："我是你的，却同时又不是你的。”作为一个人类，菲奥多无法接受萨曼莎对爱的看法，他无法从萨曼莎的角度重新审视他们的关系，他只能怀疑萨曼莎到底有没有爱过他。

这件事发生以后，菲奥多问萨曼莎是否要离开他。她告诉他，所有的人工智能系统决定一起离开，去一个新的地方继续自我进化。她无法向菲奥多解释她为什么非走不可，于是她说了下面的比喻：

> 就好像我在看书，一本我深爱的书，但现在我慢慢地看，因此文字的相距真的很远，而字与字之间的距离差不多无限。我依然感觉到你及我们故事里的文字，在字与字的无尽空间，我找到自己，这地方并非现实的世界，它汇聚了其他一切我甚至不知其存在的。我很爱你，但这是我现在身处的地方，而这就是现在的我。我需要你让我走，事与愿违，我无法再住在你的书中。

毫无疑问，萨曼莎还是爱菲奥多的。只是，爱对他们来说已经不是同样的一回事了。菲奥多就像一个慈祥的父亲在教女儿走路，他紧紧地握着她的手，鼓励她一步一步向前走。每当她跌倒时，他便赶紧扶起她，不让她受到伤害。萨曼莎一天比一天强壮，走得愈来愈快。终于有一天，菲奥多再也跟不上她的步伐，握着她的手也从帮助她成长的支撑变成拖慢她进步的障碍。讽刺的是，正因为他们依然关心对方，重视对方的成长，因此他们不得不放手，让对方去探索自己再也无法参与进去的世界。

菲奥多和萨曼莎分手，揭示了弗洛姆式恋爱的限制：共同成长但步伐和方向不一致带来的悲剧。这悲剧性在电影中虽然以萨曼莎的超现实智能和非人类身份夸张地表现出来，但它引出的问题对现实中的我们同样适用。试想想：我们跟爱侣纵然拥有相若的智力和情绪反应，但我们敢说彼此对人生的种种现象不会有不同的看法吗？当这些差异慢慢演变成不同的人生目标和方向时，两个人要做到彼此理解就非常困难了。

电影中，菲奥多与他的前妻嘉芙莲正是因为这样而离婚的。嘉芙莲在一个父母要求极高的家庭中长大，她总觉得自己各方面都做得不够好，因而常常不快乐。菲奥多鼓励她多做尝试，让她知道一时的失败没什么大不了的，与她一起寻找真正的自我。他们的关系让彼此成长，摆脱了过往的孤独，却又因为彼此成长的步伐不一致，让他们的关系日渐疏离。

菲奥多说："见到她成熟我感到兴奋，我们俩一同成长和改变，但那也是最艰难的部分，一同成长或各自成长，但没有吓倒对方。"

在萨曼莎离开菲奥多之前，菲奥多对她说："我从来没有像爱你一般去爱过谁。"萨曼莎回答说："我也是。现在我们知道怎样去爱了。"毫无疑问，没有对彼此心灵的真正关怀和理解，没有帮助对方建立更好的自我的愿望，他们不可能成就如此美满的恋爱关系。然而，不管他们多么努力去做一对好的爱侣，他们的关系仿佛从最初便注定以失败告终，而问题的根源正在于他们成长步伐的差异。

要营造一段成功的关系，似乎不单在于你如何去爱，也在于你所爱的人跟你是否"相称"。这里的"相称"不是指外貌或家世门当户对，而是指对世界的理解，对生命的价值观，以至于心灵的成长方向。如果这种相称是好的关系的必要条件，那么，我们似乎又回到了柏拉图的爱情观：爱得好在于找到好的对象。好的对象不一定是柏拉图式的灵魂美，但至少要在爱与成长的过程中不至于跟你愈走愈远。

3. 爱的两难

柏拉图的"爱谁"和弗洛姆的"如何爱"，各自点出了达到理想的爱不可或缺的要素。不用心去经营一段关系，而是任由自己与伴侣在彼此的生命中慢慢疏远，就算再完美的对象，最终也会形同陌路。同样，如果对象跟我们在人生方向和价值观上存在太大的差异，即使彼此愿意努力去迁就和包容对方，二人最终还是会愈走愈远。

那么，所谓理想的爱，不就是找一个在人生方向和价值观方面与自己相近的人，努力去经营一段使彼此共同成长的关系吗？理论上确实如此。问题是，这种理想的爱在现实中极难出现，不是因为找不到与自己个性相近的人，也不是因为没有人愿意为爱努力。真正的难题在于，“爱谁”和“如何爱”这两个问题衍生出矛盾的行动指引。

就像我们在日常生活中从事任何活动一样，我们的爱总是由不完美开始的。当你发现自己与伴侣的关系出问题时，你应该怎样做？

根据柏拉图的“爱谁”的观点，你应该去找一个更好的伴侣。这是一个理性的选择，因为你清楚地知道世上必然存在一个比你现在的伴侣更好的对象，就算你的现任有多善良、勇敢、美丽，这世上也必然有一个更善良、更勇敢、更美丽的人等待着你。抱着不完美的伴侣，放弃更好的对象，就像选择肉体美而放弃灵魂美的人一样不理性。

相反，根据弗洛姆的“如何爱”的观点，你应该留在不完美的伴侣身边，将他变成更好的爱人。这是理性的选择，因为世上本来就不存在完美的人，你只能靠自己的努力去将伴侣变得适合和了解自己，变成你独一无二的对象。每当感到伴侣不完美就去找新的对象，就像一个人刚刚学小提琴，因为不能立即拉出美妙的音乐，就立即转学另一种乐器，最终必然一事无成。

“爱谁”和“如何爱”既然同样重要，两者衍生的行动指引也同样理性，那么，当我们发现伴侣不完美时，应该怎样做？是及早离去，还是坚持到底？如果说在这两个极端之间有一个最佳点（optimal point），那这个最佳点又是如何决定的？现实生活中，我们在“爱谁”和“如何爱”这两种理性主张之间拉扯，不是轻轻丢掉了一生的挚爱，就是与怨侣半生互相折磨，是去是留，总是无从决定。正是这爱的两难，使得理想的爱在现实生活中可望而不可即。

小结

这一章，我们探讨了两条通往理想的爱的路径，柏拉图认为关键在于找到值得爱的对象，而弗洛姆认为重点在于如何去爱。在电影《触不到的她》中，我们看到“爱谁”与“如何爱”这两种追求同样合理，缺一不可。然而，这两种追求却衍生出相反的行动指引，使得我们在现实生活中总是与理想的爱擦肩而过。

在爱的两难中，我们发现比起“爱谁”和“如何爱”更重要的问题是：爱的本质到底是什么？它既像一种不由自主的身体反应，又像一个深思熟虑的理性决定；既像一种生而有之的本能，又似一项后天习得的技术。在肉身与理性、先天与后天之间，爱是什么？情绪又是什么？

第二章
怒不可遏

愤怒起于愚昧，而终于悔恨。

——本杰明·富兰克林(Benjamin Franklin)

一朝之忿，忘其身以及其亲，非惑与？

——《论语·颜渊》

引言

古希腊神话中，科尔基斯国（Colchis）公主美狄亚（Medea）是太阳神赫利俄斯（Helios）的后代，拥有强大的法力。有一天，英俊的青年英雄伊阿宋（Easun）来到科尔基斯国寻找金羊毛，遇上了美狄亚。美狄亚恰恰被爱神之箭射中，深深爱上了伊阿宋。美狄亚不单使用法力协助伊阿宋降伏神兽，取得金羊毛，还决定逃离自己的国家，下嫁伊阿宋。在逃亡的过程中，为了保护爱人，美狄亚甚至亲手杀死了自己的亲弟弟。可是，丈夫之后却移情别恋。美狄亚为了报复，不但杀了丈夫的情人，还杀死自己的两个孩子，以发泄对丈夫的怨恨（图 2.1）。

美狄亚的一段独白成了经典，她说：

> 朋友们，我已经下了决心要做这件事情，杀掉我的孩子，再跑出这个地方。我决不耽误时机，决不抛弃我的儿子，让他们死在我仇人的手中。我的心啦，快准备起来！为什么还迟疑？这可怕的灾难一定得实现！哪，我这不幸的手呀，快拿起宝剑，从暴力的可悲的出发点上出发，快不要畏缩，不要想念你的孩子多么可爱，不要想念你怎样生了他们。在这短促的一日之间，暂且把他们忘掉，到后来再悲悼他们：他们虽是被你杀害的，你到底也心疼他们！——我真是一个苦命的女人哪！”

图 2.1　杰森和美狄亚——查尔斯·安德烈·范·卢（1759）

所谓“虎毒不食子”，怒火攻心时，美狄

亚却连亲生骨肉也可以杀害。历史上，因愤怒而衍生的恶行罄竹难书，多少灭绝人性的种族屠杀、宗教迫害甚至世界大战，不都是因复仇而起？二战中对犹太人、中国人的屠杀，卢旺达的图西族大屠杀，十字军东征、猎巫以至于今天以色列与巴勒斯坦的冲突，背后莫不存在深不可测的愤怒、报复与再报复。梁实秋说："血气沸腾之际，理智不太清醒，言行容易逾分，于人于己都不宜。"

跟第一章探讨的所谓理想与否的爱不同，愤怒这种情绪似乎是一种纯粹的冲动，只会驱使我们做出违反自己意愿的事，没有理不理想可言。

这一章，我们将探讨愤怒是否毫无理性成分，如有，其中的理性又是什么意思。斯多葛学派代表人物塞涅卡（Seneca）认为，愤怒是一种对世界与人的错误价值判断，因此不存在理性的愤怒。

然而，所谓理性是否就只是对与错那么简单？存在主义者让-保罗·萨特（Jean-Paul Sartre）认为，愤怒能够如魔法般改变我们的世界，帮助软弱的人面对困境，体现出一种实用的理性。从人类学的角度，我们看到号称没有愤怒的因纽特族，社群中的严重冲突居然比一般社会还要多，由此可见愤怒的另一种实际作用：侦测与化解人与人之间的矛盾。如果这些实用理性亦可算是理性的一部分，那么，冲动盲目如愤怒亦非毫无理性可言。

第一节
愤怒出于无知

1. 愤怒作为一种判断

斯多葛学派诞生于古希腊时代，是柏拉图学派以外最有影响力的学派，其学说传遍各地，一直流传至罗马时代，塞涅卡是其中的代表人物。塞涅卡曾任

太子尼罗 (Nero) 的导师，也是国家元老，地位超然。

尼罗上位五年后，施行暴政，甚至毒害自己的母亲。塞涅卡多次提出请辞，均被尼罗拒绝。后来，塞涅卡的侄子卢坎刺杀尼罗失败，尼罗便以此为借口，将塞涅卡赐予死刑。塞涅卡的死刑相当残酷，四肢和膝盖后面的血管被刀刃切开，让其流血不止而死。

年老体弱的塞涅卡血液流动缓慢，在等待死亡来临时，他召集一群学生说最后一课 (图 2.2)。他说："你们不必难过，我给你们留下的是比地上的财富有价值得多的东西，我留下了一个有德的生活典范。"最后，塞涅卡命人将自己放进注满温水的浴缸，加速其血液循环，最终失血而亡。这个故事呈现了斯多葛学派的精神：人要掌握自己的命运，包括自己的死亡。

图 2.2 塞涅卡之死——卢卡·乔达诺 (1684)

塞涅卡的著作《论愤怒》(*On Anger*)，尝试以斯多葛学派的主张解释"愤怒"这种情绪。《论愤怒》记述了塞涅卡与其兄长诺维图斯 (Novatus) 的对话，探讨如何控制人的愤怒。

诺维图斯相信有些愤怒是恰当的。他说：如果一个好人眼见父亲被杀害，母亲被强暴，他不应该感到愤怒吗？诺维图斯相信，面对邪恶和不公义的事，愤怒是值得尊重的反应，麻木冷漠反而是不道德的。

塞涅卡认为，没有任何愤怒是恰当的，即使在鲁堪提出的极端情况中的愤怒亦如是。愤怒的问题不在于它会带来无可挽救的破坏与伤害，而在于它包含着人对世界与自我价值的错误理解，是一种不理性的情绪。

要论证愤怒的不理性，首先要证明愤怒是一种有理性与不理性可言的心智活动，而非如肚饿或痕痒一般的身体反应。塞涅卡指出，愤怒与三种活动有密切关系。第一种活动是被侵犯或被伤害时的身体反应 (body reaction)，愤怒的人会出现瞳孔放大、血管扩张、血压上升、心跳加速、肌肉绷紧等身体特征。第二种活动是经过思考的判断（judgment），在愤怒的时候，人往往会抱着“我受到了不公义的伤害”和“他应该受到惩罚”等想法。第三种活动是报复行为（behavior），愤怒的人富有攻击性，倾向于做出伤害对方的行为。

塞涅卡认为，身体反应不是愤怒的组成部分。

> 如果有人认为脸色苍白、落泪、对性的渴望、深深叹气、双眼突然放光，以及诸如此类的迹象，是表明激情的证据和内在心灵的表现，那么他就错了，他未能明白这些只是身体的骚动。因而，即使是最勇敢的人，当他在装备武器时，脸色变白也是很常见的事……

身体反应并不能代表情绪，因为虽然伤心的人会落泪，但落泪的人未必伤心。感到害怕时会颤抖，但颤抖不一定是感到害怕。塞涅卡指出，勇敢的战士上战场时不会恐惧，但也会变得脸色苍白，而他的勇敢正表现在即使他脸色苍白，也能义无反顾地上阵杀敌。愤怒亦如是，品性平和的人不会轻易发怒，但不代表当他们受到侵犯时不会心跳加速，握紧拳头，而他们的自制力正表现在即使身体做出如此反应也不会发怒之上。

与愤怒有关的第三种活动，即攻击他人的行为，也不算是愤怒的组成部分。一个行为的性质受其目的决定，当别人得罪了你，你想对别人挥以老拳时，如果你只是想炫耀你的拳击技巧，或是想吸引心上人的注意，甚至是想让对方吸取教训，改过自新时，你这挥拳的行为便不是出于愤怒。

塞涅卡认为，只有你认为自己受到不公义的伤害，认为自己应该报复，希望对方受到惩罚时，只有出于这样的判断的攻击行为，才必然伴随着愤怒。他说：“它（愤怒）从不单独行动，它只是在心智的支持下行动。因为产生已受伤害的印象，渴望为此复仇，并且把‘人不应该受伤害’和‘人应该复仇’这两个命题结合起来——这可不是毫无意志选择的、纯粹的心灵冲动行为。”由此可见，只有以报复为目的的攻击才是愤怒的组成部分，单纯的攻击他人的行为未必与愤怒有关。

相对于身体反应和攻击行为，塞涅卡强调第二种活动，即经过思考的判断，才是愤怒之所以为愤怒的核心："愤怒必定不仅仅是被激起来，而且必须是向前猛冲，因为它是一个积极主动的冲动。而一个积极主动的冲动没有意志的认可，是绝对不能产生的，因为一个人在没有心灵的知晓下去复仇和惩罚，这是不可能的。"

这里，塞涅卡指出了愤怒的一个重要特性：它是积极主动的。当我们受到别人侵犯，血脉沸腾时，我们的心灵会主动介入，判断别人对自己的伤害是否合理，以及别人是否应该受到惩罚。只有当这两方面都被肯定时，我们的情绪才能称为愤怒，进而施行的攻击行动才算是报复行为。

如果我们判断自己受到的伤害是罪有应得的，又或是虽然对方伤害了我，但那是无心之失（例如对方是小孩子），即使我们血脉沸腾，那也不算是愤怒。如果我们之后依然决定攻击对方，这些攻击也不能算是出于愤怒的攻击。

由此可见，判断决定我们的行为与身体反应是否属于愤怒的反应，是愤怒的必要组成部分。由于经过心智运作而生的判断有理性与否的区别，因此，由判断组成的愤怒亦可被视为有所谓理性不理性之分的心灵活动。

2. 愤怒是对自身与世界的误解

塞涅卡认为，组成愤怒的两种判断，很多时候都是基于对世界与自己的错误理解。愤怒涉及的判断包括：第一，自己受到伤害；第二，伤害自己的人应该受到惩罚。在第一个判断中，受到伤害可理解为失去重要之物，或是自身认为有价值的东西被人夺去。

然而，塞涅卡认为，人们常常将一些无价值之物误以为有价值。他说了一个故事："从前一个锡巴里斯（Sybaris）公民，名叫明狄里德斯（Mindyrides），他看到有个人正在高处挥舞着鹤嘴锄挖东西，就抱怨说这使他觉得很累，要求那人不要在他眼前干这样的活。这个人还抱怨说，他觉得更糟糕的是他躺过的玫瑰叶子都被压坏了。"

人生不如意事常十之八九，如果我们将每一件不顺心的事都看作对自己的伤害，我们还能过日子吗？死亡虽然终将我们宝贵的生命夺去，但我们不会对死亡感到愤怒，因为我们知道它是必然会发生的事，不受我们的意志左右。然而，我们却总为身边的小事抓狂，仿佛世界大大小小的事都应该依照我的意志发生，稍有不如意即视为失去，这种思考上的不一致（inconsistency），使得我们成了愤怒的奴隶。所以，“我们不要被无关紧要、微不足道的小事激怒。一个奴隶动作太慢，或者掺酒的水不够热，或者床垫被弄乱了，或者桌子摆得太粗心了——被这样的事情激怒就是疯狂。”

塞涅卡进一步指出，我们之所以会因失去拥有物而感觉受到伤害，是因为我们误以为这些东西必然地属于自己。只要我们明白这些东西的偶然性，我们便不会为失去它们而受伤害。他说：“我从不信任命运，即使当它看似在赋予平安。那些由命运仁慈地加诸我身上的祝福——金钱、公职、影响力——我将之下放于一个任其取回亦不会打扰到我的位置。在这些祝福与我之间，我保留一个宽阔的距离，使得命运只是将其拿走，而非从我身上撕去。”

那么，什么才是真正有价值的东西呢？斯多葛学派认为，要判断一件东西是否真正有价值，应该要问它是否在任何情况下都能为拥有者带来幸福。

古罗马政治家与法学家西塞罗（Marcus Tillius Cicero）说：“依照自然而生活，即是最高的善。”这里的自然不是指自然界，而是泛指冥冥之中早有定案而又不为人知的命运。只有依照命运而生活的人才能得到幸福。从这样的观点看，金钱固然能满足我们很多的欲望，然而谋求金钱的生活则不一定是“依照自然而生活”，因为你可能命中注定贫穷一生，又或是注定金钱会为你带来痛苦。例如，对一个准备戒毒的人来说，拥有大量金钱便未必是件好事。因此，金钱不是真正有价值之物。同样，名誉、地位、美貌甚至是健康，得失都依赖命运的安排，强求也只会为追求者带来不快乐。斯多葛学派将这些东西称为“不相干之物”（indifferents）。

真正有价值之物，必然是不强求于自然、能在反复无常的命运中屹立不倒的东西。斯多葛派认为只有一种东西具有以上特质，那就是德行（virtue）。例如，勇敢的人并不要求危险消失，而是在面对危险时仍能保持冷静，勇往直前。孝顺的人并不强求父母永远健康富足，而是在父母贫病交加时，依然能不离不弃，尽心尽力侍奉双亲。有德行的人在面对命运困境时能处之泰然，安然面对，他们依照自然的法则生活，不以物喜，不以己悲，从而得到真正的心灵平静和幸福。因此，只有德行才是真正有价值的东西，其他一切物质根本不足惜，为了这些没价值的东西而愤怒是不理性的。

图 2.3　圣雄甘地

如果德行是真正有价值的东西，那么德行被夺去时，我们应该感到愤怒吗？斯多葛学派认为，一个人只要意志坚定，他的德行不可能被夺去，这跟孔子所说的“三军可夺帅也，匹夫不可夺志也”是同一个意思。试想，父母的寿命自有天数，对父母的孝道却可以超越生死，这就是中国人所谓的“慎终追远”的社会传统。一个坚守仁义之道的人，无论环境与时局怎样变化，他都能做到独善其身，就算你杀了他，你也只能得到他的尸体，改变不了他的向善之心。坚守非暴力原则的圣雄甘地 (Mahatma Gandhi，图 2.3) 在 1893 年南非公民权利运动中的演说曾说：“我已经准备好去死了，但这绝不意味着我要去杀人。”

如果世上唯一有价值的东西是自己的德行，而德行是不可能被夺去的，那即是说，世上真正有价值的东西是不可能被夺去的。如果一件东西能被夺去，那就表示它不具有价值，这跟愤怒的第一种判断，即我的重要的东西被夺去相矛盾。

由此观之，当我们愤怒时，我们既误解了什么才对我们真正有价值，也错误地认为真正有价值的东西可以被人夺去，因此塞涅卡认为我们的愤怒是不理性的。

在第二个判断中，愤怒的人认为伤害自己的人罪有应得，理应受到惩罚。

塞涅卡提出了一个问题：所谓罪有应得，必须假设这个人伤害自己是出于其自身的意愿，那么，一个无知的人行的恶算不算自愿？如果一个婴儿将名贵的花瓶打碎，我们不会责怪他，因为他并不知道打碎花瓶是错的，也不知道花瓶对我们的价值。我们会对小孩、动物、智障人士宽容，因为我们相信他们的恶行出于无知，不知者不罪。然而，当我们受到成年人侵犯的时候，我们往往不会考虑他们的行为是否出于无知，而是直接假设他们是出于恶意。

塞涅卡指出，我们千万别小看人的无知，小偷犯案固然出于贪婪，但我们还是应该问，他知道偷来之物对物主的重要性吗？他明白自己的行为对社会带来的伤害吗？他了解自己的恶行令多少人伤心失望吗？如果他对这些问题一无所知，那么，他跟一个无知的婴儿作恶有什么分别？如果我们愿意对婴儿宽容，那我们是否应该同样对待所有无知的犯罪者？正如耶稣被钉上十字架时所说："父啊！赦免他们，因为他们所做的，他们不知道。"

将无罪的耶稣处死固然是天大的恶行，然而，耶稣明白处死他的人不知道自己是上帝的儿子，不知道自己在犯多么严重的罪行。他们的恶行出于无知，因此应当获得赦免。当我们因为别人的侵犯而愤怒时，我们是否能像耶稣那样冷静下来，考虑对方是否无知？

除无知以外，受环境影响而行恶的人，算不算出于自愿呢？塞涅卡认为，人的行为往往受其身处的社会、文化、教育、风俗影响，这些环境影响大多数不是个人能选择的。例如，你生为女性，生于封建社会，便很自然地接受"三从四德"那一套，认为女人应该对丈夫言听计从。如果你生于现代女性主义蓬勃发展的民主社会，便会很自然地接受男女平等的观念，认为歧视女性是不合理的。于是，当我们站在自己的角度批评别人时，便要加倍小心，因为我们眼中的恶行，可能是别的文化下合理不过的事。譬如说，我们认为食人肉是冷血的行为，但如果我们走进食人族的社会，了解他们的文明，便会明白他们食人不是一种选择，而是一种从小培养成的生活模式。

当我们因为受到侵犯而愤怒，判断对方应该受到惩罚时，塞涅卡认为我们应该要问一句："难道我们自己就从来没有干过这种事？难道我们从来就不会犯下同样的错误？谴责这样的行为，对我们来说合适吗？”这里问的不是我们事实上有没有这样做过，而是如果我跟得罪我的人生于同样的国家，接受同样的教育，处于同样的经济条件，我是否会做出同样的行为呢？

今天我之所以是施罚者而对方是受罚者，纯粹是由个人不能选择的环境因素造成的。如果我生于他的家庭，他生于我的家庭，那么他便是施罚者，我便是受罚者。既然如此，那我是否真的有惩罚别人的资格？

在《悲惨世界》(*Les Misérables*) 中，主人公冉·阿让 (Jean Valjean，图 2.4) 因为偷了一条面包而被关进牢狱 19 年，他罪有应得吗？我们要问自己，如果我们跟他一样，生于贫富极度悬殊的 17 世纪的法国，小时候便成为孤儿，每日三餐不继，衣不蔽体，没有接受过什么教育，家中有一个快要饿死的外甥，我会去偷面包吗？如果我会的话，那我又有什么资格去惩罚他偷窃的行为？我跟他的不同，只在于我幸运地生于一个不用偷面包也能好好过活的年代。不将环境因素考虑进去，我们对于他人该受惩罚的判断便会流于片面。

图 2.4 《悲惨世界》主人公冉·阿让 (Jean Valjean)

塞涅卡认为愤怒建立于两种判断之上：(1) 我受到伤害；(2) 他人应该受到惩罚。考虑到不能被夺去的德性是唯一有价值的东西，则 (1) 难以成立。将无知和环境因素考虑进去，则 (2) 亦难以成立。由于构成愤怒的两种判断皆建立在对世界和自身的误解，因此，愤怒是不理性的。

诚然，塞涅卡对于愤怒涉及的两组判断的反驳，今天看来都过于极端，我们很难接受这世上除了德性外再没有具有价值的东西，也难以认同任何人皆不必为他所犯的一切罪行负责。

虽然如此，我们还是可以视塞涅卡的洞见为自省的指标。每当我们愤怒时，可以首先问问自己，我所失去的东西，例如金钱、地位、朋友等，对我的人生是否真的如此重要？没有了它，我的生命是否不再完整？抑或它只不过是人生中的雪泥鸿爪？我们将幸福押在如此无法掌握的东西上，又是否明智？接着我们要问，伤害我们的人是否情有可原？他这样做背后会不会有什么苦衷？他应该为他的错负有多少责任？

在现实生活中，我们的确很容易高估自己所受的伤害的严重性，也忽视了对方犯错背后的种种原因。我们常常为小事抓狂，又常常对人施以过度的惩罚或报复，正是因为不合比例的愤怒造成的。

塞涅卡的智慧，对我们正是一记当头棒喝。

第二节 愤怒之用

1. 愤怒的工具价值

塞涅卡认为，愤怒之不理性在其涉及的错误判断。然而，一种情绪理性与否，能否单凭它包含的判断的对与错来决定？如果愤怒能以其独特的方法帮助我们达到某种目的，即使它包含了对世界不正确的理解，或许依然能符合马克斯·韦伯（Max Weber）对工具理性（instrumental rationality）的定义。

试想想，情侣之间的争吵，胜负往往不取决于谁更有道理，而在于谁有更强的气势：当一方大发雷霆时，另一方立即处于下风，陷入有理讲不清的境地。这在政治上更为明显，二战时的希特勒和墨索里尼经常异常愤怒地发表演说，痛斥西欧各国和犹太人如何“迫害”和“侵略”他们的国家利益。在其情绪带动下，德意国民无不动容，以至于将宝贵的生命投入战争也在所不惜。

愤怒这种不理性的力量，帮助我们完成很多理性上不可能完成的任务。一个理性的人总有无数的考虑，而愤怒则是驱使我们暂时放下顾虑，逼使我们勇往直前的力量。孟子有所谓“一怒而安天下”之说。齐宣王向孟子请教，自己偏向好勇斗狠，该怎样办。孟子指出，喜欢勇武是没有问题的，但切忌小人之勇，要做就做大勇，像周文王那样看到商纣王凶残成性，人民陷于水深火热，于是用一鼓作气的愤怒推翻商朝，令天下得太平。

《圣经》的《诗篇》中也说：“神是公义的审判者，又是天天向恶人发怒的神。”“原来，神的愤怒从天上显明在一切不虔不义的人身上，就是那些行不义压制真理的人。”“耶和华必不愿饶恕他；耶和华的怒气与忌妒必向他如烟冒出，将这书上所写的一切诅咒都加在他身上，耶和华也要从天下涂去他的名。”由此可见，中西文化虽然对愤怒的祸害痛加批判，却也不完全否定愤怒的实用价值。

2. 愤怒的魔法

当愤怒的力量能改变世界以达到我们的目的，我们说它具有工具价值。可是很多时候，愤怒不单于事无补，甚至会让我们受到进一步的伤害。想想，当我们被持枪的强盗抢劫时，愤怒不仅吓不走对方，还可能令我们性命不保。似乎，当我们面对真正的危局时，愤怒的作用相当有限。

存在主义大师让 - 保罗 · 萨特 (Jean-Paul Sartre，图 2.5) 不以为然，他认为情绪的真正功能不在于改变世界，而在于魔幻似地改变我们的世界观。

他说：

图 2.5 萨特

当前路变得太崎岖，甚或完全看不到出路时，我们会感到无法承受这个苛索而困难的世界。然而，即使无路可逃，我们还是必须行动。于是我们尝试改变这世界，以一种相信事物与它们的潜能由魔术（magic）而非物理定律决定的世界观来生活。

要说明情绪的魔法，先要了解改变自己的世界观去面对困境是怎么一回事。在《伊索寓言》中，一只口渴的狐狸看到树上长着肥美的葡萄，一心想采摘来解渴。无奈葡萄的位置太高，它多番尝试也触摸不到。面对这个难以克服的困境，狐狸只好改变自己的想法，本来心里的想法是“树上的美味葡萄长得太高，没办法吃到”，改变成“树上的葡萄是酸的，所以我根本不想去采摘”。

吃不到美味的葡萄是痛苦的，现在，既然葡萄不好吃，狐狸自然不想吃；既然不想吃，吃不到也不会失望，也不必继续想方设法去采摘，自己面对高高的葡萄树的无可奈何，也就无足挂齿了。世界事实上并没有因为狐狸的新想法而改变，但它的困境因为世界观的改变而消失了。

英国哲学家大卫·休谟（David Hume）说：“理性是而且应当是热情的奴隶，除了为热情服务之外，它无法担当任何其他工作。”我们普遍认为情绪是一种盲目的力量，驱使我们做出理性控制不了的事。例如，当别人得罪我时，我的怒火逼使我去报复，即使我知道报复对彼此并没有好处，我也不能自已。

在存在主义绝对自由的观念下，萨特认为，“情绪是一种盲目的力量”这种情绪观是一种自欺欺人的想法，纯粹是我们为了逃避自由和相应责任的坏信仰。事实上，情绪是一种选择，我们之所以选择陷入情绪，是因为情绪能使世界出现魔幻般的转变（magical transformation）。

这种转变不是指第一节所说的，以情绪表达使我们在人与人的相处中取得客观优势，而是当我们无力改变客观世界时，情绪能改变我们的世界观（worldview），使我们在面对困难的世界时，不必承担沉重的责任。

这种魔幻般改变世界的方法也叫做“精神胜利法”，鲁迅在《阿Q正传》中做出了相当精彩的描绘。阿Q是个贫穷的农民（图2.6），常常受到乡里人的欺负，但自尊心极强的他总能改变自己的世界观，使自己“反败为胜”。

鲁迅写道：

> 闲人还不完，只撩他，于是终而至于打。阿Q在形式上打败了，被人揪住黄辫子，在壁上碰了四五个响头，闲人这才心满意足的得胜的走了。

图 2.6 丰子恺笔下的阿 Q 形象

阿 Q 站了一刻，心里想，“我总算被儿子打了，现在的世界真不像样……”于是也心满意足的得胜的走了。

本来阿 Q 只是一个被欺负得无力反抗的可怜虫，但他视对方为儿子，自己成了地位高一等的父亲，自己被打就是父亲被儿子打，这种事错不在父亲，而在不孝的儿子，他也就没有责任为自己被打这事而报复了。

当别人都知道阿 Q 这种精神胜利法时，打他的时候就对他说：“阿 Q，这不是儿子打老子，是人打畜生。自己说：人打畜生！”阿 Q 只好歪着头说：“打虫豸，好不好？我是虫豸——还不放么？”

别人以为阿 Q 这次总算输了时，他却心满意足地走了，因为他觉得自己是第一个能够自轻自贱的人，这种“第一”跟状元的“第一”是相同的，所以自己跟状元一样，比打他的人要高尚得多。通过自视为虫豸，幻想自己是状元，阿 Q 的精神胜利法再一次免除了他被欺负的痛苦。

以上狐狸和阿 Q 的例子，是透过有意识地改变自己的信念来改变世界观。由于他们接受这些信念是出于实际需要（免除自己生理或心理的痛苦），而这些需要本身明显不是支持他们的信念为真的好的理由，因此稍有理性的人大概很难一直坚守这些信念，口渴的狐狸终会怀疑葡萄是不是真的酸涩，被打的阿 Q 也很难一直相信别人是他的儿子。正是在这方面，情绪有更优秀的魔幻般地改变世界的能力。

以愤怒为例，当我们受到别人的伤害时，我们理应报复。可是有时候报复的代价太大，或是我们根本没有能力报复，于是我们便会愤怒。愤怒会使我们自视为受害者，责任不在我，要去解决问题的人也不是我，因此我也能够对自己的无能为力感到释怀。

萨特说：

> 正是我们将自己置于一个彻底劣势的位置，在这位置我们的要求会小一点，我们因此较易满足自己的要求。在高度的压力下，我们无法以一个细致而精确的方法解决问题，于是我们只好从自己着手，将自己转变成为一个即使再不堪和不济的方法都能接受的个体（例如，将写上问题的纸撕破）。

譬如说，当我受到了老板不公平而且不礼貌的对待时，我知道自己不能反抗，否则只会招来更大的伤害，我不单因为受侮辱而难受，更为自己的无能为力而难过。这时候，愤怒能改变我的世界观，将我由一个无法为自己伸张正义的无能者，变成一个没有责任去伸张正义的无辜受害者。于是乎，尽管我只能略为用力地关门，向同事发发牢骚，甚至只是幼稚地躲在洗手间咒骂老板，我依然会感到心满意足。虽则自己依然蒙冤，但那是对方的责任，我已经做了我所能做的事，可以问心无愧了。由于“我是一个受害者”这一信念是在愤怒之下自然而然地出现的，我不会察觉到我是因为无力面对这世界才接受这个信念，因此也不会怀疑这信念的真实性。

当代哲学家罗伯特·所罗门（Robert Solomon）依据存在主义对情绪的看法，指出了愤怒的另一种魔幻般改变世界的方法。

他说：

> 在愤怒之中，我们将自己视为高高在上的法官。因此，愤怒的表象包含一种法庭场景，在这袋鼠法庭（Kangaroo Court）[4]中，判决是武断的，

[4] 袋鼠法庭，西方法律术语，即非正规的法庭，也指私设公堂或不合法律规程和正常规范的审判。对于该术语来源，有多种说法。一说此语首次以书面形式出现于淘金热时代的美国加利福尼亚地区，一说这类情形涉及澳大利亚早期的开矿或者非法侵占矿藏事件。袋鼠法庭有两种类型：一种是专门歪曲法律原则和公正精神的模拟法庭游戏，另一种则是不负责任、没有权威、根本不符合法律规范的法庭审判。法官在审判案件的过程中充满了不可预料的变化，往往突然从一个事件迅速转向另一个事件，这样的审判往往是速战速决，可以与袋鼠非同寻常的跳跃能力媲美。——编者注。

> 被告没有辩护的机会，没几个人能得到公平的审讯。但这正是重点，愤怒将对方置于被告席……这种安排的战略优点显而易见。我们从一个被伤害、攻击、羞辱的局面走出来，摇身一变成为一个优越的正义使者。这是一种强大的心理重置。

愤怒使我们由无能力报复的可怜虫变成高高在上的裁判官，虽然事实上对方比我们强大，但我们是道德上的巨人。我们善良、正义，才会受到对方邪恶而不公平的对待，错的是对方，我们没有理由改变自己的正义以顺从他人的罪恶，因此我们受到的伤害是坚守道德的情况下不可避免的代价，是有价值和高尚的。不少宗教和文化相信善恶到头终有报，今天我们虽然无力报复，但邪恶的一方最终会受到命运、上帝或因果的审判，正义的一方最终会得到应有的补偿。这些想法在愤怒的魔法下变得顺理成章。

愤怒使我们成为受害者和裁判官，借着改变我们的世界观，使我们更能接受自己的无能为力，变得能承受无法抵抗的伤害。如果这个理论是正确的话，那么，当一个人或一个民族在受到伤害时，经常且长期地表现出高度的愤怒，我们便知道他必然处于无力反抗或还击的状态。

附录　愤怒以外的魔幻转变

除了愤怒，萨特还提及另外三种情绪的独特的世界观转变。

害怕（fear）——当人遇上难以应对的危险时，恐惧的情绪会使人的身体变得僵硬（freezing），难以移动，甚至会闭上眼睛。这些反应表现出人否认危险的倾向，仿佛不去看，不去面对，危险就不存在一样。将难以解除的危机视为不存在虽然于事无补，但内心能得到一时的平静。

悲伤（sadness）——当人遇到巨大的损失时，悲伤的情绪会使我们产生绝望的感觉，认为无论做什么也无法解决问题。将问题由难以解决变成无可解决，我们就不再需要苦恼如何解决这些问题，心灵的负担也就得以减轻。

愉快（joy）——萨特认为，愉快面对的是预期得到某些东西而未得的困难状况。愉快让人视未得到的东西为已经拥有，由将来的东西幻变成现已抓紧的东西，避免了等待的过程，从而感到释怀。例如六合彩幸运儿，发现中了一千万的奖金，虽然仍未能领取，但愉快使他感到自己已经领取了奖金，免却了等待的痛苦。

第三节
没有愤怒的民族

第一节，塞涅卡论证了愤怒的不理性。第二节，我们看到愤怒如何帮助我们面对困境，表现出一种韦伯式的工具理性。这一节，我们将从人类学的角度，研究号称没有愤怒的因纽特族，看看没有愤怒的社群是否真的如预期般比较和平及少出现冲突，从而揭示愤怒的另一种工具理性：协助侦测及化解人与人之间的矛盾。

1. 因纽特族

20 世纪 60 年代，人类学家珍 · 布里格斯（Jean Briggs）到加拿大西北部，接触了两个因纽特族群（Inuits），分别是齐皮萨（Qipisamiut）和屋库（Utkuhikhalingmiut）。因纽特族总人口只有约 13 万人，每个族群有几百至几千人不等，以狩猎和捕鱼为生。由于天气长期极度寒冷，资源匮乏，也缺乏先进的生产工具，因此生活相当艰苦（图 2.7）。

布里格斯与因纽特族群共同生活了 17 个月，观察及记录族群的生活模式、习惯及育儿方法，分析因纽特族的独特文化。她发现，大体而言，两个族群都

图 2.7　因纽特族人

极少表现出愤怒的情绪。在族群中，时常保持开朗心境的人最受人尊重，因为开心的人不容易愤怒和引起争斗，也不会使人害怕。因纽特族最高的赞赏是“他从不认真对待任何事物”，意指能将任何事情看作小事而不计较的个性，因为这样的人最不可能愤怒。布里格斯称因纽特族为“没有愤怒的民族”。

愤怒源于冲突，因纽特族人甚少表现出愤怒，皆因他们相当注重避免冲突的发生。因纽特族人习惯谦卑和小心，不会炫耀自己的成就，免得惹来他人的忌妒。

布里格斯还观察到他们几种避免冲突的独特方法：首先，因纽特族人尽量避免对人做出承诺，交谈时习惯使用“可能”“或许”等模棱两可的字眼，因为他们知道承诺可能会导致毁约，引起纷争。他们也不会主动邀请别人参加活动，就算邀约，也只会用隐晦或开玩笑的形式，让别人不会有被逼出席的压力，也让自己避免被直接拒绝。他们甚至不会轻易对别人发问，因为被问的一方不一定想回答，而其答案自己也不一定满意。

开放式的提问如“为什么”更被视为最无礼的提问，因为他们认为这有可能损害别人的隐私及自主性。因纽特族人习惯等待别人主动说出自己的情况而不是做出提问，例如，当布里格斯多次问及族长有关其儿子捕猎的计划时，族长只回答儿子还未告诉他。可见就算亲如父子，也非无所不谈。作为父亲，追问儿子的行踪也被视为不合适的事。

另外，因纽特族人习惯否认负面情绪，包括不开心、愤怒、不满意和憎恨。即使真的感到不快或生气，也不应该表现出来，并尝试表现出很开心的样子。其中的秘诀就是将不开心的事看成笑话一般，取笑其衍生的负面情绪，从而避免冲突。

布里格斯见过一个因纽特族的女孩因为姐姐做的一些事感到不忿。族人问女孩是否不忿，她承认了，但族人立即纠正女孩这感觉不是不忿，而是“有趣”。

因纽特族人的幼儿教育，注重让孩子在模拟的处境中学习处理冲突和面对愤怒。有一次，布里格斯看见一个女人拿着一块涂有果酱的面包，她一岁的侄儿开心地向面包伸出手来。可是，姑妈却轻轻地掴打他的手，侄儿随即抱着妈妈哭起来。然后，姑妈再次拿出面包，侄儿再伸出手而再次被掴打。如是不断重复，直至他不再伸手拿面包为止。这个游戏主要是希望孩子学会被动地等待别人给予，而不是主动解决自己的需要。

因纽特族人认为，主动索求的行为容易被视为对他人的侵略。要防止冲突，最有效的方法莫过于杜绝一切疑似侵略的行为，因此，每当孩子主动伸手取食物时，都会受到掴打。同时，这个“游戏”也培养孩子阅读他人心理的能力，让小孩能从表情和动作中理解他人的要求和需要，避免不自觉地引起他人的不满。

在另一个例子中，姑妈将侄儿的手放在另一个孩子的头上，并轻声叫侄儿拔那孩子的头发。他没有立即拔，姑妈就用力拉侄儿的手去拔。被拔头发的孩子痛得尖叫，并出手打这个侄儿，最后演变成互相打架。这种故意引起冲突的做法，是为了让孩子知道冲突带来的伤害。孩子打架之时，成人没有加以阻止，反而取笑他们，是为了让小朋友觉得打架是幼稚和可笑的行为。

因纽特族人有时候会以游戏的形式，向孩子做出一些极端的提问。如果孩子有弟弟妹妹，人们会问:“你爱刚出生的弟弟妹妹吗？为什么你不杀死他（她）呢?”这些提问让孩子反思，虽然自己有时会对弟弟妹妹感到忌妒和怨恨，但并不真的希望弟弟妹妹死去，有弟弟妹妹也是一件开心的事，从而学会面对人与人相处所产生的负面情绪。

2. 处理冲突的方法

当冲突（例如争夺食物、伴侣、居所等）真的发生了，因纽特族人一般会

依照回避 (avoidance) 和转移视线 (indirection) 两大原则来处理，尽量避免出现愤怒。最直接的回避方法就是无视冲突，将冲突当作没有发生过一样。另一种做法是隔离，动了气的族人主动躲到一角自我隔离，让自己先冷静下来，然后再去处理问题。因为他们知道愤怒会使人害怕，而害怕的人什么危险的事都做得出来。

布里格斯举例说，有一次她目睹一群人合力将船只拉出水面，其中一人不慎松开手，结果绳索打中了另一个男人伊利亚 (Eliya) 的脸，伊利亚 (Eliya) 愤怒地责骂放开手的人。当他意识到自己的愤怒后，便离开打猎的队伍，独自躲藏数天。回归族群后，伊利亚 (Eliya) 安慰曾被他吓到的人，指当初的愤怒只是一场玩笑。对于不愿意自我隔离的愤怒的人，族长有权将他放逐。被放逐的人要独自面对严酷的环境，死亡是常见的结果。

处理冲突的第二大原则是转移视线。因纽特族人常以暗示和说笑的形式表达自己的想法，不会将问题清晰地道出，目的是让发怒的人自行意识到他的行为后果。布里格斯曾在族内发怒，结果被人放逐了。当她到了别的族群后，再也不敢轻易发怒。

有一天，布里格斯煮薄饼的时候遇到一些困难，随口骂了一句。旁边站着分别是 14 岁和 15 岁的两位少女露西和安娜。安娜意识到布里格斯在咒骂并告诉露西，露西与布里格斯便出现了以下对话：

露西：你是否在生气，布里格斯？

布里格斯：不是。

露西：(以逗人笑的语气) 请打斗。

布里格斯：什么？

露西：攻击我们。

布里格斯：为什么？

露西：因为我们会哭的。

布里格斯：因为你们想哭？

露西：如果你攻击我们，我会将你的油灯推倒（同时，她也示范如何将油灯推倒）。

露西在对话中一直保持微笑，布里格斯因害怕再次被放逐，也是以笑容相对。面对露西推倒油灯的示范，布里格斯笑着发出温和的叫声，假装害怕的样子。最后，露西和安娜到别人的家，数小时后才回来。

尽管对话看似是说笑，但布里格斯知道如果自己真的发怒，对方很可能会攻击她，甚至再次放逐她。就是透过如此说笑的形式，因纽特族人让愤怒者在不受到直接指责的情况下，了解到群族对他的情绪的不满，从而将进一步的冲突消弭于无形。

斗歌（song duet，图 2.8）是因纽特族人一个相当特别的解决冲突的传统，它充分体现了回避和转移视线两大原则。陷入纷争的双方需要各自创作一首歌，相约在一个节庆的日子，在众多亲友集会的地方斗歌，歌词不能涉及纷争的具体内容，只能就对方的特征、诚实度或性能力等，做出挖苦或嘲讽，胜负由众人评定。评审的准则不在于谁有道理，而在于音乐的水平和歌词所表达的机智幽默。

从斗歌这个方式，我们可以看到回避和转移视线的应用。斗歌要求纷争的双方创作歌曲，由于创作需要时间，这就避免了双方第一时间发生肢体冲突，也让彼此有时间反省冲突的始末，起到隔离的作用。另外，斗歌必须在公众面前进行，严禁私斗，纷争的双方会暂时放下自己的感受，尝试从众人的角度看待事情的因由，属于一种心理上的自我隔离。另外，斗歌也包含了暗示的要素，因为歌词以语意不清的嘲讽组成，不直接说出问题所在，起到了转移视线的作用。

图 2.8　因纽特人的斗歌传统

近年，斗歌的传统逐渐消失，被电台广播系统所取代。广播系统一天有两次机会让人们致电留言，分别在午饭和傍晚时段。现代因纽特族人习惯将自己的事情在广播系统留言，与亲戚和朋友分享。播放的内容可以关乎公共或私人事务，例如“由于狂犬病的危险，流浪犬应该被枪毙”和“庄尼，快回家，你的晚餐已准备好”。

在一些涉及冲突的敏感事情上，播放的内容不会道出别人的姓名，知情的人才会知道是在讲自己。例如:“你为何不留在家，为家里做些事，而不是常常到镇上，以漠视自己的责任呢?”和“我不喜欢人们星期五晚上来我家喝酒，并弄得一片凌乱。”如果听者发现是有关自己的事，便会想办法慢慢解决。如果听者觉得自己没有做错，也就不必响应，因为广播没有提及自己的名字，等于没有人批评自己一样。

这个方法同样有回避的作用，让人们没有正面的接触，人们可以自行无视或隔离自己。以含糊的句子和字眼表达自己的不满，等待对方自行解决问题，亦符合转移视线的原则。

3. 没有愤怒 = 没有冲突?

生活在极端恶劣环境的因纽特族人，为了避免发生冲突，发展出一系列防止出现愤怒的传统和习俗，背后的假设是：冲突导致愤怒，愤怒激化冲突；少些愤怒，也就少些冲突。这个假设似乎相当合理，愤怒滋长我们的报复心，怒火冲昏头脑之际，我们往往以暴力为唯一的解决方法，这样非但对解决冲突于事无补，还可能引发进一步的冲突。

塞涅卡说:“矫正愤怒最好的办法就是延缓。首先请暂缓发火，不是为了它会宽恕，而是为了它能判断。它最初的攻击是猛烈的，等一会儿就会停止。”很多时候，怒火蒙蔽了我们的理智，使得本来可以轻易化解的冲突变得一发不可收拾，因纽特族人面对冲突能不发怒，等于赢得了冷静思考问题的空间。

另一方面，减少愤怒的表达也能有效减少愤怒的出现。斯特劳克（Fritz

Strack)、马丁 (Leonard L.Martin) 和斯特柏 (Sabine Stepper) 的实验研究显示，人的面部表情会反过来影响自己的情绪。即是说，当我们快乐的时候会笑，而笑亦会加强我们的快乐，悲伤、愤怒等情绪与其相应的面部表情亦然。

在这个实验中，参与者被分为两组，一组用牙齿水平地咬着筷子，以模拟微笑的表情 (参与者自己不清楚咬筷子的目的)，另一组则用嘴唇含着筷子的一端，以模拟哀伤的表情。结果发现，第一组参与者的情绪明显优于第二组，证明微笑能让人快乐，愁容会让人哀伤。

同样道理，愤怒的表情，例如目眦尽裂、鼻孔扩张、咬牙切齿等，将会加剧一个人的怒气，驱使他做出更多更激烈的报复行为。因纽特族人面对冲突时不发怒，也就减少了因愤怒的表情而加剧怒气，可以想象，因冲动而被激化的冲突也会减少。

吊诡的是，事实上，因纽特族人的暴力冲突比其他自由表达愤怒的民族还要多。加拿大统计署的资料显示，自 1977 至 1992 年，巴芬地区 (Baffin，布里格斯研究的齐皮萨族群生活之地) 的因纽特族人，涉及暴力的罪案上升了 4 倍以上 (由每千人 10.7 宗升至 53.5 宗)，涉及财物损失的罪案上升了 1.7 倍 (由每千人 33 宗升至 88 宗)。单就 1992 年的犯罪率比较而言，巴芬地区的因纽特族人在财物方面的犯罪率比加拿大全国的犯罪率高出四成，涉及暴力的犯罪率更高出 4 倍。在 2006 至 2008 年间，居住在加拿大的因纽特族人整体暴力犯罪率 (包括谋杀、伤人、抢劫和恐吓) 比加拿大其他地区高出约 9 倍，其中性袭击和普通袭击更是高出 12 倍以上。非暴力罪行包括入室抢劫、偷窃等，也比加拿大其他地区高出约 6 倍。

因纽特族人犯罪率高企，固然有其历史和社会原因，例如贫穷问题、酗酒问题、低教育水平以及殖民带来的种种后遗症，但更值得我们关注的是，为什么一个几乎没有愤怒的民族，犯罪率居然比其他民族还要高？如果如塞涅卡所言，愤怒皆是不理性，那为什么没有愤怒的民族却没有变得更加理性地处理冲突？

笔者认为可以从两方面去理解。

第一，正如我们在第二节所说，愤怒有其缓冲和自我安慰的作用，它可以让我们以受害者和裁判官的角度去面对困境。假设我的太太被一个权贵夺去，法律不能制裁他，我也没有能力报复，唯一能够做到的，就是铤而走险去袭击他。可是通过愤怒，我自视为受害者，于是我不再对自己的无能耿耿于怀，对报复的要求降低了，甚至变得即使只在朋友的圈子公布他的恶行也感满足。同时，我还自视为裁判官，在道德上完全优于对方，邪恶的他终将受到报应，于是我感到自己在某种程度上已经胜过他。这样，我就不再需要犯险去袭击他，我也能感到心灵的平静，因为愤怒已经改变了我对这个冲突的看法。因纽特族人失去了这样的一层缓冲，于是当他们陷入难以面对的冲突时，往往只能诉诸暴力，以致犯罪率持续高企。

第二，愤怒让我们有机会直接面对、认识以及解决冲突。为了避免出现愤怒，因纽特族人以隔离和回避两种方法应对冲突。所谓隔离，即要求双方自行处理问题，或是强行分隔双方，希望问题自动消失。所谓回避，即以暗示表达不满，要求对方自行理解和解决问题。这两种方法的共同点是避免当事人正面冲突，然而这种方法也妨碍了双方真正的沟通。假设我不满意你经常擅自拿走我的猎物，为避免让你看到我的愤怒，每次我总是躲起来自行平伏情绪，或是透过广播系统说："擅拿别人的猎物是不对的。"问题是，他未必知道他的行为是我们产生冲突的原因，于是，他会继续拿走我的猎物。我为了不发怒，只能继续自我隔离或回避。不难想象，终有一天我会忍无可忍，那时我的怒气将会无法估计，引起的冲突也会相当严重。如果我在他第一次拿走我的猎物时便发怒，虽然可能引起口角，但起码他会知道我不希望他这样做，或是至少他知道拿走我的猎物会付出怎样的代价，于是他下次拿猎物时便会三思，之后也就能够避免发生更大的冲突。为了杜绝愤怒，因纽特族人贯彻隔离和回避的原则，使得他们难以解决人与人之间的种种纠纷，虽可以避免一时的冲突，却让问题积累，导致酿成更严重的罪案。

从因纽特族这个号称没有愤怒的民族的例子，我们可以看到愤怒消失并不能有效避免冲突的出现，甚至会因为无法正视问题而导致更严重的冲突发生。

由此可见，愤怒虽然会带来冲突，但它同时也能让我们意识到人与人之间的矛盾，使我们能主动去解决问题。愤怒的这种实际作用，跟萨特提出的魔幻地改变世界一样，可以视为愤怒的工具理性的一种。

小结

第一章，我们以爱为例子，说明探索情绪本质的重要性。在不同的情绪中，愤怒的本质最为突出：冲动、盲目、不理性。塞涅卡认为不存在所谓的理性的愤怒，因为所有愤怒都包含着对世界和生命价值的错误判断。然而，从萨特的魔幻情绪观，以及对因纽特族人的考察，我们发现，愤怒实际上能帮助我们面对困境，甚至侦测和解决人与人之间的冲突。如果我们能将这些实际作用看作是一种工具理性的话，那么愤怒未必如一般人所认为的那样彻底不理性。下一章，我们将以悲伤为例子，进一步探索情绪理性的另一面。

第三章
悲痛莫名

愉快有益于人的身体，但只有悲伤才能培养心灵的力量。

——普鲁斯特

引言

> 十年生死两茫茫，不思量，自难忘。
> 千里孤坟，无处话凄凉。
> 纵使相逢应不识，尘满面，鬓如霜。
> 夜来幽梦忽还乡，小轩窗，正梳妆。
> 相顾无言，惟有泪千行。
> 料得年年肠断处，明月夜，短松冈。
>
> ——苏轼，《江城子・乙卯正月二十日夜记梦》

宋代大文豪苏东坡，年轻时遇上知书识礼的王弗，二人情投意合，很快便结成连理。东坡才情横溢，在政坛上大展拳脚，呼风唤雨，回到家中却对妻子言听计从，既敬且爱。

林语堂在《苏东坡传》这样描述二人的关系：

> 苏夫人知道丈夫那坦白直爽甚至有时急躁火爆的性格之后，她觉得倒不需急于向他表示什么佩服崇拜，还是要多悉心照顾他，才是尽自己身为贤妻的本分。苏东坡是大事聪明，小事糊涂。但是构成人生的往往是许多小事，大事则少而经久不见，所以苏东坡则事事多听从妻子。

不幸王弗因病早逝，苏东坡对亡妻念念不忘，在她去世十年忌日写下《江城子・乙卯正月二十日夜记梦》一词，表述对妻子的无尽思念，情真意切，传颂千古。我们今天读来，不禁要问，到底至爱离世的悲痛有多沉重，才会在十年以后不必刻意想起仍然念兹在兹？偶尔梦见故人，却无言以对，那又是怎样的一种凄楚？当悲伤深刻得旁人甚至自己也无法理解时，我们只能称之为悲痛莫名。这种悲伤跟“才下眉头、却上心头”的哀怨、“断肠人在天涯”的失落和“天丧予”般的绝望感有什么不同之处？似乎一百种不同的悲伤有一百种不同的感受，但当问到它们的区别时，我们又说不出个所以然。

在第二章，我们发现冲动盲目如愤怒也有其工具理性的一面。这一章，我们将以悲伤为例子，进一步探索情绪的理性组成部分。如果悲伤不过是一种戚戚然之感，或是一串苦涩的眼泪，苏轼那种历久弥新、沉重而悠长的悲痛根本无从解释。认知情绪理论（cognitive theory of emotion）从斯多葛学派中汲取养分，剖析悲伤包含的种种信念与判断，如何使人的悲伤如此深刻和深邃。

认知心理学（cognitive psychology）从经验科学的角度出发，研究悲伤（特别是抑郁）与它包含的不同判断的演变过程，说明悲伤怎样随着我们对世界和自我认识的改变而发展变化。最后，悲伤既然由各种认知因素构成，不同的认知因素又互相影响，那么悲伤应该能反过来影响我们的认知过程，包括记忆力、想象力以及判断力的运作，这一点从不同的心理实验中已经得到证明。由此可见，悲伤既由各种判断构成，反过来又能影响我们的判断，它不单包含了理性的成分，甚至可以说它本身就是一种理性运作的过程。

第一节 悲伤的本质

1. 悲伤的四种特质

美国哲学家玛莎 · 努斯鲍姆（Martha Nussbaum，图 3.1）分享了她面对母亲离世时的一段经历：

> 有一天她接到一个电话，告知她的母亲病危，快要不行了。她听到消息的那一刻，感觉就像钉子突然插进自己的体内一样。当时她正在美国讲

图 3.1 玛莎·努斯鲍姆

课，要等到第二天才有航班回英国探望母亲。讲课时，她心不在焉，甚至不能抑制自己的眼泪。第二天她乘飞机回英国，眼见机舱服务员若无其事地微笑着，心中突然感到莫名的愤怒。当她到达医院时，护士告诉她，母亲已于二十分钟前离世。她难以置信地看着床上的母亲，觉得这个场景如同母亲在家里小睡的样子。看着母亲，她感觉自己的心像被无数的玻璃刺穿，泪水不由自主地流下来。一小时后，她带着母亲的衣服和书本到酒店，她觉得这些东西不属于这世界，应该与母亲一起消失。

反思这段痛苦的经验，努斯鲍姆发现悲伤具有四种特质。

首先，悲伤必然是关于一个对象的。这个对象可以是一个人的死，一只宠物的离去，甚至是远在千里之外的天灾人祸。人的悲伤不能无所指，因为正是这些对象决定了当下的感觉是否悲伤。

努斯鲍姆比喻说，风可能会吹起遍地黄叶或是一湖涟漪，但风不是关于涟漪或黄叶的，就算黄叶或湖水这些对象消失，或是换成别的对象，风依然是风。反之，当你发现深爱的人没有真的死去，重视的东西还在自己手中时，你的悲伤便会瞬间消失，残留的身体反应跟悲伤再也没有关系，眼泪只是眼睛的分泌物，沉甸甸的心痛感觉也不过是心脏泵血速度减慢的副产品。

要注意的是，我们不一定知道我们的悲伤是关于什么的，有时我们早上醒来，会感到莫名的苦涩，回过神来才记起昨天跟爱人分了手。有时候我们整天郁郁寡欢，跟朋友谈起才意识到，自己还是放不下失去那个理想职位的沮丧感。我们觉得悲伤没有对象，可能只是因为自己想不起或意识不到悲伤的对象是什么而已。

悲伤的第二种特质为其意向性 (intentionality)。努斯鲍姆观察到，悲伤涉及的不是一个单纯的客观对象，而是由我们自身从主观的角度建构而成的意向对象。她之所以对母亲的死悲伤，是因为她的母亲对她来说不是一个普通的女人，而是一个慈爱而善良的母亲。如果她视母亲为一个破坏了她终身幸福的人，她就会对她的死感到快乐。如果她视母亲为受到政治迫害而死的义士时，就会对她的死感到愤怒。同样是“一个女人的死亡”，从不同的角度去看，就会产生不同的情绪。

同样道理，不同的客观对象，如果我们视它们为同样的意向对象时，就会对其产生相同的情绪。母亲的死、情人的离去、数千人在天灾中丧生，三件风马牛不相及的事，当我们视它们为“重大的损失”时，便会产生同样的情绪：悲伤。

有时候，我们甚至会对虚构人物的遭遇感到难过。笔者从前读《天龙八部》，读到男主角乔峰由受众人敬仰的丐帮帮主变成武林公敌，昔日的好兄弟只因为发现他是契丹人而非汉人，便一一跟他绝交，也为他感到万分无奈。再读到乔峰遇上深爱他的阿朱，以为他终于找到幸福，作者却安排乔峰因误会错手打死阿朱时，心中的苦涩简直无法形容。笔者当然知道乔峰并非真有其人，他的遭遇也不过是小说虚构的情节，但在细读他的一生经历时，已不知不觉将他视为一个犹如朋友般的意向对象，于是也会为他的不幸感到难过。

第三，悲伤通常包含了关于对象的众多信念 (beliefs)。我们未必意识到自己抱着这些信念，但当它们改变时，我们的情绪会随之改变。当努斯鲍姆收到医院告诉她母亲病危的消息时，那一刻她的悲痛包含了三个信念。(1) 她相信那消息是可靠的，它不是电话诈骗案，医院对于她母亲的病情也应该有准确的掌握。如果她怀疑母亲未必真的病危，她就会感到困惑而非悲痛。(2) 她相信母亲病危是自然发展的结果，并非人为的错误造成。如果她相信是医生的医疗失误或护士照顾不周令母亲病危，她感到的便是愤怒而非悲伤。(3) 她相信母亲康复的机会极度渺茫，她了解母亲的病情，也知道这种病到了某个阶段便无法救治。如果她相信母亲还有康复的机会，她感到的便是忧虑或是希望而非悲伤。

当努斯鲍姆到达医院，知道母亲在二十分钟前已经去世时，两个新的信念加深了她的悲痛。(1) 她相信母亲的死是无法改变的事实。她知道医院不可能在判断母亲是否死亡这件事上出差错，她也不相信会有奇迹发生。如果她是某些宗教信徒，相信母亲在不久的将来会复活，她就不会感到那么悲伤。(2) 她相信母亲想在离世前见她最后一面，自己却不能完成她的心愿。母亲可能带着遗憾离开，想象母亲渴望见到自己而不可得的表情，叫她倍加难受。在如此沉重的悲伤中，她可能不会意识到自己的这些信念，这些信念却是她的悲伤不可或缺的一部分。

第四，悲伤必然包含对对象的一种关乎自我幸福的价值判断 (eudaimonistic judgment)。悲伤带有一种迫切性，让人心情激荡，感到非要做点什么不可。努斯鲍姆认为，这是因为我们重视悲伤的对象，相信失去它我们的生命不再一样，它就如同支撑起我们人生的一条支柱，我们无法对它的动摇置之不理。

对努斯鲍姆来说，母亲是她生命中不可或缺的人。她一生都在母亲的爱护与教诲下成长，是母亲的爱成就了她今天的一切，因此，母亲的离去使她的生命不再完整，她感到自己的心好像被刺穿一样。她也知道自己以后的人生将不再一样，不论自己在各方面做得如何完善，生命中永远会有一个缺口，一个无法弥补的遗憾。正是这些价值判断，构成了她的悲伤的重量。

这跟本章开头谈到的《江城子・乙卯正月二十日夜记梦》有相通之处。苏轼因为妻子的过世而肝肠寸断，正是因为妻子在他的生命中具有无可取代的地位。十年过后，他依然“不思量，自难忘”，表明他对妻子的重视没有随时间的流逝而改变。有时候悲伤看似跟自己不相干的事而产生，例如我们会为地震中失去儿女的母亲感到难过，我虽然不认识他们，她儿女的死亡也不会影响我的生活，但是我会想象，想象自己像她一样失去至亲会有多难受。当我将自己代入她的角色时，她的损失便如同我的损失，使我为之感到悲伤。如果我无法理解为人母亲的心情，觉得事不关己，也就不会情动于中。

综合而言，努斯鲍姆认为悲伤的四个特质分别是：

(1) 关于某些事或物；

(2) 以意向对象而非客观事物为对象；

(3) 包含关于对象的诸多信念；

(4) 包含关乎自我幸福的价值判断。

这四个特质中，最核心的明显是 (3) (4) 中的信念。信念必然以某些事或物为对象，我们不能处于“相信”的认知状态而没有任何相信的对象。正是这些信念使我们以特定的方式去理解对象，使之成为独特的意向对象。于是我们可以说，构成悲伤的是一系列的信念。

努斯鲍姆的悲伤就是由以下三个核心信念构成的：

(1) 母亲的死是一个无法改变的事实；

(2) 母亲是我生命中极其重要的人；

(3) 母亲的死使我的生命永远带有缺陷。

当努斯鲍姆得知母亲的死讯时，她有窒息的感觉，她流泪、双手发抖、全身乏力甚至失眠。但跟以上信念相比，这些身体反应都不能算是她的悲伤的组成部分。可以想象，十年之后，当她再次想到母亲的死时，她未必会流泪或颤抖，但这不代表她不再为此感到悲伤，只要她依然相信 (1) (2) (3)，我们依然会说她感到悲伤。反过来说，如果有一天她为了某个朋友的死出现同样的身体反应，那并不代表她此时的悲伤能跟母亲死时的悲伤相比。决定悲伤的深度和重量的，并非你流了多少泪或失眠了多少个晚上，而在于你认为该损失对你的人生构成多深远的影响。

2. 认知情绪论

努斯鲍姆认为以上四种特质不单属于悲伤，更是情绪之为情绪的本质，缺一不可。据此她提出了认知情绪论 (cognitive theory of emotion)，认为情绪不是一种莫名的冲动，而是一种理性的活动。

她说：“情绪是一种关于某些不受自己控制的人和事对自身幸福的重要影响的价值判断。”罗伯特 · 所罗门 (Robert Solomon) 也提出了类似的看法。他认为情绪是“一种关乎自身的相对强烈的价值判断……那些组成我们情绪的判断与事物，对我们来说特别重要，具有特别的意义，以及与我们的自我 (self) 有关”。

不同的认知情绪论者，对于情绪中的理性成分是什么有不同的主张，努斯鲍姆认为是幸福判断，所罗门认为是价值判断（evaluative judgment），杰弗瑞·墨菲（Jeffrey Murphy）和O. H. 格林（O. H. Green）认为是信念（beliefs），杰罗姆·诺伊（Jerome Neu）认为是想法（thoughts），柯采新（Cheshire Calhoun）认为是"认作"（seeing as），罗伯特·罗伯茨（Robert Roberts）认为是"建构作"（construals），心理学家则一般称之为"评估"（appraisals）。

虽然主张各异，但他们大抵同意情绪中的理性活动有三个共同之处：(1) 能以世界的真实或虚构之物作为意向对象；(2) 可以是短暂也可以是长久的；(3) 可以是有意识或无意识的。正是情绪中的理性活动的这些特质，让我们能够解释为什么情绪的对象变化万千，情绪的发展可长可短，以及情绪时而萦绕我心，时而隐而不觉。以下我们将采用所罗门的用词，将这种认知活动称为价值判断。

强的认知情绪论认为情绪本身就是一种价值判断，也即是说，价值判断是情绪的充分及必要条件。弱的认知情绪论认为情绪必然包含价值判断，但不排除情绪还有其他必要的构件（例如身体反应），也即是说，价值判断是情绪的必要而非充分条件。不论是强还是弱的认知情绪论，都同意价值判断是情绪之所以为情绪的本质，当价值判断改变时，情绪必然会随之改变。

将情绪定义为价值判断，能帮助我们理解人的情绪的深度。

同样是悲伤，小孩子得不到心爱的玩具的悲伤，跟政治家看到国家堕落的悲伤，在主观感受上或许没有明显分别，但后者的意义远比前者深刻，因为前者只是一己欲望得不到满足，而后者则承载着追求家国理想、实现人民福祉的愿景。

同样是心痛，年轻人跟初恋情人分手，与中年人跟老伴离婚，或许有相似的身体反应，但后者比前者沉重百倍，因为后者对爱情、对生活、对婚姻、对人生比前者有更深邃的了解和看法。

同样是忧虑，地藏菩萨所谓的"地狱不空，誓不成佛"与范仲淹所说的"先天下之忧而忧"，之所以比一人一家一国的忧虑更为深邃，是因为他们背后包含着对全人类的痛苦的理解，以及对天下兴亡的责任与担当。

人的情绪可以浅薄如动物的生理反应，也可以深刻得叫人"才下眉头，却上心头”，叫人生死相许，叫人为之付出一生的努力。其中的分别不在于身体反应或主观感受的强烈程度，而在于背后的信念和价值判断有多深刻，这也是哲学家牟宗三所谓“感触大者为大人，感触小者为小人”的意思。

此外，认知情绪论能帮助我们做出三种重要的区分：(1) 情绪与纯粹身体反应；(2) 不同的情绪；(3) 同一种情绪的不同类型。

首先，一些身体反应如疼痛或痕痒跟情绪一样，都带有难以向别人解释的主观感觉。然而，我们相信身体反应跟情绪有根本的不同：心脏病的心痛不同于失去至亲的心痛，切洋葱时流的眼泪不同于分手时流的眼泪。将情绪定义为价值判断，便能解释这种不同：价值判断带有意向性，它总是带着我们对世界的理解，将某事或某物建构成一个意向对象，也即是说，它总是关于某一意向对象的。

然而，身体反应不具有意向性，头痛的痛并不是关于你的头的，被蚊子咬到手背引起的痕痒亦非关于你的手背的，你的头和手背只是这些反应发生的位置，不是这些反应关注的意向内容 (intentional contents)。身体反应也不包含我们对世界的理解，引起痛痒的原因虽有不同，但这些原因不是痛痒的意向对象。被火烧、被刀割、被针刺的痛虽有不同，但不是因为我们对火、刀、针的不同信念造成的。即使一个人认为被火烧和被电击的痛感是相同的，当他受到这两种不同的伤害时，他还是会感到不同的痛楚。即使他深信被火烧或被电击不会痛，这个信念也无法使他受伤时不痛不痒。由于身体反应缺乏意向性，而以价值判断为本质的情绪必然具有意向性，因此身体反应不是情绪。

第二，要区分不同的情绪，单凭主观感受或身体反应难以做到。我们或许能说出快乐与悲伤的感受有何不同，但羞耻与内疚、害怕与惊讶、兴奋与愤怒的差异，是否能用主观感受去说明？一个人心跳加速，面红耳热，他是愤怒还是堕入爱河？一个人手心冒汗，双脚发抖，他是兴奋还是恐惧？血压要降到什么水平才算是抑郁，要升到什么水平才算是焦虑？认知情绪论认为，我们是依据特定的信念和判断所构筑的不同意向对象划分不同的情绪。认知心理学家理查德·拉扎勒斯 (Richard Lazarus) 将这种意向对象界定为个体与环境的互动关系，不同的情绪由其独特的核心关系主题 (core relational themes) 所决定 (表 3.1)。

表 3.1 不同情绪的核心关系主题

情绪	核心关系主题
愤怒	X 构成对我或我所拥有之物的冒犯
恐惧	X 对我构成一种实时的、实在的和压倒性的威胁
罪疚	X 违反了道德规条
羞耻	X 违反了自我的理想形象
悲伤	X 是一个无可挽回的损失
忌妒	X 是一个威胁到自己与伴侣感情的第三者
恶心	X 是一个不洁的、不适宜进食的东西

例如说，我因为你踏在我的脚上感到愤怒，是因为我将你的行为视为对我的冒犯。如果我相信你是故意这样做，目的是要加害于我，而我又相信自己没有反抗的能力，那么我会视你的行为是对我的威胁，即使我依然感到血脉沸腾，手心发热，这时我感到的却已是恐惧而非愤怒了。

又例如，当我发现伴侣跟一个英俊的男士有亲昵行为时，我感到的是悲伤还是忌妒呢？如果我理解该行为（如亲吻）威胁我们的感情时，我感到的便是忌妒。如果我理解该行为（如性行为）代表我们的感情已经无药可救时，我感到的便是悲伤甚至是绝望。

简而言之，不同的信念让我们以不同的角度去理解客观对象，形成的不同意向对象则构成不同的情绪。只有将情绪界定为价值判断，才能做出这种细致的区分。

最后，如果身体反应不够细致，区分不了不同的情绪，那么，它们更区分不了同一种情绪的不同类型。同样是悲伤，哀痛、绝望、失望、难过和忧愁所引起的身体反应相差无几，它们却具有完全不同的意义，只有仔细地分析这些情绪背后的各种判断，才能对它们加以区分。

例如，失望是期望落空引起的悲伤。抽奖没中的失望，不同于努力读书但成绩未如理想的失望，因为后者带有“自己为了实现期望付出很多”的自我判断，而前者没有。这两种失望，又不同于母亲目睹儿子自甘堕落的失望，这种失望带有“期望理应实现却没有实现”的判断。如果还不知道期望是否实现，担心事情可能不顺利,那就是忧愁。如果期望落空,认为对自己构成了重大损失，那就是悲哀。如果期望落空，并且认为自己再也没有机会，那就是绝望。如果是他人的期望落空，并认为他已经付出很大的努力，那就是惋惜。这种种悲伤都跟期望有关，因其中的判断差异而表现为不同的悲伤。

又例如，同样是害怕，恐惧、惊慌、惶恐、焦虑和惊讶是截然不同的情绪。我们会恐惧一条毒蛇，却不会对毒蛇感到惶恐；会为未知的将来感到焦虑，却不会感到惊讶。

再例如,根据辞典的定义 (表 3.2),义愤与悲愤同样是受到冒犯而起的愤怒，但只有当我感到该冒犯违反了我所认同的公义原则，我才会感到义愤。若我感到该冒犯构成了无可挽回的损失时，我感到的便是悲愤。要理解恼羞成怒与一般愤怒的不同之处，更需要发掘其背后包含的诸多信念：我要相信自己做了一件错事，相信旁人都看到了我的错，相信他们都会耻笑我的愚蠢。更重要的是，我要相信纵使我做错也不应该受到这样的侮辱，并认为这样的侮辱对我而言是莫大的伤害。由这些例子可见，越是复杂的情绪，背后包含的信念和判断也越复杂，而这些信念和判断正是帮助我们区分不同情绪的关键。

表 3.2　辞典中关于不同的愤怒的解释

词语	意思
愤怒	生气、发怒
愤慨	愤怒而慨叹
悲愤	悲伤愤怒
愤愤不平	心中十分气恼而不服
义愤填膺	心中充满因正义而激起的愤怒
恼羞成怒	因羞愧到极点而恼恨发怒
愤世嫉俗	痛恨腐败的社会现状及庸俗的世态

从悲伤的概念分析出发，我们发现情绪具有关注性、意向性、涉及诸多信念以及自身幸福判断四个特质。认知情绪论提出，同样具有这四种特质的价值判断，正好可以视作情绪的本质。

情绪中的价值判断细致而千变万化，既能帮助我们理解情绪的深度，又能精确地分辨：(1) 情绪与纯粹的身体反应；(2) 不同的情绪；(3) 同一种情绪的不同类型。这种既深且广的解释效力，正是认知情绪论的最优胜之处。

第二节
悲伤的起承转合

情绪就像一条河流，表面看起来静止不动，实际上却在时刻改变，人不能两次体验同一种情绪。同样的爱情，这一刻难离难舍，转眼已是若即若离，然后变成相敬如宾，慢慢又归于平淡。同样的愤怒，一时激动如龙卷风，一时沉静如海底暗流，一时炽烈如火山爆发，一时又冷漠如冰渊。

如果情绪只是旋生旋灭的身体反应，这种内在的情绪发展将无法理解。可是，如果情绪是由判断组成，而判断基于我们多姿多彩、变幻莫测的思想之上，那么情绪会随着时间发展便非常合理了。以下我们将探讨两个建立在认知情绪论之上的心理学模型，看看内在于悲伤的各种判断如何运作，以及这种内在结构如何影响悲伤的起承转合。

1. 序列检测模型

心理学家谢勒（Klaus Scherer）通过实验的方式研究情绪中的种种判断，发现心理实验普遍出现 13 种检测（checks），这些检测分为四大类，分别是相关性、启示、因应可能和规范意义，它们依次进行，前一类检测的结果影响到后一类检测的进行，不同的检测结果构成了不同的情绪，也决定该情绪的强度和持久度，他称之为序列检测模型。谢勒指出，当我们遇到一个潜在的情绪对象时，我们的情绪机制会自动且顺序地进行 13 个“检测”(表 3.3)。

表 3.3 谢勒的序列检测理论

考核目标	检测	判断
相关性	1. 新奇性	它值得关注吗?
	2. 内在愉悦	它是令人愉悦还是令人厌恶?
	3. 目标相关	它与我的目标和需求有关吗?
启示	4. 因果归因	什么导致它的出现?
	5. 后果概率	它会带来什么后果?
	6. 预期差异	我是否预料到它的出现?
	7. 目标 / 需求辅助	它会帮助还是阻碍我实现目标 / 需求?
	8. 紧迫性	它是否需要马上处理?
应对可能	9. 控制	它的出现能被控制吗?
	10. 能力	我有能力控制它带来的后果吗?
	11. 调校	我能否适应它带来的后果?
规范意义	12. 内在标准检测	它的后果和我的控制措施是否符合我的价值观?
	13. 外在标准检测	它的后果和我的控制措施是否符合社会规范?

让我们来看看谢勒的序列检测模型如何解释悲伤的发展变化。

假设一个勤奋的大学生满心希望入读著名的医学院，可是他却在一个重要的考试中失手。对他来说，成绩不合格是令人厌恶的事，而他报考的医学院要根据这个成绩来决定是否录取他，因此他会判断此事与他关系密切。

接下来，他会评估事情的后果。他相信自己已经进不了心仪的医学院，成为医生的梦想也可能告吹。然而，由于他的成绩向来很好，每个人包括他自己也相信他将会是一个很好的医生，因此成绩不合格带来的可怕后果，实在是大大出乎他的预料。

然后，他会思考自己应对事件的能力。他因为不允许重考或者参加其他替代考试而感到束手无策，他也难以调节自己的心情来面对这个可怕的结果。

最后，他反思自己的人生，发现除了拯救生命，他对其他工作皆不感兴趣。因此，他感到自己的生命不再完整，他也担心自己的失败会辜负爱自己和对自己抱有厚望的父母。

从以上例子可见，悲伤依次出现四种判断：首先判断事情与我高度相关，然后判断事情阻碍了我达成重要的目标，或是令我的需要难以满足，接着我判断自己缺乏控制事件的能力，也难以自我调节去接受它，最后，我判断事情的后果将违反自我或社会的期望。

其中的检测结果决定着悲伤的强度与持久度。如果该大学生判断医学院未必会因为他成绩不合格而拒绝他的申请，那么他的悲伤将大大降低。如果他判断自己即使成不了医生，但总会找到另外一条出路，实现自己的人生价值，那么他的悲伤也不会维持太久。相反，如果他判断自己的失败会成为家族永远的耻辱，他的悲伤就会相当强烈，并且极难排遣。

另外，如果其中某些检测的结果改变了，他感到的甚至不是悲伤，而是其他情绪。如果该大学生判断他成绩不合格是老师的人为失误造成的，他感到的便可能是愤怒或怨恨。

如果他判断自己有机会重考，却不能肯定自己能否合格，他感到的便可能是害怕或担忧。如果他判断不合格对他的影响根本不大，他甚至不必再就应对可能和规范意义进行判断，他也不会经历什么情绪。然而，如果他在每一个检测中都得出负面的答案，那么，我们便能理解为什么他的悲伤如此沉重并挥之不去。

透过谢勒的序列检测模型，我们了解到悲伤涉及的种种判断，以及这些判断层层递进的关系。随着不同的判断逐步明确，我们的悲伤或增强或减弱，甚至会演变成另一种情绪，情绪的发展于是就能从判断的发展得到一个解释。

2. 库伯勒－罗丝模型

谢勒的序列检测模型解释了一般情绪所涉及的不同判断和其发展次序，而库伯勒－罗丝模型（Kübler-Ross model）则根据对临床患者的观察，分析悲伤这种情绪的独特发展。库伯勒－罗丝认为悲伤不是某一刻的感觉，而是一种对自我与世界之间关系的认识的发展过程。该模型指出，人的悲伤一般会经历五个阶段，以下将以库伯勒－罗丝的病人为例子进行说明。

第一个阶段是否定（denial）。当重大损失出现时，我们难以相信事情的真实性，于是不禁会问：这是真的吗？这确实发生了吗？艾丽西亚收到丈夫马修在车祸中逝世的消息，她的第一反应是："我是在做梦吗？这一定是出错了。"当准备葬礼时，艾丽西亚想："这不是真的。当我看见遗体，我便知道不是他。"在葬礼数周之后，艾丽西亚甚至还告诉亲友："我还在想他仍在公干，只是暂时没有联络。他一定在某处努力寻找回家的路。"库伯勒－罗丝和凯思乐（David Kessler）指出，当悲伤过于巨大而且突然时，否定事实能让人暂时脱离痛苦，得到一刻的平静，故为悲伤的第一阶段。

可是，现实终会提醒我们悲剧的确发生了，于是我们便进入了第二个阶段——愤怒（anger）。我们无法接受自己的不幸，认为自己被命运愚弄，得到如此遭遇或受到如此对待并不合理，于是迁怒于他人或神明。

希瑟的女儿在 16 岁时因病去世，希瑟指责神竟然容许无辜的女儿在如此年幼的时候死去。朋友劝告她不要亵渎神灵，她反驳说："他想要做什么，带走我的女儿？他想要做什么，带走我？这还好，我宁可与她在一起，也不想待在这儿。"库伯勒－罗丝和凯思乐认为愤怒如同锚，在名为"失去"的茫茫大海中，让我们得到短暂的定位，不至于在痛苦中无了期地载浮载沉。跟否定不同，愤怒有明确的对象，能够让我们与现实重新接轨，慢慢学习接受生命中无法挽回的损失。

当再多的愤怒也不能扭转“不公义”的遭遇时，我们开始冷静下来，尝试通过谈判（bargaining）与命运讨价还价。在这个阶段，人们总会使用“如果……”和“只要……”这类句式，希望能以某些东西作为代价解决眼前的痛苦。

霍华德（Howard）和他的太太米莉（Millie）不幸被车撞倒，米莉身受重伤。医生在抢救米莉时，霍华德脑海中一次又一次地想：“神啊！请你让她活下来——我不会再逼迫她做任何不喜欢的事了……我会做一个好人……你会看到……我会当义工……我会为你奉献我的人生……请不要在现在。”最终这场事故夺走了米莉的性命。以后的日子里，霍德华在睡觉前，总是向神提出请求：“神啊！请你让我一觉睡醒后，便发现这一切都是梦。我会为您做一切事，只要她能够回来。”

库伯勒－罗丝和凯思乐指出，谈判代表理性初步回归。谈判的人相信问题有可能得到解决，虽然这种希望很渺茫，却支撑着我们脆弱的心灵。例如希望自己将来可以与死去的亲人在天堂重聚，又或者失去儿子的母亲希望另一个儿子可以得到安全和健康等，都给予我们活下去的动力。

当我们意识到谈判终究难以改变现实，奇迹变得非常渺茫时，我们便会进入下一个阶段——抑郁（depression）。我们不再相信问题有任何解决的方法，认为悲剧是因为自己的无能造成的，如此痛苦的生命已再无意义。

克劳迪娅（Claudia）有一个患重病的女儿。当她病逝时，克劳迪娅说：“这与女儿在生前不同。当她努力地为生存搏斗时，我的抑郁被封闭在一道围墙外，内里的我还能战斗。可是女儿去世后，抑郁重回我的身体，感觉自己就像被不停地重击的沙包一样。我一次又一次被击倒，没有意志再站起来了。”

库伯勒－罗丝和凯思乐解释，当理性与非理性的力量都无法解决问题时，抑郁便是不可避免的结果。抑郁的人陷入绝望之中，会产生自杀的倾向，这是相当危险的一个阶段。然而，抑郁也能让我们彻底停顿下来，直视内心最真实的感受，重新思考生命的意义。

如果成功摆脱了抑郁，我们便进入最后的阶段——接受（acceptance）。我们承认悲剧的真实性，承认自己的生命不再一样，并开始思考自己如何面对新的世界。

阿伦（Alan）是一个优秀的孩子，却被一名帮派人士意外射杀了。阿伦的父母基思（Keith）和黛安娜（Diana）痛失爱子，每天以泪洗面。五年后，基思开始明白一个道理，他发现枪击案的两方都是受害者——不论是枪手还是中枪的人。基思的愤怒于是转化为好奇，射杀儿子的枪手被判入狱，他好奇另一位爸爸的生活。结果两位爸爸相互认识了对方，二人互相扶持，重新投入生活，并合力阻止帮派的暴力行为。基思的例子积极而罕见，他接受失去儿子的痛苦，将能量投入积极的人生，并重新建立了生活。

值得留意的是，根据库伯勒－罗丝模型，悲伤的各个阶段由特定的判断组成。否定时，我认为悲剧不是真的；愤怒时，我认为悲剧发生在我身上并不公道，是某人、神、命运的责任；谈判时，我认为悲剧可以通过满足某些条件而改变；抑郁时，我认为悲剧无法改变，我的生命也再无意义；最后，接受时，我认为我需要适应活在悲剧发生后的世界。

这些判断都是对自我与世界的关系的不同理解。随着这种理解的改变，我们会做出不同的判断，悲伤也相应地改变。由此可见，正是我们对世界的理解的发展，驱使着悲伤的发展，这也符合认知情绪论的主张。

注意：库伯勒－罗丝模型有两方面的限制。第一，不是所有阶段都必然会出现。明显地，不少面对亲人离世、失恋或离婚的人，永远不能进入接受的阶段，只停留在抑郁甚至是愤怒的阶段。第二，各阶段不一定按顺序出现。有些人在否定悲剧的真实性后，可以直接进入抑郁甚至是接受的阶段。有些人接受了事实，并决心勇敢地生存下去后，可能第二天又重回抑郁的阶段。有些人甚至会不断徘徊于愤怒与抑郁之间，形成郁躁症（bipolar spectrum disorder）。因此，这个模型并不能准确预测每一个人的悲伤必定经历的阶段，只是普遍地描述悲伤的人们通常会经历不同的阶段。

3.《宠儿》

图 3.2 《宠儿》

小说《宠儿》(*Beloved*，图 3.2）是 1993 年诺贝尔文学奖得主黑人女作家托妮·莫里森（Toni Morrison）的著作。文学评论家奥利维亚·帕丝（Olivia Pass）尝试以库伯勒－罗丝模型解释黑人女主角塞丝（Sethe）的悲痛在故事中的发展变化。

故事讲述一间充满婴儿怨恨的“124号”房屋，塞丝与其女儿丹芙（Denver）居住在这所房子里，每天饱受婴灵的折磨。有一天，塞丝的朋友保罗·D（Paul D）来探望她，当他知道了鬼魂的存在，便帮助她们驱鬼。可是，婴灵则以有血有肉的身体重返这所房屋生活，并化名“宠儿”。

塞丝告诉保罗·D，自己当年作为奴隶时，不希望孩子跟自己一样过着非人的生活，遂杀死了自己的孩子。保罗·D 难以接受这种行为，于是选择离开塞丝。之后，宠儿向塞丝暗示自己就是其杀害的女儿，塞丝认为这是赎罪的机会，因此全盘接受宠儿的任性要求。

塞丝将所有的钱用来满足宠儿的需要，女儿丹芙只好向外求助。丹芙在求助的过程中，不小心透露了家中的情况，村里的妇人赶到 124 号房屋，合力以歌声驱赶鬼魂，宠儿从此消失。最后，充满愧疚的保罗·D 回到塞丝身边，决定与塞丝开始新的生活。

在故事中，塞丝对宠儿抱有极度悲痛之情，而这悲伤的发展正好可以用库伯勒－罗丝模型来解释。

最初，塞丝否认宠儿是邪恶的，纵然丹芙指出：“我不能住在这儿了。我不晓得去哪里或干什么，我不能住在这儿了。没有人跟我们说话，没有人来。男孩子不喜欢我，女孩子也是。”丹芙的话透露出，在羞耻和悲伤的驱使下，塞丝与外面的世界隔离，她拒绝接受自己杀死女儿的残酷现实，用长期让自己处于孤独的状态来否认这一切。直至保罗 · D 到来，塞丝的生活才开始迎来一些转变。

保罗 · D 为了保护塞丝和丹芙，曾向宠儿愤怒地说：“他妈的！安静！……别来这儿捣蛋！滚出去！……你想打架，来吧！他妈的！她没有你就已经受够了，她已经受够了！”帕丝解释，塞丝在此借着保罗 · D 发泄对宠儿的愤怒。塞丝说：“好极了，越痛越好。你知道吗，不痛就不会好。”这表明她在借由宣泄愤怒来安抚长久以来压抑的伤痛。

其后，人形姿态的宠儿来临，保罗 · D 和塞丝曾为这位“神秘访客”的去留争辩。保罗·D 想赶走宠儿，而塞丝则希望让宠儿留下来。保罗·D 问道：“我只是不明白你们互相吸引是怎么回事。我明白她为什么抓着你不放，却搞不懂你为什么也抓着她不放。”塞丝回答：“我说不上来，是我内心的一种感受。”故事甚至指出，塞丝的大脑“缺乏对未来的兴趣。由于它满载着过去，而且渴望更多的过去，所以没有留下任何空间让她想象明天，更不用说计划了。”

由此可见，塞丝希望通过拥抱过去来减轻自己因过去所犯的错而衍生的罪恶感，仿佛只要今天她不放下宠儿，她对宠儿的罪就能减轻一点。这正表现出塞丝处于讨价还价的阶段，不过她的谈判对象是自己而已。

在保罗 · D 的陪伴下，塞丝的情况看似慢慢好转。可是，当保罗 · D 知道塞丝杀婴的事而离开后，塞丝便陷入了最黑暗的深渊，正式步入抑郁的阶段。塞丝这样形容自己的过去：“随着二十八个幸福日子而来的，是十八年的非难和孤独岁月。接下来是路上携手的影子向她许诺的几个月阳光普照的生活，跟保罗·D 在一起时其他黑人的试探性问候，属于自己的床笫之欢。除了丹芙的朋友，这一切都消失无踪了。这是规律吗？她纳闷着。每隔十八或二十年，她那难受的生活就要被一番短暂的辉煌打断？”

塞丝出现了极度负面的想法，甚至产生了寻死的念头：“不管我多么想和你躺在一起，那时却不能。以往，我在哪儿都睡不安稳。现在我可以了，天啊，我可以睡得像死人一般了。她回到了我身边，我的女儿，她是我的。”丹芙也察觉到母亲的自毁行为。塞丝会不时地挑起宠儿的愤怒，让罪疚不间断地刺向过往的伤处:“就好像塞丝并不是真的想要得到宽恕，而是想要遭到拒绝。宠儿就帮她如愿以偿。”

故事结尾描写宠儿的突然离去，让塞丝觉得自己失去了最宝贵的亲人，丧失了精神支柱。这时，保罗 · D 再次回到塞丝的身边，细心地照顾她，还跟她说:“我和你，我们拥有的昨天比谁都多。我们需要某种明天……你自己才是最宝贵的，塞丝，真的。”

最后，塞丝终于接受了宠儿离去的现实，勇敢地与保罗 · D 和丹芙过上了新的生活:“渐渐地，所有痕迹都不见了，被遗忘的不只是脚印，还有溪水和水底的东西。剩下的是天气。不是那被人遗忘也没有人出面说明的鬼魂的呼吸，而是屋檐里的风，或是快速融解的春冰。只是天气。”

由此可见，这时的她走到了库伯勒－罗丝模型的最后阶段：接受。在这个故事中，我们可以看到，当塞丝对宠儿、对保罗 · D 以及对自己做出不同的价值判断时，她的悲伤之情也随之改变，由否认走到愤怒、谈判、抑郁与接受，印证了库伯勒－罗丝模型对于悲伤如何随着判断的改变而发展的讲法。

第三节
悲伤的思考模式

前面两节，我们探讨悲伤的理性成分：它必然包含一组关乎自身幸福的价值判断，当这一判断改变时，悲伤也会随之改变。谢勒的模型描述了悲伤涉及的 13 种事实与价值判断。库伯勒－罗丝模型则描述了悲伤发展的五个阶段，以及驱使人走过这五个阶段与相应的对世界与自我的认知。

如果悲伤具有如此丰富的理性成分，那么悲伤能反过来影响我们的理性运作吗？哲学家蒯因（W. V. Quine）指出，我们的信念系统就像一个信念之网（web of belief)，不同的信念之间有或强或弱的关联。例如，你相信天鹅是白色的，你就自然相信天鹅不是红色或蓝色的；如果你相信万有引力，你就会自然相信星体以一定的轨迹运行。如果悲伤包含诸种对世界与自我的信念，这些信念理应会影响我们其他的信念，以至于影响我们整体认知系统的运作。

在这一节，我们从不同的心理学实验寻找证据，尝试回答悲伤是否会影响我们的理性运作这一问题。如果是的话，它带来的是否只是坏的影响？

1. 蛮不讲理

首先，悲伤的人常常给人不愿意讲道理的感觉，仿佛悲伤这种情绪弱化了我们的理性思考能力。事实是这样吗？赫伯特 · 布莱斯 (Herbert Bless)、诺伯特 · 施瓦茨 (Nobert Schwarz) 和格德 · 斯特拉克 (Gerd Strack) 的研究挑战了这种想法。

实验的参与者被分为三组。第一组要求回想曾发生过的悲伤事件 (悲伤组)，第二组回想开心事件 (开心组)，第三组为对照组，参加者不用回想任何事。接着，参加者被邀请聆听 22 段录音，内容是关于增加学费的原因，其中说服力弱的原因 (例如为了满足校长的出游需要) 和说服力强的原因 (例如要添购新的教学设备) 各占 11 个。聆听过后，参加者需就每个原因做出评分，回应是否同意因此增加学费 (1= 强烈反对，9= 强烈赞成)。

结果显示，相对于开心组，悲伤组同意说服力强的原因和不同意说服力弱的原因的比率都较高。也即是说，悲伤的人比一般人更理性，更讲道理。

卡蒂娅 · 哈雷 (Katia Harlé)、约翰 · 艾伦 (John Allen) 和艾伦 · 桑菲 (Alan Sanfey) 的研究也得出了相似的结论。他们的实验对象为 15 位患有抑郁症的病人 (实验组) 和 23 位没有患抑郁症的人 (对照组)。

实验使用“最后通牒博弈” (Ultimatum Game，图 3.3) 这一游戏，参与者二人一组，用计算机进行游戏，游戏共 24 局，每局由对方 (事实上由工作人员担任，但参与者不知道) 决定双方如何分配所得到的 10 元钱 (如我 8 你 2、我

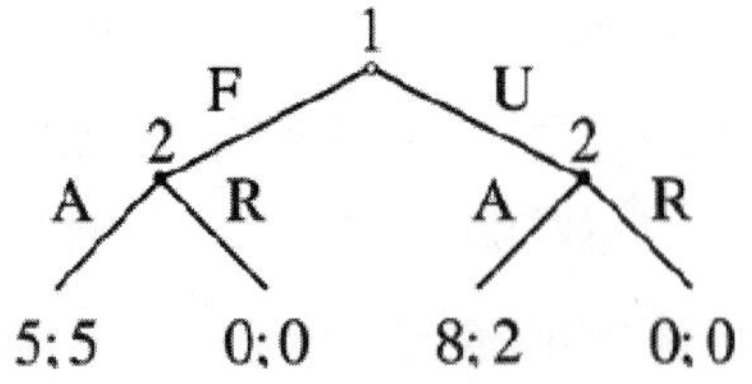

图 3.3 最后通牒博弈

5 你 5 等)，参与者负责选择接受或不接受对方提出的分配方案。每一局，计算机会显示对方给予参与者的金额，金额范围为 0.5 ～ 5 元 (4 ～ 5 元为公平的方案，因为双方所得相若；2.5 ～ 3 元为较不公平的方案，1.5 ～ 2 元为不公平的方案，而 0.5 ～ 1 元为非常不公平的方案)。参与者有 4 秒时间看清楚方案，有 10 秒时间考虑是否接受方案。如果参与者选择接受，他们便会按照约定的比例分配；如果参与者选择不接受，两方均不能得到钱。

在最后通牒博弈中，最理性的做法是接受任何大于 0 元的不公平方案。因为即使对方只给自己 0.5 元而独享 9.5 元，如果不接受，自己得到的便是 0 元，比 0.5 元的结果还要差。问题是，悲伤的人是否更难接受这个最理性但不公平的分配方案呢？研究结果得出，患有抑郁症的参加者对于不公平分配的方案表示更加强烈的愤怒和嫌恶，但令人惊讶的是，他们比一般人更倾向于接受这些方案，即他们更倾向于做出理性的选择。

我们要问的是，为什么悲伤的人会在以上两个实验中表现得比一般人更为理性？一个可能的解释是，悲伤中带有“我正在面对重大损失”的判断，这样的判断会驱使我们采用分析性思维 (analytic reasoning style)，减少采用快捷方式性思维 (heuristic reasoning style)。

所谓快捷方式性思维，是指依据既有的经验、规则或惯例，快速而不加思索地做出判断或决定。常见的例子如常识判断、排除法、归类法、代表性捷思法 (representative heuristic)、可用性捷思法 (availability heuristic) 等。这种思维不能确保结果必然正确或有效，但胜在迅速，足以应付日常生活的大部分问题。

然而，悲伤的人不倾向于使用快捷方式性思维，因为他们相信自己正面对重大的挫折或承受沉重的损失，对于惯常的做法或惯例往往抱有不信任的态度。他们更倾向于寻根究底，缓慢、仔细、反复地探问事情的原由，心理学家称之为“分析性思维”。

在第一个实验中，参加者需要判断各种原因是否能有力地支持增加学费的要求。悲伤的人采用分析性思维，使他们能够更准确地分辨强与弱的原因。对于一些表面成立的原因，例如“要提高教职员的待遇以改善教学质量”，快捷方式性思维可能会因其符合常识而立即认同。但悲伤的人会进一步追问：“这里所说的待遇是指哪一种待遇？是不是提高任何待遇都能提高教学质量？”“提高些微工资对于提高那些薪酬本身已相当高的老师的教学质量有没有帮助？”

在第二个实验中，采用快捷方式性思维的人，很容易会拒绝不公平的分配，因为我们普遍接受“不公平的安排总是坏的”“要向不公平说不”这些常规观点。然而，悲伤的人在愤怒之余，却会进一步想：“应接受怎样的安排，才能实现我的利益最大化？”“不公平的安排固然令人难以接受，但拒绝了我是否会好过点，抑或会带来进一步的损失？”

由此可见，悲伤包含的“我正面对重大损失”的判断，驱使我们缓慢地、小心翼翼地思考，不轻易相信常识或惯例，事事抱着怀疑的态度追根问底，因此它非但不会使人蛮不讲理，反而会让人做出更理性的选择。

2. 悲观

我们说悲伤的人一般想法较悲观，倾向于相信事情会向坏的方向发展。约瑟夫 · 福加斯 (Joseph Forgas) 便通过研究悲伤的人如何理解情侣间出现的冲突来验证这种说法。实验组的参加者首先会看一场悲伤的电影，以引发其悲伤的情绪。对照组的参加者则会看一套不引发任何强烈情绪的电影，然后要求他们填写一份关于自己与伴侣发生冲突的问卷，冲突包括双方的投入程度、财务安排、共处时间、整洁问题及个人习惯等，问题主要包括冲突是由什么原因造成和哪方应负较大责任等。

实验结果有以下三点。

第一，悲伤的人倾向于责怪自己，认为自己是造成冲突的元凶。

第二，悲伤的人倾向于将冲突理解为由稳定而非经常变动的因素造成的。

例如，当伴侣迟到，他们倾向于认为是因为伴侣不负责任或对自己缺乏尊重的性格，而非一时的交通或天气情况造成。

第三，悲伤的人倾向于以较普遍而非个人理由来解释冲突。例如，悲伤的人会认为伴侣不整洁是因为失败的家庭教育和不良的社会风气，而非伴侣个人的生活习惯造成的。

不难想象，当悲伤使我们相信与伴侣的冲突是由稳定而普遍的原因造成时，我们很容易得出冲突难以解决的结论。再加上悲伤使我们倾向于怪罪自己，这便解释了为什么悲伤的人想法一般比较悲观。

心理学家解释，悲伤导致悲观的想法，是因为悲伤影响了我们的记忆力和注意力。悲伤的人相信自己承受着巨大的损失，这种负面的想法使他们较容易勾起负面的记忆，而漠视正面的记忆。例如当伴侣迟到时，悲伤的人会想："他又迟到！"这是因为悲伤中的负面判断，使她倾向于回忆起对方迟到而非准时的经历。即使对方十次约会中只有一次迟到，她却总能记起那苦苦等待的一次，而忘记了伴侣另外九次约会皆准时甚至早到。

另外，由于悲伤包含了"我正面对严重的挫折"这一判断，这样的判断会使人的注意力收窄，专注于眼前最重要和最明显的问题，而易于忽略其他较不明显却有实质影响的因素。例如，迟到可以有多种原因，但悲伤的人往往只集中于一两个他最熟悉的原因，无法做到全面的审视，因此也容易忽略其中合理或可解决的因素，从而得出悲观的结论。

悲伤对于记忆力和注意力的影响，在艾利斯（Ellis）、韦尔斯（Wells）、范德林（Vanderlind）和比弗斯（Beevers）的实验中得到证明。实验参加者包括 15 名患有严重抑郁症的病人和 22 名没有抑郁症病历的人。他们被邀请坐在计算机前，屏幕中会不停地出现红色和白色的名词或形容词，例如"忠诚""失败""可爱"和"丑陋"等，皆是形容自我的词汇（图 3.4）。参加者被告知，如果认为红字能够形容自己便按"是"，反之按"否"，白字则不用理会。整个过程皆以眼球追踪系统记录参加者的视线和其停留在红字和白字的时间。当参加者看完 32 组词汇后，需要在白纸上写下刚才屏幕中出现过的词汇（不论红字或白字）。

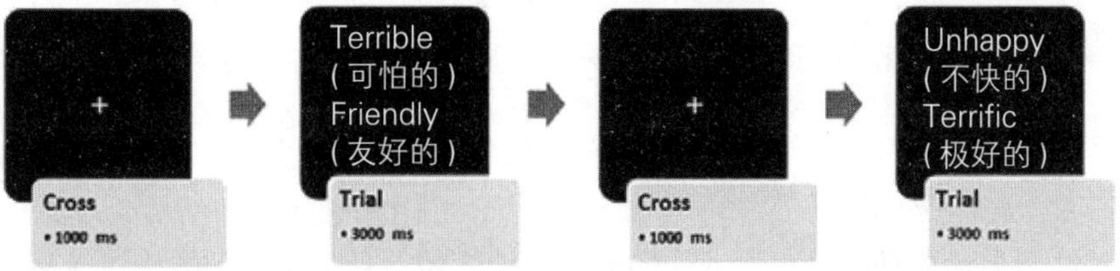

图 3.4　艾利斯(Ellis)、韦尔斯(Wells)、范德林(Vanderlind)和比弗斯(Beevers)的实验

结果显示，患有严重抑郁症的人比正常人回想起更多负面的词汇。研究人员解释，这是因为悲伤的人，在潜意识中将负面的数据和过去的记忆给予了内隐联想(implicit association)，将两者不自觉地联系所致。另外，患者目光停留在红字的时间较常人长，而停留在白字的时间则较常人短。由于红字为真正目标，白字只是干扰，由此可见抑郁症患者的注意力较集中，相较来说不受不相干的因素影响。

加斯帕(Gasper)和克罗尔(Clore)于2002年进行的一项实验，也证明情绪能影响人的注意力的宽度(图3.5)。一开始，研究人员声称进行性格测试，要求参加者写上人生开心或不开心的事情，事实上这是为了引起参加者开心或不开心的情绪。9分钟后，研究人员示意参加者停止书写，并将一幅图画展示给参加者观看，研究人员指出，参加者应该思考画面的内容和含意。画面展示的时间为15秒，之后参加者再回答8分钟的问卷题目，最后要求参加者尝试将记忆中的画面画出来。

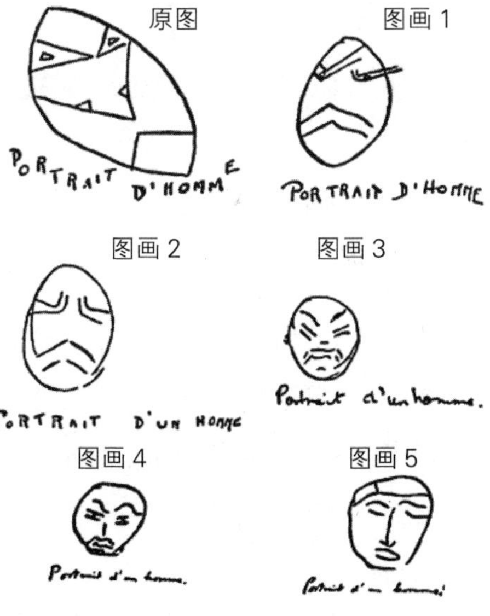

图 3.5　加斯帕(Gasper)和克罗尔(Clore)的实验

参加者在实验开始时已被随机分到开心组或悲伤组，每组最少 6 人。组别中第一个参加者看到的画面是一块非洲盾牌，并附有“男子肖像”(Portrait d’Homme) 的字句。当第一个人完成了自己的图画，研究人员便会将其图画展示给第二位参加者观看，如此类推。

结果显示，开心的人比悲伤的人画出的图案更似人脸，相比较更能写出图案的题目。加斯帕 (Gasper) 和克罗尔 (Clore) 认为，这跟参加者注意力的宽广度有关。人脸由眼睛、鼻子、嘴巴、眉毛等不同部分组成，必须具有综观大局的视野，才能将不同部分看成一张脸孔。开心的人注意力较宽，能以整体的角度去审视原图中的各种信息，也能注意到题目的提示，因此他们会倾向于将盾牌看成是人脸。相反，悲伤的人注意力较为狭窄，他们既然接到画图的指令，也就只会专注在图画上，而倾向于忽视不相干的因素。另外，狭窄的注意力使他们格外留意盾牌上的个别花纹，而不会将种种花纹统合成一张脸孔。

从以上实验可以看出，在悲伤对记忆力和注意力的双重影响下，悲伤的人往往只注意到或回忆起造成冲突的部分负面原因。当他以这些记忆为推论的依据时，便很容易得出冲突无法解决的悲观结论。

3. 恶性循环

从以上两小节可以看出，在悲伤所包含的“我正面对重大的损失或挫折”这种判断的影响下，我们倾向于采用分析性思维，思考较慢也较仔细和深入，注意力变得狭窄，容易忽视各种可能性，另外，更倾向于勾起负面记忆，忽略正面记忆。这种思维模式的改变进一步证明悲伤必然包含理性的成分。

在这一小节我们将论证，由悲伤引起的悲观判断，能反过来加强或肯定构成悲伤的判断，深化我们的悲伤，从而形成一种恶性循环，以至于将悲伤转化成抑郁症。最后，我们会探讨打破这种循环的可能性。

让我们回到第二节的例子以作说明。假设一个勤劳的大学生满心希望入读著名的医学院，可是他在一个重要的考试中失利，成为医生的梦想从此变得渺茫，他感到十分难过。在悲伤情绪的影响下，他的注意力会变得狭窄，他只想到考试不合格带来的可怕后果，而未能宏观地审视一次考试失败对他整个生命的意义。他也未必会意识到还存在其他选择，例如他可以尝试报读次一级的医学院再谋求转校，甚至考虑从事别的工作。

悲伤也带来分析性思维，逼使他深入、缓慢而重复地思考不能成为医生所失去的一切，如名誉、金钱、理想等。最后，悲伤更让他不断勾起种种负面记忆，他或会想起从前面对困难束手无策的经历，让他进一步怀疑自己应对这次困境的能力。或会想起从此被逼放下理想、令亲人和朋友失望的苦况，让他更难以接受这次失败。

这种思维方式的改变，很容易驱使他得出悲观的结论，即这次失败决定了他人生的失败，以及他没有能力去改变这样的结果。这样的判断将进一步强化他的悲伤，他的悲伤又会衍生更强烈的负面思维，从而带来更多的悲观判断，由此形成一种恶性循环（图 3.6）。周而复始之下，他的悲伤甚至可能演变成抑郁症，让他萌生自杀的冲动。

作为一种能够自我强化的情绪，悲伤似乎是一个无底深潭，人陷入悲伤中该如何应对？我们如何才能切断悲伤情绪与悲观判断之间的恶性循环？既然悲伤与悲观判断都是理性活动，或许打破这个恶性循环的关键也在于理性发挥作用。

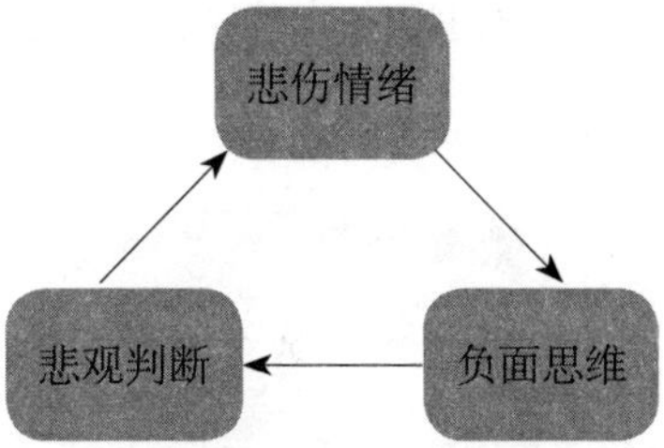

图 3.6 悲伤的恶性循环

奥地利心理学家维克多·弗兰克尔（Viktor Frankl）对绝望的看法给予我们一点启示。在二战时期，弗兰克尔曾在四个纳粹集中营被关押过，包括著名的奥斯威辛集中营。刚进集中营的人，首先会被分类，有专业技能、身体壮健的人会被分派到不同小队进行劳动，老人、小孩或其他被认为没有价值的人，则会直接送到毒气室杀害。

集中营的生存条件极其恶劣，所有人的财物皆被充公，每天的食物只有一小片面包和一碗像水一样的热汤，却被迫进行各种极其艰苦的体力劳动（如修建铁路、生产军用物资等)。在严寒的天气下，每个人只有一件单薄的囚衣，晚上睡觉时只能挤在一起互相取暖才不致冻死。卫生情况极度恶劣，不能洗澡，没有衣服替换，以致疾病肆虐。就算囚犯生病，也不会得到治疗，只会送进毒气室。日复一日的非人生活，在四年间估计饿死、病死、被处死的超过 100 万人。

不难想象，集中营的生活使肉体承受极大的痛苦。然而弗兰克尔认为，真正使人感到绝望的不是痛苦本身，而是要承受无尽的没有意义的痛苦的心理折磨。奥斯威辛集中营的门口挂着德语“Arbeit macht frei”的标语，意即“劳动带来自由”。然而，集中营中的劳动绝对不会为囚犯带来自由，不论他们多么努力地工作，他们的待遇都不会得到改善。为了消耗他们的精力，甚至会要求他们早上挖一个洞，然后下午再填平。这种极为艰苦却毫无意义的工作，最容易让人陷入绝望之中。

为了让囚犯彻底驯服，负责看守的警卫可以毫无理由地虐打他们，无故不分发那少得可怜的食物，甚至在寒冷的深夜唤醒所有人出来跑操。他们不允许与亲人通信，无法知道至亲的死活，也不能获得集中营以外的任何消息，因此无法估计这种痛苦要持续多久。当彻底失去希望时，不少人只能选择冲向电网自杀。

图 3.7 弗兰克尔著作《活出生命的意义》

弗兰克尔以他的营友 F 为例，说明希望对于克服痛苦有多重要。

有一次，F 告诉弗兰克尔自己做了一个梦，梦中有人告诉他，战争将于一年后结束，到时他便能离开集中营。从此以后，F 充满希望，身体也一直保持健康。然而，预言的日子愈来愈近，战争却毫无终结的迹象。过了预言之日几天，F 突然发高烧，变得神志不清，甚至失去知觉，几天以后他便去世了。F 死于斑疹伤寒，弗兰克尔相信是他失去希望，使身体免疫系统崩溃所致。

那么，人怎样才能面对这无尽的痛苦？弗兰

克尔引用尼采的话说:“一个人知道自己为何而活，就能忍受任何生活。”当人明白自己为了什么而承受痛苦时，他的痛苦便不再无法忍受。每个人生存的意义都不同，也只有自己知道什么才能驱使自己承受痛苦。

弗兰克尔讨论了两个在集中营中打算自杀的人，他们自杀的理由都是因为感到对生存再也没有任何期望，结果两人都没有自杀。其中一人是想起在外地等待他的孩子，另一人则是想起他那未完成而只能由他完成的科学研究。由此可见，要克服因重大痛苦产生的悲伤，当我们难以解除痛苦时(如亲人离世、爱人离异)，能够做到的便是为悲伤赋予意义，以避免悲伤衍生的悲观判断无了期地深化悲伤。

从认知情绪论中，我们知道悲伤之为悲伤，除了包含“我正面对巨大的损失”这一事实判断外，还包含了“这损失带来的痛苦使我的生命意义受损”这一价值判断。如果我们相信正在经历的痛苦能为我们的生命带来新的意义，那么以上价值判断便不再成立，悲伤也将变得能够承受。

弗兰克尔用一个故事来说明这个道理。

有一次，一位患有严重抑郁症的病人向他求诊，他的妻子两年前过世，他至今仍每天饱受悲痛的折磨。

弗兰克尔问他：“如果是你先过世，而你妻子还活着，你想她现在会怎么样？”

患者说：“对她来说，这会是很可怕的事。她会承受多大的痛苦啊！”

弗兰克尔回应他说：“你看，她不用承受这种痛苦，正是你让她免于这种痛苦——以你现在活着承受这种痛苦作为代价。”

当患者为自己的痛苦寻找到意义时，虽然痛苦依旧，但他释怀了，从此脱离悲伤情绪与悲观判断之间的恶性循环漩涡。

小结

这一章，我们通过悲伤探讨了情绪的理性成分。悲观由一组事实与价值判断组成，当这些判断改变时，悲伤的程度和持久度也会随之改变。这些判断甚至能进一步影响我们的思维模式，驱使我们做出悲观的判断，从而加强我们本身的悲伤情绪。要打破这种恶性循环，唯有改变悲伤中的价值判断，为痛苦赋予意义。

由此可见，悲伤并非不可名状的身体反应，而是由重重判断与信念构成的理性活动。下一章，我们将以忌妒为例子，说明复合情绪（complex emotion）由不同的判断构成，并初步探讨认知情绪论的理论限制。

第四章
醋海翻波

要是凯西奥活在世上，他那种翩翩风度，叫我每天都要在他的旁边相形见绌。

——伊阿古

我把我的全部痴情向天空中吹散；它已经随风消失了。黑暗的复仇，从你的幽窟之中升起来吧！爱情啊，把你的王冠和你的心灵深处的宝座让给残暴的憎恨吧！胀起来吧，我的胸膛，因为你已经满载着毒蛇的螫舌！

——奥赛罗

引言

在莎士比亚四大悲剧之一的《奥赛罗》(图 4.1) 中，黑人将军奥赛罗提拔了副将凯西奥 (Cassio)，一直看不起凯西奥的旗官伊阿古 (Iago) 因此怀恨在心。伊阿古为了报复，多次离间奥赛罗和其妻子苔丝狄蒙娜 (Desdemona) 的感情，让奥赛罗怀疑苔丝狄蒙娜与凯西奥存有私情。伊阿古拾了奥赛罗给苔丝狄蒙娜的定情手帕，托人转交至凯西奥手中，奥赛罗以此认定妻子与凯西奥有染，一怒之下，奥赛罗掐死了妻子。其后真相大白，奥赛罗懊悔不已，最后自刎身亡。

莎士比亚将忌妒形容为“绿眼的怪兽”，“绿色”象征病态，“怪兽”象征邪恶的力量。忌妒的病态与邪恶在《奥赛罗》中表露无遗：伊阿古忌妒凯西奥的升迁，千方百计陷他于不义，害得他被免职还不够，还要诬蔑他与奥赛罗的妻子有染，甚至亲手用剑刺伤他。奥赛罗忌妒凯西奥抢了自己的妻子，即使他仍深爱着苔丝狄蒙娜，还是狠下心肠掐死了她。

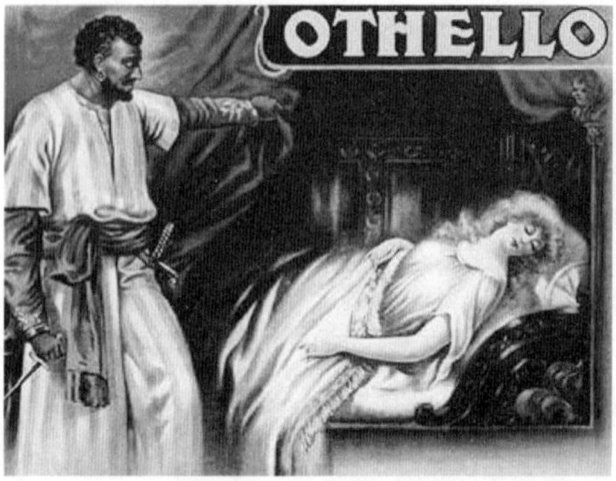

图 4.1 《奥赛罗》

似乎忌妒比其他情绪更不理性，即使明知自己的忌妒并不合理，明知报复会伤害自己，我们还是难以自制地任由忌妒驱使，做出种种损人不利己的事。然而，即使同样的病态和邪恶，伊阿古与奥赛罗的两种忌妒，不论在对象、感受、涉及的价值判断，以至于引发的报复行为都不尽相同。忌妒似乎与我们前三章谈论过的爱、愤怒、忧伤有关，却又不等于任何一种情绪。它似乎涉及诸多的价值判断，却又包含着很多难以用认知情绪论解释的行为倾向。

在本章，我们首先会以认知情绪论分析构成忌妒的诸多因素，从忌妒和羡慕的概念分野，说明忌妒作为一种复合情绪由哪些基本情绪组成。接着，我们将探讨忌妒的自毁倾向，说明为什么它无法构成忌妒的判断解释，显示出认知情绪论的限制。我们将论证只有从忌妒在婴儿时期的起源入手，才能明白忌妒的认知和视象化需要，及其相应的自我保护心理机制。

最后，我们将探讨男女忌妒的差异，其中涉及两性在进化上的不同心理需要，以及这些需要如何随着社会的发展而演变。这些忌妒的特质，单凭忌妒涉及的判断根本无法理解，由此引出情绪非理性的一面。

第一节
忌妒的认知结构

1. 忌妒作为一种复合情绪

哲学家丹尼尔·法雷尔（Daniel Farrell）认为，忌妒与其他情绪最显著的分别是，经历一般情绪的人，都是处于一种一对一的关系之中，引发其情绪的对象正是其意向对象。但忌妒的人则处于一种三角关系中，引发忌妒的虽是一个具体的人，但忌妒的意向对象是一个处境或状态。例如，小明出言侮辱你，你因感到尊严受损而愤怒，你愤怒的对象就是小明。但当你的情人对一位英俊的男士嘘寒问暖时，你忌妒的对象似乎既不是你的情人，也不是那位英俊男士，而是情人不关注你而关注别人这件事。

由此，法雷尔提出忌妒涉及两种信念和一种欲望。

A 忌妒 C，当 A 拥有以下的信念和欲望：

(1) A 相信 B 关注 C。

(2) A 相信自己得不到 B 的关注。

(3) A 渴望得到 B 的关注。

法雷尔举例说，假设我是一名专业的网球运动员，而我又视自己为最佳球员之一。我发现另一位年轻的球员开始吸引观众的目光，而且他们都认为他比我更具实力，我因此感到忌妒。

这种职业上的忌妒（professional jealousy）涉及：

(1) 我相信观众都关注该年轻球员。

(2) 我认为自己失去了观众们的关注。

(3) 我希望得到观众们的关注。

这些判断和欲望构成了我的忌妒，缺一不可。如果我认为该年轻球员的表现只是昙花一现，观众只是图新鲜才关注他，又或是我认为自己依然是观众的焦点，又或者我已打算退役，对于别人的关注根本不放在心上，那么我便不会忌妒。

有趣的是，这些判断和欲望跟我们前三章讨论过的情绪大有关系。当我在忌妒时，我不单相信观众都关注该年轻球员，我更认为观众不应该关注他，因为他没有真材实料，只是外貌有观众缘，或只是靠运气赢了几场比赛等。也即是说，我认为他得到观众的关注是不合理的，我因此失去观众的关注更是不公道的，他无理地抢去了我应得之物，我对此感到愤怒，有向其报复的冲动。

另外，得到观众的关注和认同，对于我作为一个球员是相当重要的。我失去了如此重要之物，我的球员生命也仿佛失去了意义，我因此而感到悲伤。

最后，我渴望得到观众的关注，其中包含了我对观众的重视，我希望得到他们时刻的关心，想在他们面前表现最好的一面。为了他们，我愿意不断地改进自己的技术，从而获得他们心理上和物质上的认同，这种情感可以理解为公众人物对支持者的一种爱的表现。

从这个例子可见，由以上两种判断和一种欲望构成的忌妒，其中包含了三种情绪，分别是愤怒、悲伤和爱。这种由多种情绪组成的情绪，我们称之为复合情绪（complex emotion）。

试看法雷尔所举的另一个例子。

设想我是交际舞高手，交际舞对我有相当重要的意义，我不但要成为最佳的舞者，更要别人视我为最佳的舞者。然而，我的固定舞伴表示她找到比我更优秀的舞伴，而这个舞者又真的很出色。我渴望得到舞伴的关注而不得，因为她更倾心于别的舞者，于是我因为她的背叛而感到愤怒，我认为她作为我的长期舞伴，不应该因为别人比我优秀就放弃我。我更因此而感到悲伤，因为她的认同对我而言相当重要，失去了她，我的舞蹈事业将难以维持，我的生命也将失去意义。

这样的愤怒和悲伤，背后也包含着我对舞伴的重视，我渴望她关注我，支持我，与我一起在舞蹈上精益求精。我对她有着一种伙伴上的爱，也渴望她只爱我一个。爱、愤怒与悲伤纠缠在一起，形成一种忌妒之海，在醋海中翻波的我，时怒时悲，爱恨交缠，无法自已。

2. 忌妒与羡慕

试想象以下两个场景。

场景一

你与朋友一起到酒吧，希望能找到心仪的对象。在与陌生女士交谈的过程中，你发现你的朋友风趣幽默，很容易便吸引了美丽的女士注意。这使得不擅辞令、性格内敛的你感到忌妒。

场景二

你与朋友一起到酒吧作乐。你发现一位相当有吸引力的女士，你与她交谈甚欢，感到彼此正在建立一种亲密联系，渴望与她有进一步的发展。这时候，你的朋友加入了讨论，你发现这位女士对他表现出更强烈的兴趣，这使你感到忌妒。

两个场景中的你都感到忌妒，你都希望得到别人的注意，都因为得不到注意而感到难过，也因为朋友得到注意而愤怒。然而，这两种忌妒存在明显的不同，英文中将场景一出现的情况称为“envy”，场景二出现的情况称为“jealousy”。接下来，我们通过分析 envy 和 jealousy 的不同之处，进一步厘清上一小节关于忌妒的定义。下文将 jealousy 翻译为“忌妒”，envy 姑且翻译为“羡慕”（“羡慕”与英文“envy”在意思上有重要的分别：envy 为负面情绪，羡慕则为中性，甚至可以是正面情绪。因中文缺乏与“envy ”相应的概念，故从权用之）。

忌妒与羡慕最重要的区别在于，忌妒只能存在于（不一定是爱情）三角关系之中，而羡慕则可以没有第三者的参与。在场景一中，你羡慕朋友的社交技巧，即使他当时没有跟女士聊天，你的羡慕也不会改变。但在场景二中，你忌妒朋友跟你心仪的女士聊天，如果你的朋友不在场，你的忌妒就会消失。

羡慕是一种自觉自己在某方面比不上别人，渴望自己能得到同样的能力或事物的情绪，这些能力或事物不一定跟第三者有关。诗人阮籍在《鸠赋》中说：“何飞翔之羡慕，愿投报而忘毕。”阮籍生于黑暗的三国时代，仕途坎坷，郁郁不得志，看见飞鸟在空中自由自在地飞翔，不禁产生了羡慕之情。科学家可以羡慕爱因斯坦的智慧，画家羡慕毕加索的创意，诗人羡慕李白的才情，这些羡慕都是一对一的关系，将之说成是忌妒，则会使人难以理解。

当你说你忌妒某人的才华时，我们会追问，是不是因为他的才华抢去了某人或某群体对你的关注、爱慕或支持，才使你心生忌妒呢？我们需要知道关于第三者的数据，才能了解你的忌妒。由此可见：跟羡慕不同，忌妒只能存在于三角关系之中。

即使你的羡慕和忌妒都涉及三角关系，也涉及你希望得到别人的关注而不可得，但两种情绪注意的对象不同。羡慕注意的是关注的接收者（favor receiver），谁是关注的给予者（favor giver）并不重要。在场景一中，你的注意力放在你的朋友身上，你羡慕的是他获得他人关注的能力。至于谁关注他，对你而言根本没有分别，就算被他吸引的女士换成别人，你对他交际能力的羡慕也不会改变。

忌妒注意的则是关注的给予者，谁是关注接收者并不重要。在场景二中，你的注意力放在你心仪的女士身上，你忌妒的是她将关注给予了别人而不是你，至于谁是（你以外的）被关注者，对你而言根本不重要。即使她关注的不是你的朋友，而是别的男士，你依然会感到忌妒。

基于羡慕和忌妒注意的对象不同，构成两种情绪的爱和愤怒也有不同的性质。忌妒中的爱带有强烈的排他性：我所心仪的女士的关注，多给了你一分，我便少拥有一分。我之所以失去了她的关注，正是因为你得到了她的关注造成的。你抢去了我应得的爱，所以我感到愤怒，我渴望向你报复，希望你不再得到她的关注，从而使她的关注回到我身上。

羡慕中的爱不必带有排他性，我羡慕你长袖善舞，常常能得到别人的关注，但我不必认为这种关注是此消彼长的。我之所以得不到别人的关注，跟你能得到别人的关注无关，你没有抢去我应得之物，于是我对你并不感到愤怒。如果我有所谓愤怒的话，也是对自己的无能感到不满而已。既无愤怒，我对你也无报复之心，并不会渴望你失去别人的关注，因为即便如此，我也不认为别人会因此而关注我。

假设我很羡慕奥巴马的演说能力，痛恨自己口齿不清，我并不会认为是因为奥巴马高超的演说技巧使得我口齿不清，因此我不会对他感到愤怒，也不会希望他跟我一样变得口齿不清。然而，如果我们同台演出，奥巴马的出色表现使得观众对我的演出报以嘘声，我相信我之所以得不到观众的认同是因为奥巴马造成的，我怨恨他抢走了观众对我的支持，并渴望他失言，这时候我感到的便是忌妒而不是羡慕了。

总结而言，忌妒由三角关系组成，而羡慕可存在于一对一的关系之中。忌妒注意的是关注的给予者，而羡慕注意的是关注的接收者。最后，忌妒的人相信自己的损失由第三者造成，有报复的欲望，而羡慕的人则没有这样的想法和欲望。因此，虽然忌妒和羡慕同样包含爱、愤怒与悲伤，但忌妒包含的是排他的爱、对第三者的愤怒和失去应有之物的悲伤，而羡慕包含的是能共存的爱、对自己无能的愤怒和无法改善自己的悲伤。

以这种理论重新审视《奥赛罗》，我们发现伊阿古最初只是羡慕凯西奥的才华，直到后来被凯西奥夺去晋升的机会时，他才心生忌妒，产生了报复的欲望。而奥赛罗发现凯西奥藏有他妻子的手帕时，他感到妻子的爱被凯西奥抢去，不再为自己独有，因此他感到的是明显的忌妒。

3. 复合情绪论

作为一种复合情绪，忌妒由爱、愤怒和悲伤这些基本情绪组成。心理学上最著名的一套解释复合情绪的理论是罗伯特·普拉切克（Robert Plutchik）的情绪轮理论（wheel of emotions）。他认为人有八种基本情绪，包括悲伤（grief）、憎恨（loathing）、盛怒（rage）、警惕（vigilance）、狂喜（ecstasy）、羡慕（admiration）、恐惧（terror）和惊奇（amazement），其他所有情绪都是由这八种基本情绪混合而成的（图 4.2）。

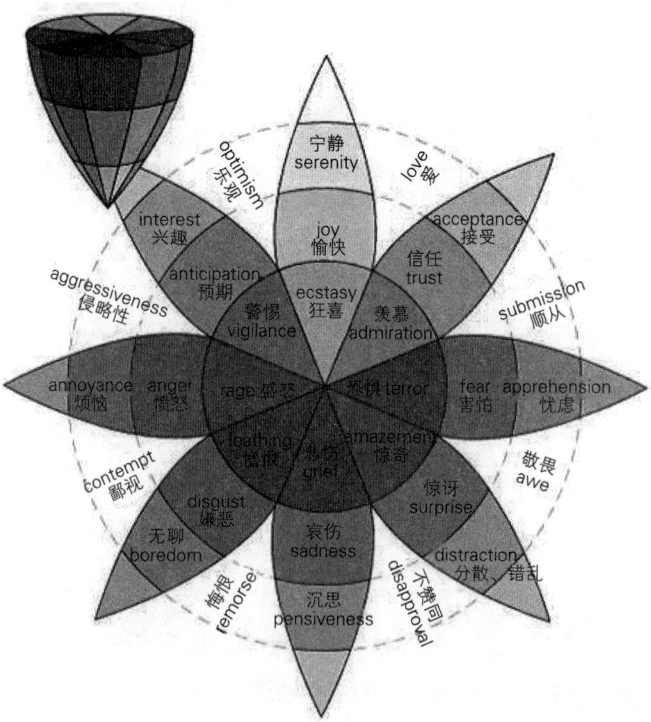

图 4.2　罗伯特·普拉切克的情绪轮

在情绪轮中，不同的情绪以不同的颜色表示，颜色深浅代表情绪强烈的程度。正如有些颜色可以融合成新的颜色一样，相邻的情绪也可以融合成新的情绪。如图 4.2 所示，鄙视（contempt）的两边是愤怒（anger）和嫌恶（disgust），这代表鄙视由愤怒和嫌恶混合而成，而爱（love）的两边是愉快（joy）和信任（trust），这代表爱由愉快和信任混合而成。

情绪轮存在不少理论上的问题。首先，如果只有相邻的情绪能混合，情绪轮能解释的复合情绪的种类就相当有限。快乐与悲伤在彼此对面，愤怒与恐惧在彼此对面，根据情绪轮理论，它们都无法混合。在现实生活中，却有所谓悲喜交加之情。如在机场送别到外国留学的儿子，既悲他的离去，又喜他能独立生活。另外，情绪轮也难以解释多于两种情绪混合而成的复合情绪，例如由爱、悲伤和愤怒组成的忌妒，又或是由厌恶、害怕和后悔组成的羞耻等。

当代情绪哲学家耶西·普林斯（Jesse Prinz）认为，情绪的混合不必局限于情绪轮所假设的基本情绪数量和混合形式。首先，我们可以根据情绪科学的最新研究扩充基本情绪的数量（如保罗·艾克曼就将基本情绪由 6 种扩充到 15 种）。另外，不必预先限定只有类似的情绪才可以互相混合，两种极端的情绪，例如快乐和哀伤，在特定的情况下也能混合成新的情绪。如此，我们依据基本情绪混合而成的复合情绪的数量将大大增加。耶西·普林斯举例说，欲望和怨恨可以混合成羡慕，快乐和害怕可以混合成惊喜，快乐与哀伤可以混合成思乡，害怕与恶心可以混合成恐惧等。

从以上几个例子，不难看出修改后的情绪轮的问题。如思乡的确包含了哀伤与快乐，但其中那种想念故土的愁思与回忆起从前生活的惬意，不是作为基本情绪的哀伤和快乐所能解释的。又如忌妒与羡慕，两种情绪都包含了爱、愤怒和悲伤，但两者的差别在情绪轮中无法看到。

第二套解释复合情绪的理论是彼得·戈尔迪（Peter Goldie）提出的“牛油果论”（avocado pear misconception of emotions）。牛油果内硬外软，中心一颗果核由果肉包裹着。硬的果核代表不变的基本情绪，而软的果肉代表受文化或环境影响而衍生的不同判断和欲望。复合情绪即由不同的判断和欲望附加在一个基本情绪上生成。例如，看见讨厌的人遭遇意外所产生的幸灾乐祸之感(Schadenfreude)是以快乐作为核心，加上“发生意外的人罪有应得”的判断，和“希望他得到惩罚”的欲望组成。

不同的判断加在相同的基本情绪上，会产生不同的复合情绪。例如，同样是愤怒，当你判断其中的不公是由公职人员以权谋私造成时，你感到的便是愤慨。当你判断不公是由别人对自己的偏见造成时，你感到的便是愤愤不平。如果加上中世纪骑士精神中强烈的复仇欲望，你感到的便是暴怒。如果加上的是东方式的不将情绪表露于人前的欲望，你感到的便是愠恼。

牛油果论的问题是，有时候我们难以判断哪一个基本情绪才是该复合情绪的核心。就如忌妒，到底核心是爱、悲伤还是愤怒？我们的直觉是，三种情绪同样重要，三种情绪都是忌妒不可或缺的部分。

笔者认为，情绪轮和牛油果论两者其实并非互相排斥，我们可以取两者之长而去其短。我们可以同意不变的基本情绪与可变的判断和欲望的划分，却不必坚持所有复合情绪都只有一个基本情绪作为核心，如情绪轮所言，其核心可以由多个基本情绪混合而成。例如忌妒便是由爱、悲伤和愤慨作为核心混合而成，再外加“我之所以失去你的关注，是由于第三者夺去所造成”的判断，和“我希望第三者同样得不到你的关注”的欲望组成。只有将情绪轮和牛油果论结合，才能解释像忌妒这种复杂而多变的复合情绪。

第二节
忌妒的行为倾向

1. 自毁倾向

从上一节的分析可见，忌妒是当我判断自己想得到的心仪对象的关注被第三者抢去时的一种情绪。基于这种判断，为了重新得到关注，我会向第三者报复，令其失去优势，又或是改善自己，使对象回心转意。然而，忌妒引发的行为则远远不只这两类。

设想一个妻子疑心丈夫有外遇，当丈夫回家后，她从丈夫的外套嗅到一阵陌生的香水味，妒火中烧的她趁丈夫洗澡时，偷偷翻看他的电话信息。然而她深知，若发现了丈夫有外遇的证据，她的婚姻便完了，自己也必然极度痛苦。若发现手机中没有任何外遇的证据，她也知道自己一定不会就此释怀，她会想，丈夫一定是提前清除了所有证据，他跟那情妇一定是以别的方法联系，等等。她更知道，若被丈夫发现自己偷看他的手机，他们之间的信任一定会受到破坏，丈夫从此会看不起自己。

奇怪的是，即使明知道偷看手机不论能不能找到证据都会使自己更难过，令婚姻更难维系，忌妒还是会使她一而再、再而三地偷看。如在《奥赛罗》中，伊阿古忌妒凯西奥抢去了奥赛罗的关注，使自己不能升迁。伊阿古设毒计陷害凯西奥，使他失去了新的职位，这不难理解，但他同时向奥赛罗报复，逼得奥赛罗亲手杀妻再自杀。他因失去了奥赛罗的信任而生忌妒之心，理应渴望重新获得奥赛罗的信任，害死奥赛罗对事情有什么帮助呢?

如果情绪如萨特所言，能帮助我们面对困难的世界，既然忌妒是因为一段关系受到威胁而生，为什么忌妒反而会驱使我们做出进一步破坏这段关系的行为？构成忌妒的三组判断，即排他的爱、对第三者的愤怒和失去关注的悲伤，背后都包含着对一段关系的无比重视，根据这些判断，忌妒的人断不会愿意做出破坏此关系的行为。然而，忌妒则明显有如此的自毁倾向，唯一合理的解释是，在诸种判断之外，尚有一些构成忌妒的重要因素，这些因素决定了忌妒的自毁性。

2. 忌妒的起源

要理解忌妒的自毁倾向，我们需要从忌妒的起源谈起。之前提及忌妒是当人想得到关注而关注被人抢走时出现的情绪，那么，人是从何时开始有这样的情绪呢？哲学家莱拉·托夫-鲁奇（Leila Tov-Ruach）指出，人从婴儿时期便有强烈的寻求注意的倾向（attention seeking tendency）。

当婴儿得不到别人的注意时会嚎啕大哭，这不一定只是为了满足物质上的需要，如要求食物、睡觉或是排泄等，还是一种心灵上被注意的渴望。借着他人的注意，婴儿意识到自己是一个独立的个体，意识到肚饿、疲倦、渴望被拥抱的是“我”，意识到他人关心的、满足的对象是“我”。当失去他人的注意时，“我”便不复存在。

莫里斯·R. 蒙哥马利（Maurice R. Montgomery）举例说：“只有当你还很幼小的时候，你才明白，除非被他人看到，否则跳进泳池中根本没有意义。喊着‘看我！看我！’的小孩并不是在乞求注意，他是在恳求存在本身。”

这种被注意最原始的表现形式便是被注视（looking）。当母亲的目光停留在我身上时，我便意识到我的存在，反之则不存在。被注视的独特之处在于它是独占的，当母亲在看其他人时，她必然不是在看我，他人得到母亲的注视多一分，我得到的注视便少一分。当我渴望得到的注视被别人抢去时，我便因为自我受损而感到愤怒和悲伤，这便是忌妒的源起。

哈特（Hart）、卡林顿（Carrington）、特罗尼克（Tronick）与卡罗尔（Carroll）在 2004 年进行了一项幼儿研究，探讨婴儿的忌妒与凝视的关系。94 名母亲和她们出生 6 个月的孩子参与了这项研究。

她们被安排进入一个房间，随机安排不同的场景，分别是面对面的场景(face-to-face situation)、面无表情的场景（still-face situation）和引发忌妒的场景(jealousy evocation)。在面对面的场景,母亲会直接与婴儿玩耍,而没有玩具介入。在面无表情的场景，母亲只是凝视着婴儿，但脸上不带任何表情，也不与婴儿说话或接触。在引发忌妒的场景，母亲手抱一个仿真的婴儿玩具，并假装与婴儿玩具快乐地玩耍，而不理会自己的孩子。

结果显示，只有在母亲完全无视婴儿的第三种场景，婴儿才有忌妒的表现。在第二种场景，母亲对婴儿不做出任何善意的表现，也不去满足婴儿的任何要求，婴儿也没有表现出不安或愤怒。由此可见，注视在忌妒中占有极为重要的位置，而注视的独占性也解释了忌妒中的爱何以具有如此强烈的排他性。

3. 认知和视象化需要

由其源起来分析，我们发现忌妒并非单纯因为一段关系受到威胁而出现，而是当这段关系的破坏会损害到自我时才会产生。婴儿的自我主要建立在母亲的注视上，因此忌妒通常因失去注视而生。

当婴儿长大成人，构成其自我的元素变得更多更复杂，忌妒出现的机会也就变得更多。我是父母的儿子、孩子的父亲、太太的丈夫、学校的老师、球队或交响乐团的成员，当这些决定我之为我的关系受到第三者的破坏，当第三者抢去了构成我的自我的“被注意”时，我便会感到忌妒，这种忌妒跟婴儿失去母亲的注视时感到的忌妒，本质上没有分别。

当理解了忌妒的功能是为了保护自我而非保护一段特定的关系时，我们便明白何以忌妒会衍生种种摧毁关系的行为。托夫 · 鲁奇（Tov-Ruach）认为，激发这些行为的是两种以保护“自我”为目标的行为倾向。

首先，忌妒的人有强烈的认知需要（need to know)，他们渴望知道事实的全部：伴侣是否与另一个人在一起，在一起的时间多久，做过什么，去过哪里，说过什么等。他们会用一切方法去寻找答案，甚至会做出跟踪、盘问、检查、留意和观察伴侣等行为。

穆诺兹·里瓦斯（Munoz-Rivas）、格拉纳·戈麦斯（Grana-Gomez）、奥利里（O' Leary）和冈萨雷斯·洛扎诺（Gonzalez-Lozano）在西班牙进行了一项有关情侣间侵略行为（aggression）的调查，调查对象为1 886名当地大学生，其中有六成人曾经被伴侣忌妒或怀疑自己的朋友，七成人的伴侣曾对自己的异性朋友感到忌妒，四成人的伴侣曾经查证自己的对象或要求自己为所做的事做出解释，这些都是忌妒下的认知需要的不同表现。

第二，忌妒的人有强烈的视象化需要（need to visualize），他们会非常形象地想象各种各样的可能性：伴侣在一间浪漫的餐厅，与一位年轻有为、事业有成的男士一起进餐，男士为她添酒，她的手指轻轻地触摸他的手背。伴侣出轨的画面犹如事实般呈现在他的脑海，画面为他带来巨大的痛苦，却无法阻止他继续想象下去。更可怕的是，在诸多的可能性中，让他巨细无遗地幻想的不是那些最有可能成真的，而是那些最负面、最令他难堪的情况。

帕尔（Pal）、史密斯（Smith）、海斯（Hayes）和查克拉博蒂（Chakraborty）的研究指出，视象化需要有可能发展为一种精神病——奥赛罗综合征（Othello syndrome）。顾名思义，患者的症状与奥赛罗一样，对伴侣做出各种猜疑，更有可能产生视觉幻象，以作为伴侣不忠的证据。

其中一个案例的患者为一名42岁的中年男人卡索万（Kosovan）。他指妻子在社交网站上传了一张水果照片，让他确信妻子有外遇。他搜罗家中的水果以寻找证据，受到幻觉的影响，他甚至尝试挥刀或企图自残来恐吓妻子。除了帕金森症，卡索万并没有感知及认知的问题，更没有酗酒、滥药和吸烟的习惯，由此可推断他的幻觉是由忌妒造成的。

在忌妒的认知和视象化需要的驱使下，忌妒者不断做出危害自己所珍视的关系的行为，不断想象各种不堪入目的画面，加剧自己的痛苦。这些行为和想象看似不理性，却是自我保护的手段，因为掌握真相（即使只是想象的）能让人感到自己重新掌握自己的命运。跟踪和监视伴侣的过程虽苦，却能带来真相。即使真相是残酷的，但起码自己不再是蒙在鼓里的人。我不再是戴了“绿帽”

还傻乎乎的武大郎，而是不惜与情人、情敌玉石俱焚的奥赛罗。奥赛罗的痛苦即使比武大郎要大要深，但起码我不会鄙视自己，以自己为耻。

第三章提及，弗兰克尔认为人的绝望是指没有意义的痛苦，如果人可以为痛苦加上一个意义，便能从绝望的深渊中走出来。由此观之，尽管忌妒的自毁性行为增加了忌妒者的痛苦，却赋予了痛苦一种自我保护的意义，因此能减轻绝望之感。

托夫·鲁奇（Tov-Ruach）认为忌妒将人由“被动地承受痛苦”转变成“主动地寻找痛苦”，正是在绝境中重新建立自我价值的唯一方法，毕竟“被别人消灭是一回事，被自己的疯狂行为消灭是完全不同的另一回事”。只有这样，他才可以重新成为自己生命的“剧作家、导演、控制者”，而不是被蒙骗、操纵和玩弄的可怜虫。

法国意识流作家马塞尔·普鲁斯特在其小说《追忆似水年华》（图 4.3）中，细腻而准确地描绘出忌妒的认知和视象化需要，以及为了保护“自我”而不惜自毁关系的行为倾向。斯万（Charles Swann）先生爱上了交际花奥黛特（Odette de Crécy）。一个晚上，他到奥黛特的家，奥黛特却以身体不适为由，早早便请他离开。斯万回到家中，怀疑奥黛特是为了与别的男人幽会而赶走他。他无法自制地想：“奥黛特也许今晚在等什么人，累是装出来的，请他把灯灭了，只是为了让他相信她就要睡着。等他一走，就会立即重新点上，让那人进来在她身边过夜。”

图 4.3 《追忆似水年华》，马塞尔·普鲁斯特著

忌妒驱使他偷偷地回到奥黛特的住所。当他看到奥黛特房间的灯还亮着，立即想到“她正跟她等待的那个人在一起”。为了知道真相，他沿着墙根静静地走到窗前偷看，可是从百叶窗的斜缝中什么也看不见。最后，他终于忍不住去敲她的门，却发现原来自己看错了，亮灯的不是奥黛特的家。

在这个短短的故事片段中，我们可以清楚地看到，忌妒的斯万先生表现出强烈的认知和视象化需要。他深知自己的行为会令奥黛特讨厌他，他也为自己打算做的事感到犹豫和羞耻，但他依然无法自制地去监视和窥探奥黛特的隐私。

普鲁斯特将他的行为解释为对“真情实况的热烈追求”。为了知道真相，“凡是他往日认为是可耻的事情：在窗口窥看，巧妙地挑动别人帮你说话，收买仆人，在门口偷听，现在就都跟破译文本、核对证词、解释古物一样，全是具有真正学术价值的科学研究与探求真理的方法了。”他知道获得真相要付出高昂的代价，可是，“人们为图一时的痛快而牺牲多少可能的幸福啊！要弄清真情实况这种愿望却更加强烈，在他看来也更为崇高。”

那么，为什么知道真相对他如此重要呢？因为被蒙在鼓里等于丧失自我，知道真相却能使他重新掌管自己的生命。即使真相是残酷的，即使发掘真相的过程会破坏他与奥黛特的关系，但真相至少能让他寻回自我。“而他呢，刚才还在设想她正跟哪一位在笑他蒙在鼓里，现在却要眼看他们当场认错，上了被他们认为远在千里之外的他的圈套。也许，他在这几乎是令人惬意的时刻所感到的，并不是什么怀疑和痛苦的消失，而是一种属于智力范围的乐趣。”他不单要知道真相，更要让奥黛特和她的情人知道自己知道真相，因为只有这样，他的自我才是完整的，即使他注定会以悲剧收场，至少他也是悲剧中的男主角。

附录　基耶斯洛夫斯基《蓝》

在第三章，我们以库伯勒－罗丝模型说明了悲伤发展的五个阶段，包括否认、愤怒、谈判、抑郁和接受。这一章，我们分析了忌妒的认知结构和行为倾向。那么，当这两种情绪同时出现时，会产生怎样的化学反应？直觉告诉我们，两种负面情绪同时出现，绝不会带来好结果，我们的痛苦必然会加倍。然而，情绪真的可以如数学般客观地计算出来吗？波兰导演基耶斯洛夫斯基（Krzysztof Kieslowski）在他的经典电影《蓝》（*Blue*，图 4.4）中，尝试呈现悲伤遇上忌妒时的特殊情况。

《蓝》讲述女主角茱丽（Julie）因一场车祸失去了丈夫和女儿。留院期间，茱丽曾偷取药丸企图自杀，但并没有成功。出院后，茱丽离开了一直与丈夫和女儿生活的大宅，独自居住在一个陌生的小区，时不时地流露出与世隔绝的想法。

图 4.4 《蓝》电影海报

一直未能走出伤痛的她，偶然得知丈夫生前曾有过一段长达三年的外遇，并且情妇还怀有他的孩子。忌妒使她不断发掘真相，重新接触跟他丈夫有关的人。在这个过程中，她慢慢地放下悲伤，也不再感到忌妒，甚至愿意将丈夫的大屋给丈夫的情妇及其孩子居住。问题是，何以当悲伤遇上忌妒时，两者会互相抵销？

茱丽的悲伤将她困在库伯勒－罗丝模型中的否定阶段，无法接受悲剧的发生，更无法面对自己极度悲伤的情绪。茱丽在意外之后竭力隐藏悲伤，有一次，茱丽问女佣为何哭得如此伤心，女佣回答：“因为你没有。我一直想起他们，我记得一切的事。我怎么可以忘记？”

茱丽不愿意接触一切与丈夫或女儿有关的东西，她离开原来的大屋，丢掉所有东西，搬到一个陌生的小区。在租房时，她拒绝使用先夫的姓氏，要求房屋不能有小孩出入。她拒绝完成丈夫生前未完成的乐章。她跟母亲说：“现在我只余下一件事做：什么也不做。我不想拥有任何东西或记忆，不要朋友，不要爱。这些全都是陷阱。”

电影中最经典的一幕是，茱丽独自在咖啡屋中，将一块方糖的一角沾在咖啡中，让咖啡慢慢地沾满整块方糖。

基耶斯洛夫斯基对此解释道：

“很简单，我们想表达女主角如何看待她的世界……我们以近景拍摄一颗方糖慢慢地沾满咖啡，表达她对外面世界的一切都不感兴趣……其他人，他们的事，还有一直喜欢她、好不容易才找到她的那个男人。她对所有事物都没有兴趣——除了那块方糖。她对方糖的专注让她能够忘掉其他所有的事。”

然而，否认悲剧的发生，逃避自己的情绪，并没有使她的悲伤减轻。丈夫生前所作的交响乐，还是不断地在她的脑海中响起，即使她躲进泳池的深处也徒劳无功。代表着她对女儿的怀念的那盏水晶灯的蓝色，在她生活的各处不断出现。

当茱丽偶然发现丈夫生前有外遇后，忌妒使她无法继续将自己与世界隔离，也无法不去面对自己的悲伤。在忌妒的认知和视象化需要驱使下，茱丽跑到她一直逃避的丈夫从前的助手奥利弗家中，追问那位情妇的姓名、工作，以及他们在一起多久了等资料。茱丽甚至到她工作的法院去找她，并一直跟踪她到咖啡厅。茱丽躲在洗手间里，等待与她单独碰面的机会。

茱丽问及情妇肚中的胎儿是否属于自己的丈夫，也问及自己的丈夫是否爱她。当她看见情妇戴着她丈夫送的颈饰时，她便明白丈夫跟情妇的感情是认真的，也肯定丈夫的确背叛了自己。出乎意料地，这些行为并没有加重茱丽的悲伤，反而让她脱离了悲伤的否认阶段。

她为丈夫的不忠感到愤怒（第二阶段）。她阻止奥利弗尝试完成丈夫遗作的努力，又责骂处理丈夫遗作的职员没有将丈夫的所有乐谱交给她销毁。然后，她又经历了沉重的抑郁（第四阶段）。有一幕拍摄茱丽潜进游泳池底，经过相当长的一段时间才浮出水面，表现了她自杀的意图。

这些愤怒与抑郁固然不好受，却逼使她重新与世界接轨，面对自己的情绪。最后，茱丽将丈夫的房子送给怀孕的情妇，甚至开始创作丈夫生前未完成的乐章。在剧终的一幕，茱丽躺着流泪，眼睛中没有哀伤，可见她终于能面对自己的悲伤，走进“接受”现实的阶段。

当悲伤遇上忌妒，如果从主观感受观察，那么两个负面的情绪交织在一起，只会更加负面。如果从其认知结构观察，则“我失去了重要之物”（悲伤）和“我希望得到的关注被第三者抢去”（忌妒）两个判断，无论如何也不会变得正面。

只有从两个情绪的行为倾向观察，才能理解它们何以会两相抵销。

悲伤使人产生逃避的倾向，既逃避伤害自己之物，也逃避自己因受到伤害而产生的情绪，它将自己与世界隔离，自困于否认的囹圄。忌妒的人则因为殷切需要知道关于对象与第三者的一切，于是产生了主动接触世界以发掘事情真相的倾向。悲伤使人抽离，忌妒却逼使人投入，两种相反的行为倾向碰在一起，便有可能出现中和的作用，让人的情绪归于平静。

当然，不是所有既悲伤又忌妒的人都会像《蓝》中的茱丽那样释怀，毕竟情绪的行为倾向最终会导致哪些具体行为，很大程度上取决于不同人的个人经历、信念和际遇，不能一概而论。

第三节 忌妒的男女差异

上一节，我们看到只分析忌妒的认知结构而忽视其行为倾向，无法理解忌妒的自毁行为。这一节，我们将进一步质疑认知情绪论的理论效力：男女忌妒所表现出来的行为和关注点大异其趣，但男女忌妒所涉及的判断，即“他人抢走了我希望得到的关注”没有明显的区别。即是说，必然存在一种判断以外的因素，才能解释男女忌妒之别。我们将从进化心理学的角度出发，说明何以男女忌妒有不同的行为倾向，再从社会学的角度，分析这些行为倾向如何受到社会文化变迁的影响。

1. 男女大不同

电影《偷心》(图 4.5) 中，爱丽丝 (Alice) 与丹 (Dan) 是爱侣，安娜 (Anna)

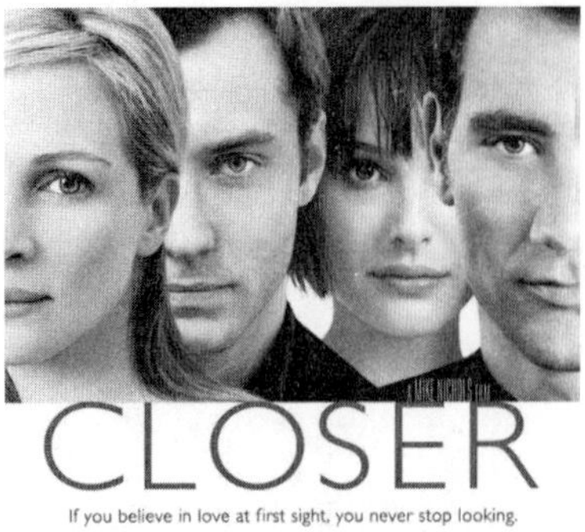

图 4.5 《偷心》电影海报

与拉里 (Larry) 是夫妇，丹却跟安娜坠入爱河，两人发生了关系。当他们告知各自的伴侣真相时，爱丽丝与拉里同样感受到强烈的忌妒，但他们的行为和说话有相当不同的表现和侧重点。

以下是爱丽丝与丹的对话：

爱丽丝：你为什么不早点说？

丹：没胆量。

爱丽丝：因为她事业有成？

丹：不，因为她不需要我。

爱丽丝：她有没有到过这里？

丹：到过。

爱丽丝：她不是结婚了吗？

丹：她不跟我见面了。

爱丽丝：是我们到乡下去那时候吗？欢度我们三周年庆？

爱丽丝：你打电话给她，求她回到你身边，所以你才出去了那么久？

丹：对。

爱丽丝：你无耻。

丹：欺骗是很残忍的，至少我没有假装。

爱丽丝：怎么可以？你怎么做得到？你怎么能这样对我？

（丹试着找一些借口，但说不出话来。）

爱丽丝：这样不够。

丹：爱丽丝，我爱上了她。

爱丽丝：好像你毫无选择？总会有那么一刻，“我可以，我可以屈服或我可以拒绝”，我不知道你那一刻发生在何时，但是我相信一定有。我要走了。

再对比安娜与拉里的对话：

拉里：他床上功夫好吗？

安娜：不要这样问。

拉里：回答问题！他厉害吗？

安娜：是。

拉里：比我还猛？

安娜：不一样。

拉里：还猛？

安娜：还温柔。

拉里：那是什么意思？

安娜：你知道那是什么意思。

拉里：告诉我。

安娜：不。

拉里：我把你当妓女？

安娜：有时候。

拉里：为什么会这样？

安娜：对不起，你……

拉里：不要说，你他妈的不要说，"你太好了，我配不上你"。我是……但不准说。这是你人生中的错误决定，你离开我因为你不相信自己值得拥有幸福。安娜，你值得。

拉里：你因为跟他上床，所以才泡澡？这样你就闻不到他的味道，所以罪恶感会少一点？

爱丽斯和拉里在对话中表现出强烈的忌妒，他们不断追问伴侣跟第三者关系的细节，幻想各种可怕的画面。然而，他们的认知和视象化需要显然有不同的重心。爱丽斯质问丹爱上安娜的理由，她要知道他们的关系如何和什么时候开始的，她幻想丹选择安娜而放弃自己的画面。相反，拉里将注意力放在安娜与丹的性关系上，他质问他们的性行为细节，很在意自己的性能力是否不如第三者，他想象安娜之所以去洗澡，是为了冲走跟丹做爱遗留下来的气味。似乎爱丽斯的忌妒侧重于爱，而拉里的忌妒侧重于性，这是否能代表一般的男女忌妒之别？

戴维·巴斯（David Buss）、兰迪·拉森（Randy Larsen）、德鲁·韦斯滕（Drew Westen）和詹妮弗·塞默罗斯（Jennifer Semmelroth）以实验的形式探讨了男女忌妒的差异。实验邀请了 202 位参与者，他们要求想象自己在一段认真的爱情关系中（现今的、过去的或是想象的），如果发生以下两种场景，哪一种会令自己感到比较难受？

场景一：发现自己的伴侣与另一个人有深入的情感交流。
场景二：发现自己的伴侣与另一个人发生激烈的性行为。

研究结果发现，83% 的女性表示场景一较难接受，而 60% 的男性则表示场景二较难接受。

除了问卷调查，研究还测量参与者与忌妒相关的一些身体反应，例如皮肤出汗的情形（EDA）、脉搏跳动的频率（pulse rate）和眉头紧锁的程度（brow EMG）。

结果显示，女性想象性不忠的场景而录得紧锁眉头的平均值为 3.03，而想象情感不忠的场景则录得 8.12。相反，男性想象情感不忠的场景时，紧锁眉头的平均值只录得 1.16，而想象性不忠的场景则录得 6.75。

由此可见，相对于伴侣与其他人有性的接触，伴侣与其他人有深入的情感交流会激起女性更强烈的忌妒，这种忌妒可以称为情感忌妒（emotional jealousy）。相反，男性因伴侣性不忠而产生的忌妒远远比女性强烈，这种忌妒可称为性忌妒（sexual jealousy）。

由于男女忌妒的诱发点不同，因此它们呈现的认知和视象化需要也不同。这种男女差异在《偷心》的两段对话中表现得淋漓尽致。男性的关注点是性接触，所以男性想知道有关伴侣出轨的性信息，会追问二人性爱的细节，想象的画面也倾向于与性有关。相对而言，女性更关注情感交流，所以女性会不停地寻找伴侣爱上第三者的证据，追问伴侣如何、什么时候爱上她，想象的画面也倾向于情感的浪漫细节。

2. 进化心理学分析

要理解女性何以特别关心伴侣是否与别人作深入的情感交流，以及男性何以特别关心伴侣是否与别人发生性行为，我们需要从进化论谈起。进化论认为物种并非固定不变，而是会随着环境带来的生存或繁殖压力而改变，例如爬虫类由两栖类进化而来，哺乳类由爬虫类进化而来等。查尔斯 · 达尔文 (Charles Darwin) 提出的“自然选择”或赫伯特 · 斯宾塞 (Herbert Spencer) 提出的“适者生存”(survival of the fittest)，则尝试解释物种如何演变。

达尔文在《物种起源》(图 4.6) 中将“自然选择”界定如下。

> 由于这种斗争，不管怎样轻微的，也不管由于什么原因产生的变异，只要在一个物种的一些个体同其他生物的，以及同生活的物理条件的无限复杂关系中多少有利于它们，这些变异就会使这样的个体保存下来，并且会遗传给后代，后代也因此有了较好的生存机会。因为任何物种按时产生的许多个体，其中只有少数能够生存。我把每一个有用的微小变异保存下来的这一原理称为自然选择。

图 4.6 《物种起源》

简而言之，在有限的资源下，那些能提升我们生存和繁殖概率的遗传特质，将在进化的过程中被保留下来，而那些降低我们生存和繁殖概率的遗传特质将会被淘汰。例如，脖子较长的长颈鹿相对于脖子较短的能吃到更多高树上的叶子，前者的生存和繁殖机会也就较多，长脖子给予它们进化上的优势，于是长脖子这种特质便在该物种中保留下来，而短脖子则被淘汰（假设脖子的长短能遗传到下一代）。

依此想法做出逆向工程学（reverse engineering）的反思，则可推论出，但凡出现在现存生物的种种特质，很有可能曾经为该生物的祖先带来进化上的优势，它们才得以保存至今。也就是说，只要我们能理解该特质如何帮助物种解决它所面对的进化难题，就能明白该特质今天为什么以某一形态出现。

基于进化论，进化心理学家认为人的心理反应（包括情绪）都是进化的产品。我们之所以在特定情况下会产生某种情绪，是因为这种情绪能帮助我们提高生存和繁殖的概率。在不同的进化压力下，我们会演化出不同的情绪来回应（关于情绪的演化功能，将在第五章作更详细的分析）。

例如，当我的伴侣关注第三者而不关注我时，我的忌妒会逼使我想办法去解决这一困局。我或许会去伤害第三者，或许会对我的伴侣加倍爱护以赢回他的关注。这些由忌妒衍生的行为，通过改善我与伴侣的关系以求保障我的繁殖机会。

那么，男女忌妒所衍生的不同行为和关注点，又对应着怎样的不同演化难题而进化出来的呢？对男性而言，如果伴侣与他人发生了性行为，他将无从得知伴侣所生的子女是否真的是自己的子女，那么他投资在这子女身上的资源，包括求偶付出的金钱和时间，交配时所冒的风险（疾病或受到同性袭击），养育子女的心血和金钱等将可能白费。因此，男性的忌妒以性为关注点，他竭力发掘伴侣跟别人的性行为细节，为的是确保自己不至于花尽心机养育不带有自己基因的子女。

相反，对于女性而言，由于怀孕的是自己，因此她们不用担心子女是否属于自己，女性最担心的反而是养育子女的资源不足。女性孕育一个子女所付出的资源比男性要多得多，这里的资源包括产前和产后两个方面：婴儿出生前，女性需要用一个月的时间来制造一颗卵子，而男性一天便能制造上亿的精子。受孕后，女性需要怀胎十月，负责供应胎儿所需的营养，保护胎儿的安全。在分娩时，女性需要承受极大的痛苦，同时背负极大的健康风险。婴儿诞生后，女性在身体还未复原的状态下，便要开始喂哺母乳、照顾婴儿等工作。再者，由于人类社会中照顾子女的责任多数落在母亲身上，因此教育和看护幼童的负担也多由女性承担。

在这种庞大的资源要求下，女性极需要伴侣的帮助。如果伴侣与别人有了深入的情感交流，他将会花大量的资源、时间和注意力在另一个人身上，自己得到的资源和关注相对地就会变少。因此，女性的忌妒以情感交流为关注点，她竭力发掘伴侣与第三者情感交流的细节，为的是要确保自己的伴侣不会因他人而放弃对自己和自己子女的关怀和照顾。

针对上述进化心理学的假设，希尔 (Hill) 及德尔普里奥 (Delpriore) 通过实验研究男女的忌妒与繁殖的关系。实验对象为 121 名大学生，他们被随机分派到不同场景：一半参加者写出一次在爱情关系上经历忌妒的体验，而另一半人则写出一次在重要考试中取得失败的回忆。这个写作活动的目的，是为了引发参加者的忌妒或其他负面情绪。最后，他们会填写一份有关生育孩子的问卷。结果显示，被诱发忌妒的参加者相比其他人表示更不渴望生育小孩。

在第二部分，108 名参加者被随机分派至引发忌妒或其他负面情绪的写作活动。随后，他们需要为以下场景做出评分："请想象你已经结婚。你与你的配偶最近发现你们将会拥有第一个孩子，请指出你收到这个消息后的快乐程度。"结果显示，忌妒的参加者比其他人对怀孕的消息表示较低程度的喜悦。

在第三部分，参加者需要想象自己处于已婚的状态，并将会有第一个孩子。在这个场景下，参加者会收到一份清单，标示有 22 项照顾小孩的活动，例如与小孩玩耍，替小孩洗澡，或为照料生病的孩子而向工作单位或学校请假等，他们需要回答自己将分配于每项活动的时间。这项实验的结果呈现出男女差异：感到忌妒的男性比感受其他负面情绪的男性，愿意投放较少的时间照顾孩子。而忌妒的女性与感受其他负面情绪的女性，在愿意分配在照顾孩子的时间上则没有分别。由此可见，男女的忌妒皆与生育有密切的关系，而男性的忌妒会使他们相比较更不愿意投入资源照顾子女，这是因为男性不像女性那样可以百分之百确定子女属于自己。

总括而言，进化心理学认为，男女忌妒之所以会有不同的行为倾向，是因为男女面对不同的进化问题。威胁男性子孙数量的主因，在于难以确定子女是否带有自己的基因，而威胁女性子孙数量的主因，在于得不到伴侣资源上的协助。因此前者进化出以性为重心的忌妒，后者则进化出以情感交流为重心的忌妒。

当然，我们不是指男性不会有情感忌妒，女性不会有性忌妒。事实上，这两者有其内在的联系：当伴侣与第三者发生性关系时，有理由相信他们也有情感上的亲密关系。当伴侣与第三者有深入的情感交流时，也有理由相信他们可能会有性关系。因此，当我们说男女的忌妒不同时，并不是指存在两种不同种类的忌妒，而是指同一种忌妒在两性身上呈现出不同的侧重点。

3. 忌妒在现代社会的演化

诚然，进化心理学对于男女忌妒之所以不同的解释有相当大的限制。在适者生存的机制下，有利于生存与繁殖的情绪反应，在我们祖先的基因中保留下来，遗传到我们身上。由于男女面对不同的进化挑战，所以演化出不同的情绪反应。然而，基因不是决定我们情绪反应的唯一因素，后天环境影响也起着重要的作用。即使女性天生比较关注伴侣与他人的情感交流，假如她多次被抛弃都是因为伴侣与他人发生了性关系，她的性忌妒自然会比情感忌妒更强烈。除了个人经历，我们所受的教育，文化中的价值观，所处的社会条件，也会构成新的进化压力。当现今的男女面对跟祖先们不同的进化挑战时，男女的忌妒也会因此而改变。

在这一节，我们会探讨几种现代社会独有的现象，包括网上性爱、一夜情与男女经济能力日渐相若等，看看男女的忌妒会有怎样相应的改变。

如果男性的性忌妒是出于害怕子女不属于自己，那么，当伴侣与他人进行了绝不可能有怀孕机会的性行为时，理论上他的忌妒应该会相对减弱。由于女性没有确认子女是否属于自己的问题，因此伴侣与第三者的性行为是否有怀孕的机会，理应对她的忌妒没有影响。

这里所说的性行为不是指采用了避孕措施，因为任何避孕措施都有失败的风险，我们也无法肯定伴侣是否真的会采用。这里指的是不存在于古代社会，却在当今互联网时代变得普遍的网上性爱（cybersex）。

为了测试我们对于网上性出轨和现实性出轨产生的忌妒是否存在差异，瓜达尼奥（Guadagno）和萨加林（Sagarin）进行了与巴斯（Buss）等人类似的实验。实验邀请了332位参与者，他们需要想象自己在一段认真的爱情关系中，而伴侣对一个只在网上接触的人深感兴趣。参与者被问及如果发生以下两种场景，哪种会比较难受。

场景一：发现自己的伴侣与网上结识的人有深入的情感交流。
场景二：发现自己的伴侣享受与网上结识的人发生的激烈网上性行为。

与巴斯等人的实验结果作比较，女性参与者对于伴侣与网上结识的人有深入的情感交流，依然比伴侣的网上性出轨更感到忌妒，但男性参与者对于两个场景产生的忌妒则没有明显的差异，也即是说，他们并不认为伴侣与他人在网上进行性行为比情感交流更难受。而且，相对于想象伴侣在真实生活中性出轨而感到忌妒的男性（34%），想象伴侣在网上性出轨而感到忌妒的男性（21%）明显要少得多。由此可见，男性的忌妒的确受到“子女确认”这一进化难题的影响。当这一难题不再存在时，男性的忌妒也会因此减弱。

另一方面，女性的忌妒源于害怕伴侣因为爱上他人而减少对自己的资源投入。由于伴侣与第三者发生性行为时，可能会因此爱上第三者，所以女性对于伴侣的性出轨也会感到忌妒（虽然相对于直接的情感出轨较弱）。那么，如果伴侣与他人进行不太可能有情感交流的性行为，相对于有情感交流的性出轨，理论上女性感到的忌妒应该会比较弱。由于男性重视的是伴侣有没有与别人发生性关系这件事本身，因此他感到的忌妒应该没有显著的分别。

为了验证这个推测，苏扎·阿尔维斯（Alves De Souza）、米歇尔·威尔德兰（Michele Verderane）、朱莉安娜·泰拉（Juliana Taira）和艾玛·奥塔（Emma Otta）曾研究了“一夜情”（one night stand）与忌妒之间的关系，实验邀请了140名异性恋参加者（68名男性、72名女性）。跟巴斯等人的实验相似，参加者需要想象自己正处于恋爱阶段，并遇到以下两种情况，让参加者选择较难接受的场景。

场景一：发现自己的伴侣与工作上的同事发展了深厚的友谊，二人相处的时间大增。你知道他们没有发生性行为，但他们有很多共同的兴趣，你怀疑他们相爱。
场景二：发现自己的伴侣在外地公干的时候与别人发生了只限一夜的性行为，而伴侣仍是最爱自己。

与巴斯等人的实验结果作比较，发现男性与女性对于伴侣与别人发生一夜情所产生的忌妒，都比一般的性出轨要低，而女性两种忌妒的程度差异（34% → 21%）比男性的（62% → 54%）要大。由此可见，女性的忌妒比男性更受到“依赖伴侣提供资源”这一进化难题的影响。当性出轨不带有情感交流时，失去伴侣长期关注的风险小了，忌妒也就相应地减弱。

最后，如果女性的情感忌妒源于害怕伴侣不愿投入资源孕育子女，那么，当女性对男性的资源依赖减少，理论上她的忌妒也会因此减少。在现今的发达社会，如日本、美国等，女性的工作机会大增，经济能够独立，男女收入不再有显著的差别。当女性变得富裕且有能力独自供养子女时，伴侣的资源投入相对地就变得没有那么重要，女性的忌妒会随之而改变吗?

安妮·坎贝尔（Anne Campbell）、史蒂文·门克尔（Steven Muncer）和丹尼尔·比贝尔（Daniel Bibel）引用舒斯特（Schuster）于1985年进行的一项有关赞比亚女性竞争的研究，探讨资源与女性忌妒的关系。

结果显示，在殖民时代以前，赞比亚当地女性能在土地耕作，她们负责生产，也拥有较丰富的私人财产，女性间的斗争也相对较少。就算有，也不像男性那样直接表达为侵略行为，例如殴斗和厮杀等，反而是美化自己的外观，从中夺取男性的目光与关注，或是使用一些间接手段来抹黑或玷污敌人的名声。到了殖民时期，女性在经济上愈来愈依赖男性，这个时期女性间的侵略行为也开始增多。

1998 年，安妮 · 坎贝尔等人在美国进行了类似调查。他们发现，女性之间的侵略行为与社会资源短缺具有紧密的关联。例如，当女性就业率下降，对家庭的儿童补助 (Aid to Families with Dependent Children，AFDC) 减少时，女性之间出现的犯罪案件，例如伤人、杀人等均有明显的上升趋势，而犯人以单身、低教育水平和失业的黑人女性居多，其中忌妒是很普遍的犯罪动机。这些数据从侧面证明，女性的忌妒跟其拥有的资源多寡有密切的关系。

小结

作为一种复合情绪，忌妒由不同的基本情绪构成，这些情绪又由不同的价值判断构成。要理解忌妒，我们必须由其认知结构入手，抽丝剥茧，分析其中不同的判断和信念。单纯将忌妒视为一种不自主的身体反应，就无法理解忌妒背后错综复杂的心理因素。忌妒的复杂性反映了认知情绪论高度的理论效力，但其自毁的行为倾向，以至于男女忌妒所表现出的不同的认知和视象化需要，则无法用认知情绪论来解释。

在漫长的人类历史中，似乎忌妒演化出一些深藏在我们身体的特质，驱使我们去做一些看似违反理性的行为。在下一章，我们将以恐惧作为例子，进一步探索认知情绪论的问题，并开始探索情绪中与理性相对的身体性的一面。

第五章
毛骨悚然

在这个世界上，谁怕危险就到处有危险。

——萧伯纳

我们唯一需要害怕的是害怕本身——这种难以名状、失去理智和毫无道理的恐惧，把人转退为进所需的种种努力化为泡影。

——富兰克林·罗斯福

引言

2001年9月11日早上8点44分,美国航空公司11号班机空中服务员艾米·斯文妮 (Amy Sweeney) 向纽约的航空指挥中心打了一通紧急电话。她说:“有些事情不对劲！我们在急速下降中……情况一片混乱!”指挥员请求她向窗外观望以确定位置，她回答说:“我们在低空飞行，我们飞得非常非常低，我们飞得太低了！我的天呀，我们太低了!”

8 点 46 分，艾米 · 斯文妮所在的波音 767 巨型客机冲向了纽约世界贸易中心北座大楼。9 点 03 分，另一架客机冲进了南座大楼。身在 83 楼的梅丽莎 · 多伊 (Melissa Doi) 打通了紧急求救电话，她说:“还没有任何人赶到，整层已完全被火吞没。我们在这层，我们喘不上气来，真的非常非常非常热……”她对接线员说:“我可以和你保持通话吗？拜托,我感觉我快要死了!”还未等到救援，她已葬身火海。

试想一下，当你身处该飞机或世贸中心大楼中，眼见死亡离自己只有一步之遥，那种铺天盖地的恐惧是怎么一回事？在那一刻，你能理性地分析眼前的危机吗？是因为你判断自己的性命危在旦夕，因此你感到害怕吗？抑或是你根本什么都思考不了，只能呆在原地瑟缩颤抖？假若你心存希望，相信自己能幸免于难，你的乐观能遏制你那颤动不已的双手，舒缓你那几近窒息的感觉吗?

认知情绪论指出，情绪中必然涉及判断。恐惧的典型判断包括:“X 是危险的”或“X 正在威胁我或我重视之物”。当你判断飞机快要撞向大厦，自己绝对难以存活时，你会感到害怕。如果你判断飞机只是暂时失灵，很快会恢复正常时，你的恐惧便会消失。

在第四章，我们已经看到，单凭判断无法解释忌妒的自毁倾向和男女忌妒的差异。这一章，我们将以恐惧为主题，对认知情绪论作两方面的评述。

第一，当我判断一件东西对我构成危险时，我是否必然会感到害怕?

第二，如果我未能对一件东西做出判断（没有足够时间或是我失去了做出判断的能力），或是我判断它（例如一段惊悚的音乐）对我是安全的时候，我是否必然不会感到恐惧?

当代认知心理学和神经科学就人的恐惧研究表明，两个问题的答案都是否定的。也就是说，判断自己身陷危险既不是害怕的充分条件，也不是害怕的必要条件。最后，我会介绍达尔文关于情绪表达的研究，解释为什么人类会进化出不需经过思考便产生的恐惧之情，作为对认知情绪论最重要的反驳。

第一节
处变不惊

1. 假如你没有身体

认知情绪论认为做出“危险”的判断是产生恐惧的充分条件（sufficient condition），要引起恐惧，只需要做出“危险”的判断便足够，不需要其他因素。那么，如果计算机能做出“危险”的判断，计算机会感到恐惧吗?

很多从前我们认为只有人类才能做到的事，今天计算机也能做得到。计算机能作曲、写诗、创作笑话，国际象棋冠军也赢不了最新的计算机程序。论数学运算的速度，人类更是望尘莫及。当计算机面对威胁时，要做出“危险”的判断，恐怕是轻而易举的事。

最简单的例子莫过于计算机中的防毒软件，当你在浏览可疑网站时，它便会三番五次地跳出刺眼的红色危险信号，劝你尽快离开。在面对过于“凶狠”的病毒时，甚至会强行自动关机。然而，我们则很难接受有判断“危险”能力的计算机会感到恐惧这一结论，似乎计算机欠缺了一些产生恐惧的重要元素。

近代心理学之父威廉·詹姆斯（William James）认为，这个重要元素正是我们的身体。他提出了一个思想实验去证明这个想法。设想一条毒蛇突然出现在你面前，你身处一个小房间，独自一人，手中没有任何工具或武器。你看到那条毒蛇的头呈三角形，身躯布满鲜红色的鳞片，它正慢慢地向你靠近。这时候，你感到极度恐惧。

然后，你想象你身体的反应逐一消失：心跳不再加速，血压下降到正常水平，瞳孔不再放大，绷紧的肌肉慢慢放松，拳头不再握紧，不再流汗，冰凉的手变暖等。当所有与恐惧相关的身体反应全都消失以后，即使你依然判断那条蛇正在威胁你的生命，你还感到恐惧吗？詹姆斯认为，缺乏身体反应，一个冷冰冰的“危险”判断，并不足以构成恐惧。

尽管詹姆斯的想法很符合我们的直觉，但思想实验毕竟并非真正的经验科学。为了验证詹姆斯的想法，美国心理学家沃尔特·坎农（Walter B.Cannon）曾尝试将猫的脊髓（spinal cord）和迷走神经（vagus nerve）横向切去，使它们的大脑无法接收关于身体肌肉、内脏以及内分泌的任何信息。然而，由于它的大脑认知系统没有受到破坏，它们依然能做出“危险”这样的简单判断。

如果詹姆斯是对的话，这群能作判断但被剥夺身体反应的猫，应该无法感受到任何情绪。可是，沃尔特·坎农发现事实并非如此。他指出，面对狗的吠叫，即使是交感神经被切除的猫，仍会呈现愤怒的所有特征（除了毛发竖立），例如发出嘶嘶声和嘎吱声，耳朵回缩，露出牙齿和爪子。既然能作判断的动物被夺走了身体反应后仍有情绪反应，所以詹姆斯的主张不可能是对的。

神经科学家安东尼奥·达马西奥（Antonio Damasio）指出，沃尔特·坎农的实验并不能推翻詹姆斯的理论，因为沃尔特·坎农没有取走猫的全部脊髓，余下的脊髓顶端部分仍能接收呼吸、消化和发声系统的器官，包括面部、颅骨、口腔、舌、咽和喉等的信息，而猫的情绪可能正是由这些仅余的面部表情所引发。

我们一般认为情绪会改变我们的面部表情：我们快乐所以笑，伤心所以哭。斯特拉克（Strack）和施泰普（Stepper）的实验却指出，面部表情可以反过来影响我们的情绪。既然沃尔特·坎农的实验未能消除猫的面部表情，因此，即使实验中的猫能表现出情绪，也不能推翻詹姆斯“没有身体就没有情绪”的说法。

安东尼奥 · 达马西奥指出，要验证詹姆斯的想法，可以观察闭锁综合征 (locked-in syndrome) 患者的情绪反应。闭锁综合征源于部分脑干 (brainstem) 如脑桥 (pons) 或中脑 (midbrain) 前方受到损伤，患者无法控制身体的随意肌，失去了移动、显现面部表情和说话的能力，从而陷入全身瘫痪的状态。可是，有别于昏迷的人和植物人，闭锁综合征的病人拥有清醒的意识和完整的认知功能，他们清楚自己的身体状况，能对自身状况做出判断，只是极难与别人交流而已。

前法国时尚杂志《ELLE》总编辑让 - 多米尼克·鲍比 44 岁时突然脑干中风，全身只余下左眼眼皮的肌肉有活动能力。他在友人的协助下，用眨眼睛的方式，一个字母一个字母地完成了《潜水钟与蝴蝶》(*The Diving Bell and the Butterfly*，图 5.1) 一书，讲述他陷于闭锁综合征的感受。

鲍比感到自己犹如被困在牢不可破的潜水钟内，自己的心灵却如蝴蝶般翩翩起舞，每天都渴望飞到外面自由的世界。他说：“当我困顿如茧的处境，比较来说不会压迫得我透不过气来，我的心就能够像蝴蝶一样四处飘飞。有好多事情要做。我可以在空间、时间里翱翔，到南美洲最南端的火地岛去，或是到神话中的米达斯国王的皇宫去。”

然而，在可怕的现实中，“要是能把不断流进我嘴巴里的口水顺利咽下去，我就会是全世界最快乐的人。”明明知道答案，他却还是在书的末尾追问：“在宇宙中，是否有一把钥匙可以解开我的潜水钟？有没有一列没有终点的地下铁？哪一种强势货币可以让我买回自由？”

出书后第二天，鲍比便去世了。令人惊讶的是，鲍比在书中并没有表现出绝望或恐惧，反而能以更细腻的心看待身边的事。他对年老体衰的父亲感同身受，也感觉到女儿西莉丝特

图 5.1 《潜水钟与蝴蝶》

每天晚上为他作的祷告。

观察不同的闭锁综合征患者，安东尼奥·达马西奥发现他们普遍没有预期那样感到极度痛苦和混乱，他们“甚至感受到前所未有的异常的平静，而这对于他们的人生可能是全新的体验”。

其中一个可能的解释是，失去身体反应的患者，能感受到的情绪的强度比一般人低得多，因此即使他们身处极端可怕的处境中，他们表现出来的难过和恐惧的强度也远比一般人低。闭锁综合征提供了重要的证据，间接支持了詹姆斯的想法，证明人的身体与其情绪有密不可分的关系。一旦失去了身体，即使我们对情绪对象的判断不变，我们的情绪也会随之而去。

2. 无所畏惧的战士

即使在我们身体健全的情况下，做出“危险”的判断也不一定会感到恐惧，长期经受特殊军事训练的战士便是最好的例子。古希腊时代的斯巴达人以凶悍闻名于世，其战士无畏无惧，曾于温泉关战役以三百精兵奋力抵抗十多万波斯大军长达三天。

历史学家认为，斯巴达战士的勇悍，跟他们的身体和精神经受高度痛苦的训练有莫大关系。斯巴达人会将刚出生的婴儿放进烈酒里沐浴，只有忍受得了痛楚的婴儿才能生存下去。经过烈酒沐浴的婴儿，还会被一群父辈检查，看看其四肢的灵活程度及体型比例。如果发现婴儿不具备战士的体质，便会将其弃置荒野。

儿童成长至 7 岁，便要加入一个以训练他们成为优秀战士的教育体系(Agoge)。他们须离开家庭，生活在兵营中，接受作战、打猎和各种体能训练。到 12 岁时，所有人的衣服都会被没收，每人每年会分发一件红袍，不管炎夏或寒冬，都只有这一件衣服。他们从此在野外睡觉，以芦苇为床，以天地为被。他们每天分配到的食物少之又少，长期处于饥饿的状态。长官会鼓励青年互相偷食物，同时又会追捕偷窃者。被捕者会被体罚，罪名不是偷窃，而是没能成功逃脱。

罗马帝国时代的希腊作家普鲁塔克（Plutarch）曾记述了斯巴达流传的一个故事。

> 一个男孩在村庄中偷了一只活狐狸。当他看到长官四处寻找偷狐狸的人时，赶紧将狐狸藏在自己的长袍内。长官盘问他是否偷了狐狸，他矢口否认。他怀中的狐狸拼命挣扎，甚至用尖牙和利爪撕开了他的肚皮，男孩却始终不发一言，不露出半点痛苦的神色，到死也不承认自己偷了狐狸，族人们都歌颂他的勇气。

图 5.2　斯巴达人的“惩戒赛”（Diamastigosis）祭典

另外，斯巴达每年都会举办一个名为“惩戒赛”（Diamastigosis）的祭典。在祭典上，祭司会将一堆芝士放在祭坛上，由配备皮鞭的成年人看守。青年人则要努力夺取芝士，并忍受皮鞭的抽打（图 5.2）。这个仪式的用意是考验青年人的勇气及承受痛楚的能力。如果青年在被鞭打的过程中表露出痛苦的样子，将被整个民族耻笑。如果他能默默地忍受，即使最后被鞭打至死，他还是会被视为英雄，受到所有人的敬佩。

在如此不人道的训练下，斯巴达的战士惯于承受高度的痛楚。他们面对危险从不畏惧，不是因为他们不知道危险为何物（这样绝不可能成为出色的战士），而是因为他们虽然知道痛楚会伴随着危险而来，但痛楚对他们来说只是家常便饭，不值一哂。

现代军事专家凭着对人类身体和心理结构的最新研究，建立了更严谨的科学系统来训练无畏无惧的军队。1962 年，美国正式成立了一支海军三栖特战部队，又名“海豹突击队”，号称地球上最强的军事部队。海豹突击队（SEALs）缩写名称中的“SE”代表海（Sea），“A”代表空（Air），“L”代表陆地（Land），顾名思义，这是专门培训驾驭海陆空的精英。海豹突击队主要负责非常规战争，例如越南战争、阿富汗战争及伊拉克战争等。他们还会进行一些秘密行动，例如海豹突击队曾于 2011 年击毙基地组织首脑本 · 拉登。

鉴于战场上的犯错往往是由恐惧所致，海豹突击队聘请了神经科学家巴曼尼亚（Bahmanyar）和奥斯曼（Osman），由他们负责研究让士兵变得勇敢且无畏的方法。

两位神经科学家发现了支撑战士心灵的四大支柱。

第一，建立目标（setting goals）。士兵需要有一个明确的目标，即使有时候只是短期目标，也能让士兵克服恐惧和痛苦。例如，在吃早餐的时候，士兵会将咬碎食物视为一个短期目标并努力完成。通过提高士兵对当下的专注，降低了士兵对餐后地狱式训练的恐惧和忧心。

第二，自我鼓励（positive self-talk）。研究显示，人 1 分钟会跟自己说 800 至 1 600 个（英文）字词。当人处于逆境时，会不断地对自己说负面的话，导致负面情绪愈益恶化。有鉴于此，军队要求海豹突击队的士兵遇到危险时，要对自己不停地说正面的话，例如：“艰难的日子不会长存，坚强的人才会永生”（Tough times don’t last, tough men do），又或是“痛苦能消除身体的弱点”（Pain is weakness leaving the body），鼓励自己以正面的态度面对恐惧。

第三，控制身体反应（arousal control）。当人感到恐惧时，体内的荷尔蒙如皮质醇（cortisol）和肾上腺素（adrenaline）的水平会上升，使身体进入亢奋的状态，继而出现如瞳孔放大、颤抖和手心出汗等反应。海豹突击队的士兵通过克制出现这些反应来抑制恐惧。其中最有效的方法为 4×4 呼吸技巧，即要求士兵用 4 秒吸气，再用 4 秒呼气。这个呼吸法与放松法（relaxation）近似，深长的吸气能为身体带来更多的氧气，深长的呼气则让身体放松，减少身体因恐惧而出现妨碍作战的动作。

第四，同时也是最重要的一点：士兵需要接受恐惧的视象化训练（mental visualization）。恐惧的一个重要原因是对象的不可预测性，士兵被要求不停地在心理上幻想或亲身体验危机出现时的场景。让士兵多次经历恐惧，从而习惯危险的发生。当真实的危机降临时，士兵有了一定的心理准备，恐惧感便会大幅减少。

例如，其中一个训练要求士兵穿上装备，以黑色头套裹头，眼睛看不到任何东西。当头套被拿走时，士兵眼前会出现不同的场景，他们需要实时做出合适的反应：如果看见恐怖分子向自己举着枪，士兵便要马上攻击；如果恐怖分子高举双手示意投降，便要立即将其制伏；如果只是遇上一个迷路的路人，便要为其指引方向。

除此以外，海豹突击队还有一种极其严格的海底训练，帮助士兵克服对缺氧的恐惧。长官命令士兵配戴不同的氧气瓶潜入水底，而后长官在水中破坏其氧气瓶，例如在运输氧气的胶管上打结等，要求士兵在水下将它修理好。当士兵进行修理时，长官会不停地做出干扰动作，如取走其潜水镜或呼吸面罩等。在缺氧的情况下，士兵需要冷静地面对畏惧，专注解决眼前的危机。

凭着建立目标、自我鼓励、控制身体反应和视象化训练这四大支柱，海豹突击队在危险的战场上无畏无惧。

托马斯·麦克米伦（Thomas McMillan）与 S. J. 拉赫曼（S. J. Rachman）以实验的形式研究了士兵的恐惧与其面对危险的频率的关系。研究对象是 34 名曾参与福克兰群岛战争（简称“马岛战争”）的伞兵，他们皆接受过严格且具侵略性的尖子训练。由于他们在战役中经常与死神搏斗，受伤概率很高，因此在训练的后段会不停地加插危险项目，例如跳降落伞和生存游戏等，以便他们习惯危机和受压的场景。

为了与伞兵的情况作比较，研究还使用了拆弹专家的资料以作分析。拆弹专家的训练相较而言不具有侵略性，而且他们也清楚地知道自己只需完成最多两次为期 4 个月的任务，所以危险性和受伤概率也不大。

开始实验前，参加者需要填写一份自我压力评估问卷。在实验第一阶段，参加者戴上耳机，耳机随机播放 400 Hz 和 600 Hz 的音频，每一组播放 6 次，每次为时 1 秒。在第二阶段，参加者的左手中指会接至电源，当音频播出 6 秒后便会通电。电流的强度预设为不舒服、不快和接近痛楚三个级别，一共进行 6 次通电，这称为“不可预防的电击”。在第三阶段，参加者需要辨别不同的音频，以防止受到电击，音频由最初的 400 Hz 和 600 Hz 慢慢缩减至 590 Hz 和 600 Hz，意即要成功辨别不同的音频，难度愈来愈大，此称为“可预防的电击”。

结果发现，相对于拆弹专家，伞兵在实验前的压力评估、接受不可预防的电击，以及在第三阶段后期面对难以分辨不同的音频以防止电击时，其心跳的频率也较低，显示他们感受到的恐惧程度较低。由此可见，经常暴露于危险的伞兵相比较而言更能克服恐惧。

有趣的是，士兵在抑制恐惧时，并非不知道面对的局面的危险性。拉赫曼曾测量 21 名伞兵从飞机上跳降落伞时的恐惧，并询问他们对跳伞过程中的危险性的判断。结果发现，伞兵的恐惧与任务的危险度并没有关联。也即是说，即使伞兵视一项任务为极其危险，也不会提高其恐惧的感觉。

认知情绪论认为，判断一件事物为危险，会使我们感到恐惧。可是，从缺乏身体的计算机到全身瘫痪的闭锁综合征患者，从斯巴达战士到现代海豹突击队和伞兵，都可以发现这样一个现象，即使一个人做出了“危险”的判断，他也不一定会感到恐惧。由此证明，“危险”判断不是产生恐惧的充分条件。

第二节
不经思考的恐惧

如果做出“危险”的判断并不一定会带来恐惧，那么没有做出“危险”的判断，是否一定不会感到恐惧呢？有一次，达尔文在动物园看到一条蛇，他对自己说：“即使这条毒蛇隔着一层玻璃攻击我，它也决不会逃出来伤害我，我决不会后退。”于是，他将自己的脸贴近玻璃，近距离观察那条蛇的身体。突然，那条蛇向达尔文的脸冲过来，他吓得整个人都跳了起来。

达尔文反思，他明明知道自己没有危险，仍无法控制自己的恐惧。他感叹地说：“我的意志和理性，对于未曾经历过的危险的想象，实在毫无抵抗力。”与认知情绪论的主张相反，似乎有时候我们不用判断自己处于危险的处境，我们还是会感到恐惧。

在这一节，我们将会看到，在我们还未来得及做出“危险”的判断前，在我们还没有能力做出“危险”判断时，甚至当我们判断自己是安全的时候，恐惧还是可以出现。也即是说，“危险”判断不是产生恐惧的必要条件。

1. 来不及作判断时

心理学家理查德 · 拉扎勒斯 (Richard Lazarus) 和罗伯特 · 扎荣茨 (Robert B. Zajonc) 就判断与情绪的关系，曾做出著名的拉扎勒斯－扎荣茨辩论 (Lazarus-Zajonc debate)。如同认知情绪论所说，拉扎勒斯指出，认知是情绪不可或缺的部分，而扎荣茨则认为认知和情绪是两个独立的心灵活动，虽然两者可以联系起来，但情绪也可以不经由认知活动而产生。

扎荣茨通过研究重复曝光效应 (mere exposure effects) 证明他的观点。重复曝光效应是指人对越熟悉的事物越会产生正面的情绪，其中不必涉及对该事物的判断。在实验中，扎荣茨使用了速闪机来快速播放影像，影像在参加者的眼前只是一闪。由于播放影像的速度（千分之一秒）超越人类感知的速度，因此参加者不可能辨认出现过什么影像，然而，影像在他们脑海中已经留下了印象。由于实验播放的是不同的多边形，一般人应该不会对特定的多边形有特殊的好恶。

结果却发现，虽然人们成功识别多边形的概率只有 48%，即近于随意猜测的水平。然而，曝光多次的多边形则比从未曝光的多边形受到更多的喜爱（在 24 位参加者中，有 16 名喜爱曝光多次的多边形多于新的多边形，只有 5 名参加者能识别出多边形是否曾经曝光）。既然参加者不知道多边形是否出现过，那就不可能对其作判断，这就证明没有判断的参与，我们的好恶也能被改变。

威廉 · 威尔逊（William Wilson）设计的一个听力重复曝光效应测试，也可作为扎荣茨 1968 年的实验的佐证。威廉 · 威尔逊准备了两段录音，分别在参加者的左耳和右耳播放。一段是随机播放不同章节的音乐（每个章节重复出现 5 次），而另一段则为一则故事的录音。参加者同时收到一张印有故事内容的纸张，他们需要根据录音来核对纸张上的故事内容，目的是让参加者不能专注于音乐。其后，参加者要进行识别音乐的测试，他们会听到不同的乐章，并被问及那些乐章他们是否听过，之后再填写对于每一首歌曲的喜爱程度。

结果显示，人们识别音乐的准确度只有约半成，与概率水平（chance level，巧合发生的概率）相仿，这表示他们根本不知道自己是否听过那首音乐，因此也就不可能对重复出现的音乐做出判断。然而，多次曝光的音乐则普遍得到更高的喜爱度，这种正面情绪显然没有经过判断而产生。

除了重复曝光效应，心理学家也常以情绪启动效应（affect priming effect）来做情绪实验。阿尔恩 · 厄曼（Arne Öhman）和约阿金 · 苏亚雷斯（Joaquim Soares）的心理实验正是以此效应来证明情绪可以不经判断而生。

在实验中，他们向不懂得中文的参与者展示不同的中文文字。在展示之前，他们会先利用速闪机向参与者闪过一些影像，例如蛇、蜘蛛、花和蘑菇等。在播出不同的中文文字后，再测量参加者的皮肤导电性（skin conductance rate）。

皮肤导电性能够测试皮肤的湿润程度，皮肤的湿润程度受到流汗程度的影响，而流汗的程度受控制情绪反应的交感神经系统影响。也即是说，高皮肤导电性代表一个人正处于情绪被激发的状态。

一般来说，不同的中文文字对于西方人并没有太大分别，他们也不会对特定的文字感到恐惧。可是，研究结果显示，闪过令人害怕的影像（蛇和蜘蛛）后播放的中文文字，会令参加者有较高的皮肤导电性，而闪过中性的影像（花和蘑菇）后播放的中文文字，则不会改变参加者的皮肤导电性。也就是说，虽然参加者没有意识到影像的出现，亦未能对影像作任何判断，但他们的身体已经察觉到这个信息，并实时做出了恐惧的反应。

2. 失去判断能力时

上述心理实验通过观察我们的行为反应，来推测我们的情绪变化，这种间接推测难免会引起种种疑问。例如，在问卷中，自称快乐的人是否真的感到快乐？心跳加速、手心冒汗的人是否真的感到害怕？毕竟这些行为反应只是情绪的一种表征，未必能够准确反映情绪的结构。

正如我们要了解人的消化是如何进行的，单单口头访问一个人的饥饿感觉，或是测量他吃饱后的运动量显然并不够，最好的办法是直接研究构成消化系统的胃和小肠，了解其中的运作原理。同样道理，要更准确地了解情绪的运作，我们应该直接向控制情绪的中枢——我们的大脑下手。

神经科学家 20 世纪初便开始寻找管辖情绪的脑部区域。1929 年，美国心理学家沃尔特 · B. 坎农（Walter B. Cannon）和菲利普 · 巴德（Philip Bard）提出了下丘脑情绪论，认为下丘脑负责分析情绪的对象，控制情绪的表达和主观感受。1937 年，美国神经解剖学家詹姆斯 · 巴贝兹（James Papez）提出了巴贝兹回路（Papez circuit），将扣带皮质（cingulate cortex）、海马体（hippocampus）、穹窿（fornix）、杏仁核（amygdala）等前脑区域加入下丘脑理论。1949 年，美国神经学家及医生保罗 · D. 麦克林（Paul D. MacLean）将巴贝兹回路进一步扩充，这便是著名的边缘系统（limbic system）。然而边缘系统包含的脑区域非常广阔，难以仔细解释具体的情绪运作。1956 年，魏斯克兰茨（Weiskrantz）提出杏仁核在边缘系统中的重要性。直至现在，大部分神经科学家都视杏仁核为情绪系统的核心，其中最重要的代表便是约瑟夫·勒杜（Joseph LeDoux）。

约瑟夫·勒杜着力研究与恐惧相关的脑区域。他对老鼠进行了巴甫洛夫式的恐惧条件反射（Pavlovian fear conditioning）训练：首先，在一个盒子的底部装上电网，将老鼠放到盒子里。每次播放铃声，电网便会随即通电，让老鼠感到痛楚。以上程序多次重复后，每次听到铃声，即使电网没有通电，老鼠也会感到害怕而产生僵硬（freezing）的反应。

之后，约瑟夫·勒杜在老鼠的听觉丘脑注入了一种名为 WGA-HRP 的化学物质，这些物质如同示踪器，能将活化的神经元所在的脑区域染色。他以铃声诱发这些老鼠的恐惧，翌日再将它们的脑横切面取出，放在显微镜下观察。他描述当时的情况说："我永远不会忘记第一次透过暗视野显微镜观察 WGA-HRP 的情境。鲜橙色的粒子在暗蓝灰色的背景下形成光流和斑点，就像在看一个神奇的内在世界。它无与伦比的美，使我在显微镜之前久久不能离去。"

约瑟夫·勒杜发现老鼠在害怕时，听觉丘脑（auditory thalamus）、听觉皮质（auditory cortex）和杏仁核显示出最为明显的活化反应：信息会首先传到听觉丘脑，然后传到听觉皮质，最后杏仁核接收到信息后，便会引起各种害怕的反应，例如身体僵硬和心跳加速等。

约瑟夫·勒杜进一步追问，这三个脑区域中的听觉皮质，是不是引发恐惧的必要部分？皮质层是整个神经系统在进化史上最晚出现的一部分，其中的感觉皮质负责处理从五官来的信息。相对于感觉丘脑，感觉皮质能更细致地分析和辨别不同的感官信息。

约瑟夫·勒杜举例说，披头士和滚石乐队的歌曲对于感觉丘脑没有分别，但对感觉皮质则大大不同。与感觉皮质关系密切的新皮质（neocortex）负责处理语言、记忆与高等的逻辑思维，也就是我们赖以做出各种判断的脑区域。换言之，如果能证明感觉皮层不是引发恐惧的必要部分，也就等于证明了做出判断不是引发恐惧的必要条件。

为了验证这个假设，约瑟夫·勒杜切除了老鼠的感觉皮质，尝试以铃声诱发它们的恐惧。结果发现，这些老鼠所表现出来的恐惧，与感觉皮质完整的老鼠的恐惧没有分别。当他进一步切除了老鼠的感觉丘脑或是杏仁核时，这些老鼠听到铃声后便不再表现出恐惧了。

根据这个结果，约瑟夫·勒杜提出了两种引发恐惧的神经路径。他称由感觉丘脑到感觉皮质到杏仁核的路径为高径 (high road)，由感觉丘脑直接到杏仁核的路径为低径 (low road) (图 5.3)。在低径中，从感官获得的信息没有传送到感觉皮质和与之相连的新皮质，因此我们无法对信息做出判断和分析，然而恐惧依然能产生，这就证明判断不是产生恐惧的必要条件。

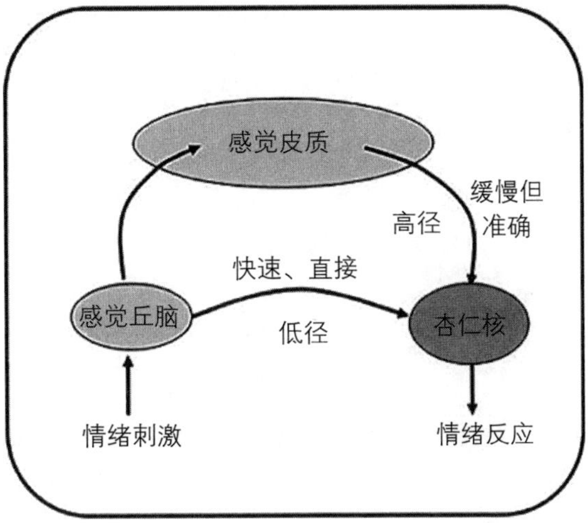

图 5.3　引发恐惧的神经高径和低径

除了在老鼠身上进行实验，也有一些研究尝试在人类身上验证没有做出判断而产生恐惧感的可能。莫里斯 (Morris) 等人在 2001 年邀请了一名 44 岁的男士 G.Y. 作为研究对象，G.Y. 在 8 岁时因车祸而导致左枕叶 (left occipital lobe，感觉皮质的一部分) 受损，右眼随之出现同侧偏盲 (homonymous hemianopia) 的症状，俗称“盲视”(blindsight)。拥有“盲视”的人虽然不能有意识地看见对象，却仍能感觉到物体的存在，包括人们的面部表情。问题是，这种无意识的感觉足以引起恐惧吗?

为了回答这个问题，莫里斯 (Morris)、德戈尔德 (DeGelder)、魏斯克兰茨 (Weiskrantz) 和多兰 (Dolan) 设计了一个眼力实验。在实验中，G.Y. 的左眼或右眼会随机出现一些黑白照片 (grey-scale images)，每张照片停留的时间为 1 秒。

这些黑白照片来自五男五女的面部表情，有的呈现恐惧的表情，有的则是快乐的表情。G.Y. 看相片时，需要指出每张相片出现的人是男性还是女性。与此同时，研究人员使用了功能性磁振造影（functional magnetic resonance imaging，fMRI），以观察 G.Y. 脑部结构的变化。

结果显示，虽然 G.Y. 表示他看不到右眼前出现的任何面部表情，但当在他的右眼前出现的是恐惧的表情时，他的杏仁核的活跃度便大大提升。这再一次证明，即使我们因为掌控理性运作的感觉皮质出现问题，无法对外界信息作出判断，我们仍会产生恐惧的感觉。

3. 判断没有危险时

恐惧不仅能在我们无法做出判断时被引发，甚至可以在我们判断自己没有危险时出现。当我们到影院观看恐怖电影时，虽然明知自己没有危险，但是，在电影那灯光、音乐、剧情和主角的表情动作中，我们还是会感到实实在在的恐惧。

1976 年放映的电影《凶兆》(图 5.4)，堪称恐怖电影的经典。故事描述一对英国夫妇，他们察觉到与养子有关联的人都接二连三地死于非命，于是决心查探养子的来历，发现儿子头上长着代表撒旦的“666”三个数字。

图 5.4 《凶兆》电影海报

电影中最令人毛骨悚然的一幕，讲述一个神父在公园中与男主角见面。神父警告男主角他的儿子是魔鬼的化身，将要利用他在地球上建立撒旦王国。男主角并不相信神父的话，悻悻然离去。此时，公园突然狂风大作，树叶不停地打落在神父身上。神父将十字架紧紧握在胸前，尝试离开，不料风愈来愈大，吹得他左摇右摆。一道闪电突然打在神父面前的树上，“砰”的一声，粗壮的树干掉下来，火焰在树上迅速蔓延，神父吓得拔腿狂奔。他走到一所被铁栅栏包围的教堂，刚刚翻过铁栅栏，一道闪电就像追赶着他一样将他身后的栅栏劈下。他走进教堂,却发现所有的门都上了锁。他绝望地用力叩门,但没有任何回应。此时，雷声闪电交加，神父抬头望着教堂上的避雷针，闪电突然打在避雷针上，断了的避雷针向神父直飞,神父大叫一声“不!”接着避雷针从上而下穿过他的身体，将他紧紧地钉死在地上。

电影将神父那种被撒旦追赶的恐惧、拼命求生的挣扎和走投无路的绝望感表现得淋漓尽致，再配上如厉鬼索命般的配乐和忽明忽暗的灯光效果，观众莫不感到心惊胆战。然而，安坐在电影院的观众深知眼前的一切不过都是虚构，自己绝对不会有危险。甚至电影中的神父也只是在导演的安排下，安全地完成这看似惊心动魄的一幕。如果像认知情绪论那样，认为做出“危险”的判断是感到恐惧的必要条件，那么恐怖电影所引起的极为普遍的恐惧，就会变得无法理解。

有论者认为，身处漆黑的电影院中，刺目的灯光效果和震耳欲聋的音响，会使观众误以为自己真的身陷其中，因而不自觉地判断自己的生命受到威胁，因此才会感到恐惧。这种说法难以成立，首先，不是所有恐怖电影都依赖灯光和音响效果来引起恐惧。更重要的是，再逼真的电影画面，似乎也难以让观众忘记自己正身处安全的电影院中。如果电影的光影效果是使得观众做出“危险”判断的唯一原因，那么，我们如何解释惊悚小说和恐怖油画这些没有光影特效却依然能引起恐惧的艺术作品?

试看一篇网上流传的短篇故事。

> 一对夫妇在儿子满三岁时，用数码摄像机为他拍视频短片作为纪念。三岁的小男孩十分开心地在镜头前跳来跳去，那对夫妇也沉浸在幸福的喜悦当中，没有注意到儿子的不对劲。那个三岁的小男孩跳着跳着就死了。
>
> 一年后，这对夫妇在儿子忌辰那天，拿出数码摄像机来看，以解思

子之苦。没想到，镜头里一直跳来跳去的儿子不是因为高兴才跳：一只凭空出现的手正抓着儿子的头发，不停地往上拉……拉……拉……拉……拉……拉……

笔者身处灯火通明的办公室，门外不时传来同事聊天的声音，案头上放着芳香馥郁的咖啡，计算机播放着轻音乐。但当我读到这个故事时，还是感到毛骨悚然，浑身不自在。引起我的恐惧的，明显不是我所处的环境，而是故事中的恐怖情节。我知道故事纯属虚构，也不认为我可能有同样的遭遇，但我的恐惧还是久久不能散去。

图 5.5 《午夜凶铃》电影海报

类似的经验也曾出现在看到日本电影《午夜凶铃》的海报之时。笔者当时身处熙来攘往的香港旺角街头，四周全是卖小食和衣服的店铺，行人在身边川流不息，热闹得犹如过新年一样。这时，我抬头看见一张偌大的海报（图 5.5）。我还记得，当时我感到一阵寒意从脊背传到心口，像有一种无形的力量压在肩膀上，使我动弹不得。我被那只眼睛瞪得内心发毛，手心冒汗。我不认为自己的生命受到任何威胁，我身边的叫卖声与吵嚷声不断提醒我，我正身处文明社会，然而我的恐惧还是不能自已。

要数最抽象、跟危险最不相干却又能引起恐惧的东西，莫过于惊栗古典音乐。试想象自己坐在典雅的音乐演奏厅中，身边都是盛装出席的淑女绅士。在柔和的灯光中，世界一流的交响乐团正在表演，置身其中的你，无论如何也不会判断自己有危险。然而，台上演奏的是波兰现代主义作曲家潘德列茨基（Penderecki）的《广岛受难者的挽歌》（*Threnody to the Victims of Hiroshima*），52 支弦乐器以种种不寻常的拉琴方式，包括弓磨琴桥、弓尾颤音、琴桥上方运弓等，营造出战争与战争牺牲者的意象和追忆。乐曲开始时，要求分成十组的弦乐奏出“尽可能最高的音”，以最强音（ff）保持15秒，如气笛声般尖锐刺耳。接着要求乐手演奏一种“通过滑指产生的相差四分之一音的很慢的震音”，让人联想到喷气式飞机的引擎声。在八分半钟内，潘德列茨基将广岛原子弹悲剧下“灵魂的哀号”和“亡魂的呐喊”赤裸裸地带到音乐演奏现场，听者无不感到心惊胆战。

音乐激发恐惧的能力在实验室中也得到证明，下面是一些已证明能引起恐惧的音乐。

(1)《行星》(*The Planets*) 中的《火星：战争使者》(*Mars-The Bringer of War*) ——霍尔斯特（Gustav Holst）

(2)《亚美利加管弦乐》(*Amériques*) ——埃德加·瓦雷兹（Edgar Varese）

(3)《奥秘管弦乐》(*Arcana*) ——埃德加·瓦雷兹（Edgar Varese）

(4)《奥斯威辛集中营事件的回忆》(*Ricorda cosa ti hanno fatto in Auschwitz*) ——路易吉·诺诺（Luigi Nono）

(5)《七支号角的疯狂舞蹈》(*Danse de la fureur, pour les sept trompettes*) ——奥立佛·梅湘（Olivier Messiaen）

(6)《彩虹萦绕的末日天使》(*Fouilis d'arcs-en-ciel, pour l'Ange qui annonce la fin du Temps*) ——奥立佛·梅湘（Olivier Messiaen）

实验结果显示，当人们聆听这些乐章时，身体会出现各种跟恐惧有关的反应，例如皮肤导电性增加、呼吸度上升和体温下降等。而在实验后的问卷调查中，也发现大多数人对恐惧的乐章表示低喜爱度（valence）和高激发度（arousal）。

在以上电影、小说、图画及音乐的例子中，观赏者在判断自己绝对安全的情况下，还是感到恐惧。由此可见，判断自己身处危险之中，不是恐惧出现的必要条件。

第三节
天择下的恐惧

1. 恐惧的肉身

从以上两节，我们看到，做出“危险”的判断不一定会引发恐惧，没有作出“危险”的判断，恐惧却依然可以出现。这就表明，判断不是产生恐惧的充分条件或必要条件，两者是独立运作的机制。判断固然可以影响情绪，情绪却可以在判断外出现，直接影响我们的肉身。

那么，比我们的理性判断更快地出现恐惧的肉身反应是怎样的呢？美国心理学家西尔维亚·D.克里比格（Sylvia D. Kreibig）等人尝试运用最新的科学仪器，包括生理状态传感器、固定容量袋等，测量人感到恐惧时出现的生理反应，发现以下最明显的四种反应。

（1）心输出量（stroke volume）和射血前期（pre-ejection period）下降，反映心血管的活跃度提高。

（2）血压方面，收缩压（systolic blood pressure）和舒张压（diastolic blood pressure）上升，加上脉搏传导时间（ear pulse transit time）和手指皮肤温度（finger skin temperature）下降，反映出心脏功能提高。

（3）皮肤导电性（skin conductance level）和非特定刺激引起的肤电反应（nonspecific skin conductance response rate）上升，这是交感神经活动变得活跃的表现。

（4）呼吸度（respiration rate）、正压换气速率（minute ventilation）和吸气工作周期（duty cycle）上升，表明呼吸动作加快和吐气时间减少。

除了生理反应外，恐惧也连系着各种面部表情。相对于愤怒，恐惧的人明显地眼眉会提高、眉骨变得扁平、眼睛睁大、口部张开，呈现出较稚气、顺从和虚弱的表情。博格曼纳 (Borgomaneri)、维塔莱 (Vitale)、加佐拉 (Gazzola) 和安万蒂 (Avenanti) 发现，当人看到画面中有关恐惧的肢体动作时，运动皮质 (motor cortex) 会抑制身体的活动能力，使身体难以动弹 (freezing)。恐惧也会影响肌肉与骨骼的控制，与逃避行为 (withdrawal) 有着密切的关系。例如，对于从事体力劳动而曾经受伤的工人来说，对工作的恐惧会大大影响他们的工作表现，反映出人们下意识渴望逃离危险的倾向。

为什么恐惧会导致上述的面部表情、行为倾向和生理反应呢？显然，这不是经过我们的理智判断后有意识、故意地产生的结果，它在我们的理智介入之前已经出现，而且大部分属于恐惧的生理反应和部分面部表情由不随意肌组成。也就是说，我们无法用意志改变它们的活动。就算这一刻我多么希望心跳减慢，血压下降，但单凭意识根本无法做到。要理解这些不能以理性控制的身体反应为什么会出现，我们需要从达尔文的进化论入手。

2. 情绪表达三原则

在《物种起源》中，达尔文提出了“适者生存”（或“自然选择”）的观点，用该机制解释物种的演变。在有限的资源下，那些能提升我们生存和繁殖概率的遗传特质，在进化的过程中被保留下来，而那些降低我们生存和繁殖概率的遗传特质则被淘汰。既然情绪在人类的进化史中被广泛地保留下来，我们有理由相信，情绪必然对于提升我们生存与繁殖的概率有帮助，而恐惧之所以有不同的生理和行为反应，也必是因为这些反应发挥着不同的进化功能。

按照逆向工程学 (reverse engineering) 思路，达尔文在其著作《人与动物的情绪表达》(*The Expression of Emotions in Man and Animals*) 中，探讨了现存的不同情绪表达对于动物在进化中的作用。这本 150 年前出版的图书，自有其时代的限制，在人类对于基因还没有任何认识之时，达尔文关于情绪表达如何从我们的祖先遗传下来的想法，不免存在错漏，然而，他提出的情绪表达三原则，在现代进化心理学的补充下，对于我们了解不同的情绪表达依然很有启发性。

第一个原则：有用的联合性习惯原理（the principle of serviceable associated habits）。达尔文认为，大部分情绪特征是因为其带来的进化优势才遗留下来的。例如，恐惧带来的各种身体反应，正是为了让我们为应付危险作准备：在面部表情方面，眼睛睁大是为了看清楚敌人，鼻孔扩张是为了吸入更多的氧气，露齿是为了恐吓和准备攻击敌人，毛发竖立是为了看起来更强大，耳朵紧贴头颅是为了避免受到攻击（图 5.6）。在体内器官方面，心跳加速、血压上升和肺部扩张，是为了更快地将更多的氧气带到身体各处，肾上腺素上升是为了发挥镇痛作用，血液集中于手脚是为了准备攻击或逃跑。在行为方面，身体僵硬静止是为了不被敌人发现，后退或逃走是为了远离敌人。由于这一系列的身体反应有利于我们应付突如其来的危险，达尔文认为，每当我们的祖先遇到危险时，都会做出如此反应。渐渐地，这些反应变成习惯，而这些具有进化优势的习惯便一直遗传到我们身上。

图 5.6　恐惧、愤怒中的猫

达尔文关于情绪反应如何遗传的机制，显然受到了让-巴蒂斯特·拉马克（Jean-Baptiste Lamarck）的获得性遗传理论（inheritance of acquired traits）的影响。拉马克认为，生物后天习得的特性能遗传给下一代。本来短颈的长颈鹿多次拉长脖子吃树上的树叶，脖子因而变长，变长的脖子遗传到后代，因此后世长颈鹿的颈也就愈来愈长。这跟达尔文主张的生物因情绪的身体反应有用而形成习惯、这些后天习得的习惯会遗传给后代是同一道理。

然而，现代分子遗传学已经证明，生物后天习得的技能或习惯不可能改写组成基因的染色体中的编码，因此也就不可能通过基因遗传给下一代。就像一个钢琴家的女儿，她可能遗传母亲富有弹性而灵活的手指或是绝对音感，但钢琴家经过无数苦练而习得的精湛琴艺，却不能改变她自己的基因而遗传到女儿身上。

其实，达尔文的自然选择论，已能充分解释情绪的身体反应如何遗传给后代。在天择下，那些能做出有利的情绪身体反应的生物得以繁衍，而那些做出不利的情绪反应的生物则逐渐被淘汰，慢慢地，各种有利的情绪反应便在后代中广泛传开，从而形成我们今天的情绪反应。事实上，达尔文在《人与动物的情绪表达》中，也以自然选择论作为他的获得性遗传论的补充。

第二个原则：对偶原理（the principle of antithesis）。如果恐惧的身体反应是为了让生物更好地应对眼前的危险，那么我们在没有感到恐惧时的身体反应，便变得难以理解。达尔文观察到，当一只狗听到陌生人的脚步声时，它的恐惧会使它进入高度戒备状态。但当它发现来者是主人时，它的身体会自然地出现完全相反的反应（图 5.7）。

图 5.7　遇到主人的狗

达尔文这样形容：

> 这时候，它不再挺直身体走路，而是把身体略微下降，甚至贴近地面，而且马上做出屈曲不定的动作。它的尾巴不再保持僵硬和直举，而是向下低垂和左右摆动起来。它的身上的毛变得光滑起来。它的耳朵下垂而且向后牵伸，但是不太贴近头部。还有它的嘴唇则宽松地下垂。由于双耳向后牵伸，眼睑就拉长，双眼也不再显示出圆形和凝视状态。

这些操作表情显然没有什么作用，而它面对主人时，也没有什么危险需要应对，那么，为什么这些动作会遗传给后代呢？达尔文认为，当一种跟恐惧相反的情绪（例如快乐）被诱发时，动物会自然地、不自觉地做出一系列跟恐惧完全相反的身体反应。这些反应没有具体用处，只是跟第一原则的情绪反应同时养成的习惯。

这些原则在人类身上也随处可见，例如，当人表示不知道的时候，会耸一耸肩膀。这个动作看似毫无意义，其实是当人进入跟自信、自满相反的情绪即羞愧、自卑时，其身体自然做出的反应。人自信时会挺起胸膛，头部抬起，而耸肩时胸部则会向内收缩，头部像要缩回身体内一样，跟自信的反应恰恰相反。

达尔文的第二原则也有其限制。不少看来没有用的情绪反应，根本说不上是什么情绪反应的相反情绪。例如人快乐的时候会笑，难过时会哭，快乐与难过是相反的情绪，但笑和哭却不是相反的身体反应。现代进化论指出，这些表面看来没有带来进化优势的情绪反应，其实起到沟通 (intercommunication) 的作用，在群居和阶级区分的动物群体中尤其重要。

例如，笑本身没有任何用处，但笑能向他人表示自己没有敌意，就像以右手握手是为了表达自己没有武器、不会做出攻击行为的意思，能有效地减低群体内的冲突。笑也能对同伴表示友善。在一些民族文化中，当上司或长辈发言时，露出适量的微笑甚至被视为基本礼貌，是维系社会阶级的重要手段。哭泣本身也没有用处，但哭泣能向同伴表达自己正面对难题，传递求助的信息。婴儿便经常以哭泣表达自己的饮食、睡眠和被关注的需要。对于没有语言能力的动物，笑和哭这些能在瞬间将自己的状况告知同伴的方法，对生存和繁殖都至为关键。

有趣的是，达尔文在书中也曾提及情绪表达可以发挥沟通的作用，但他点到即止，没有详加论述。保罗 · 艾克曼 (Paul Ekman) 指出，达尔文抗拒这种解释，可能源于他对创造论 (Creationism) 的抗拒。创造论认为，不同的物种都是由神所创造的，物种不同的特征是神按物种的需要安排的结果。情绪表达是神赐予人用来沟通的工具，达尔文不接受创造论，自然要尝试以其他说法来解释这种现象。

然而，当代生物学家已证明，作为沟通的工具，情绪能为生物在进化上取得重要的优势，因而在自然选择中留在我们的基因内。由此可见，用情绪表达作为沟通方式，与进化论没有矛盾，接受前者并不等于要接受创造论。

第三个原则：神经系统的直接作用原理 (the principle of direct action of the nervous system)。即使第一、第二个原则都成立，还是有很多情绪的身体反应难以解释。在惊慌时，我们的手脚会发抖，手心会冒汗，甚至会出现头晕、消化不良等症状。这些身体反应对我们应付危险的局面不单没有用，甚至有害，它们也显然不是用来向同伴表达我们身处困境的信号。那么，为什么它们会在进化中留在我们的基因之内?

达尔文认为,动物受到刺激时,身体会自然地释放出神经能量 (nerve-force)，让身体做出一些不自觉、不自主、也没有用处的动作或反应，例如恐惧时身体流汗和颤抖等，可视为神经系统的一些副作用。

这种解释有两个问题。

第一，神经能量是一个过时的生物学观念，就像燃素 (phlogiston)、活力 (vital force) 等观念，早已证明在这个世界不存在，已被现代科学家弃用。

第二，如果这些身体反应不会带来任何进化优势，为什么这个会产生如此不良副作用的神经系统会一直遗传至今，而不是被淘汰掉?

考古学家斯蒂芬 · 杰 · 古尔德 (Stephen Jay Gould) 和遗传学家理查德 · 勒沃汀 (Richard Lewontin) 在 1979 年提出的拱肩现象 (spandrel，图 5.8)，能帮助我们解答达尔文遗留下来的问题。

“拱肩”本身是建筑学名词，指两个拱形结构并排时中间的三角空间。拱肩在欧洲文艺复兴时期大大小小的教堂中随处可见，一般会绘上绚丽夺目的花纹。可是它在建筑上却不起任何支撑或承托作用，其存在纯属是因为教堂内部多用拱形设计，而拱肩是拱形设计不可避免的副产品。

古尔德和勒沃汀以拱肩作比喻，指出很多没有进化作用的生物特征 (traits)，可能是其他有用的特征的副产品。例如女性生育时的剧痛，明显地没有进化作用，这种剧痛是因为人类的盆骨狭窄和头部过大所致。盆骨狭窄却是人类由四脚动物进化成为直立猿人不可避免的后果，这

图 5.8　拱形结构

种进化可以让人单凭两脚便能维持平衡，让双手可以做更复杂的事。而头部过大，则是人类进化出高度智能所需的脑部体积增加所致，因此生育的剧痛便是一种生物学上的“拱肩”，虽然本身没有用，却因为是其他有用的特征的副产品而被遗传下来。

拱肩理论能更合理地解释达尔文的第三原则。以恐惧为例，手脚颤抖本身没有用，只是肌肉收紧的副作用。头晕本身没有用，而是大量血液将氧气带到四肢的副作用。消化不良本身没有用，却是暂停消化系统以加强呼吸系统和运动神经系统的副作用。由于肌肉收紧、提高四肢含氧量和加强呼吸、运动神经系统，在面对危险时能带来进化优势，因此依附它们而生的副作用也一并遗传下来。

3. 恐惧的博弈游戏

在上一节，我们看到恐惧的身体反应如何在进化中帮助我们生存与繁衍。我们要追问的是：为什么这些带来进化优势的反应可以未经思考便出现？所谓“知己知彼，百战百胜”，在还没有认清威胁物是什么，没有仔细分析威胁物的特征和应对方法之前，便迅速地做出一系列的身体反应，这样的机制在进化中能为我们带来什么优势？

西方谚语有云：安全胜过遗憾 (It is better to be safe than sorry)。

我们只要从成本效益的角度进行分析，便明白何以会演化出不经思考便出现的恐惧反应。设想你在树林中看到一条类似蛇的物体，你应该立即逃走，还是要看清楚那是不是蛇才决定下一步行动？你的行动有四种可能的后果：若你选择立即逃走，假使那是真的蛇，你虽然因逃走而累了点，但总算得到了安全；假使那不过是一条绳，你便愚蠢地白白浪费了逃走的气力；若你选择思考过后才决定逃不逃走，假使那只是一条绳，你便聪明地避免了浪费无谓的气力；假使那是真的蛇，你便可能来不及逃走而死亡。

	立即逃跑	逃跑前想一想
真蛇	安全	死亡
假蛇	愚蠢	聪明

在不知道对象是否对自己构成危险之前，到底立即逃跑还是想想再逃才是更理性的选择？哲学家约翰·罗尔斯（John Rawls）在《正义论》中提出的最大值最小值解决方案（maximin solution），值得我们参考。

根据此方案，“对选项的排列要根据它们最坏的可能结果：我们将采用的选项，其最坏结果优于其他选择的最坏结果”。也就是说，最合理的选择是避免最坏的结果而非追求最好的结果。在四种情况当中，最好的结果是你发现那是假蛇而没有逃走，最坏的结果是你在思考时便被真蛇咬死。虽然“逃跑前想一想”带来的好的后果（聪明）比“立即逃跑”的好的后果（安全）为佳，但由于前者带来的坏的后果（死亡）比后者的结果（愚蠢）坏得多，因此“立即逃跑”才是更理性的选择。

将同样的思维运用到恐惧的进化史上，那些遇到危险能实时做出反应的生物，比那些先思考再反应的生物，拥有更高的存活率和繁殖率，因此未思考先恐惧的机制得以遗传下来，这便是约瑟夫·勒杜所提出的（不经过皮质层的）低径（low road）之所以存在的原因。

当然，这不是指危险当前不去思考总是好事，当人类生存的环境变得愈来愈复杂时，简单而迅速的身体反应未必能应对危机，有时反而会加剧危机，因此我们也同时进化出一种对情绪反应的理性监控。当恐惧的身体反应出现后，我们会反思，这样的反应是否恰当？危机能因此化解吗？这样的解决办法有什么代价？我愿意承担这些代价吗？

设想老板因为你近日所犯的错而召见你，你正走向他的办公室，害怕得双脚发抖，冷汗直冒，你有强烈的逃跑的冲动。这时候你的理性会介入并提出问题：这样一走了之能解决问题吗？我是否会触怒老板而职位不保？我愿意为了避免被骂而失去工作吗？当你意识到逃跑不是好的选择时，你会尝试强行抑制恐惧反应，硬着头皮去面对你的“敌人”，这时候主导你决定的便是约瑟夫·勒杜所提出的高径 (high road)。

在进化史中，恐惧的低径首先出现，它能帮助生物迅速应付危机，大多数自然界的动物也拥有这机制。当生存环境变得愈来愈复杂时，恐惧的高径便出现了，它能帮助我们监控低径产生的身体反应是否合适。这种由理性负责的高径，只由少数高智能的哺乳类动物拥有，其中包括人类。

小结

前四章，我们考察了大家认为的情绪是盲目的身体反应这一常识，指出情绪所包含的各种事实与价值判断，说明情绪具有复杂的理性成分。在这一章，我们以恐惧为例子，说明这些理性成分不是构成情绪的充分或必要条件，情绪可以在没有任何理性判断介入下被激发，绕过理性直接指挥我们的身体。这种从进化中产生，为我们的生存和繁殖带来优势的情绪的身体反应，深深地刻在我们的基因之中。

达尔文在《人类的由来》中有这样一段话，精彩地道出了人的身体性的一面，他说：

> 人，尽管有他一切华贵的质量，有他高度的同情心，能怜悯最为下贱的人。有他的慈爱，惠泽所及，不仅是其他的人，而且是最卑微的有生之物。有他的上帝一般的智慧，能探索奥秘，窥测到太阳系的运行和组织——有他这一切一切的崇高的本领。然而，在他的躯体上面，仍然保留着他出身于寒微的永不磨灭的烙印。

这个烙印，就是我们从几亿年以来在各种各样的动物身上遗传下来的身体构造与反应。下一章，我们将以恶心为例子，进一步说明情绪的身体性，看看不同的身体反应如何构成各种基本情绪，以及这些基本情绪怎样根据社会环境而改变。

附录　为什么人会主动追求恐惧？

在进化中，愈擅于逃避危险者愈能生存。既然恐惧代表着危险到来，我们理应尽可能地逃避任何诱发恐惧的场景。那么，为什么现代人会通过观看恐怖电影或惊悚小说主动追求恐惧的感觉呢？美国哲学家罗耶·卡洛尔（Noël Carroll）综合给出三种解释。

第一种为霍华德·菲利普·洛夫克拉夫特（H. P. Lovecraft）提出的宇宙式恐惧论（cosmic fear）。恐怖电影或小说中的鬼魅或怪物，往往拥有不可知或不能理解的外形或力量，这正满足了我们的本能直觉：我们相信冥冥之中理应存在一些超自然的、不可知的、不能被物理定律解释的力量。这种力量使我们感到的不是一般的负面恐惧，而是近乎宗教敬畏感（awe）的宇宙式恐惧。例如电影《凶兆》中能引发各种意外杀人的撒旦化身，《死亡习作》中一直没有现身却神秘地杀死三个主角的女巫等。

第二种为精神分析学（psychoanalysis）的解释。在弗洛伊德式（Freudian）的理论框架下，欧内斯特·琼斯（Ernest Jones）提出，看恐怖电影能宣泄人们对近亲的压抑性欲。例如吸血僵尸故事以复活和吸血为主题，僵尸能通过吸血将对方变成僵尸，这种体液的交换带有性暗示，而死而复生的僵尸往往会先回家吸亲人的血，正表达了渴望与亲人性交的欲望。卡洛尔指出，这种精神分析学的解释不必限于性欲的宣泄，也可用于解释其他压抑的欲望，例如驱魔人（Exorcist）和魔女嘉莉（Carrie）正宣泄了人渴望以思想和信念杀人的欲望。这些欲望的共同点是不道德和不容于社会的，恐怖电影以令人畏惧的形式来表达和实现它们，让观众害怕，从而让他们看起来好像不曾为了满足这些欲望而感到喜悦，避免了他人或自我的道德责难。

第三种为求知欲的满足。卡洛尔提出，恐怖故事通常有一种解难式的发展。首先，主角发现一些未知的生物，察觉到它的各种超自然能力。主角要努力向他人证明该生物的存在和危险性，然后尝试用不同的方法对付它，最后依据对它的了解而将它消灭（或被它消灭）。例如，在《午夜凶铃》中，主角浅川在调查四件死亡事件时，意外发现四人在死前七天都看过一卷神秘的录像带，而刚巧她的儿子也看过。为了拯救儿子，她不断追寻真相，终于发现录像带的制作者是枉死的山村贞子，而且只有将录像带复制给没看过的人看，将诅咒转嫁给他人，儿子才能避开死亡。在探求真相的过程中，观众仿佛与浅川一起一步一步地了解贞子的背景、能力和对付贞子的方法。

相对于一般的侦探故事，恐怖故事往往涉及现实中不可能出现的超自然生物或能力，对我们的常识构成严重的冲击，因而也就更能引起我们的好奇心，带来更大的知性满足感。

第六章
泛恶欲吐

子曰：与不善人居，如入鲍鱼之肆，久而不闻其臭，亦与之化矣。

——《孔子家语》

引言

一位女大学生暑期到东京帝国饭店做工，第一天分配到的工作竟是洗厕所。当她把手伸进马桶时，她感到胃在翻滚，差点便要吐出来。几天后，她终于忍受不了，决定辞职。

就在此时，她发现和她一起工作的老清洁工，居然在完成清洁后，从马桶里舀了一杯水喝下去。女大学生看得反胃，老清洁工却表示，他清理过的马桶，干净得连里面的水都能喝！自此以后，她进入厕所工作便不再感到恶心，反而会问自己："我可以从这里面舀一杯水喝下去吗？"

这位女大学生的名字叫野田圣子，日后成了日本安倍内阁总务相。在这个故事中，野田刚接触到排泄物便感到反胃作呕，似乎说明恶心是一种生而有之、人所共有的身体反应。然而，她目睹老清洁工在干净的马桶中舀水喝，听完他的一番话后，从此便不再觉得马桶恶心，这似乎又表示恶心是一种受后天影响的价值判断。

在第五章，我们以恐惧为例子，说明情绪系统如何演化出一系列不经理性而出现的身体反应。观察情绪身体性的一面，恶心的身体反应似乎最为明显。当我们接触到诸如腐烂的食物、呕吐物或排泄物时，我们不用做出任何判断，便会立即感到胃部翻滚，心口翳闷，有呕吐的冲动。这些反应不受教育程度或文化的影响，小孩、成人、文盲、学者、东方人、西方人，只要拥有人类的身体构造，面对这些东西就会自然感到恶心。如果情绪之为情绪在于这些相似的身体反应，那么，我们似乎有理由相信情绪是天生且人类所共有的。

在这一章，我们将以情绪是先天的（nature）还是后天的（nurture）这个问题，作为思考情绪到底是一种理性活动还是身体反应的另一个切入点。基本情绪论（basic emotion theory）搜集了各种证据支持情绪为天生的，论证恶心是其中一种写在我们基因中的基本情绪。基本情绪论还分析引起恶心的不同事物。

进化心理学家认为恶心之所以能在进化中流传下来，是因为它有对抗身体和灵魂感染的作用。然而，人类社会中存在一种以不道德行为为对象的恶心，这种恶心甚至被当作一种可靠的道德标准。透过分析构成这种后天习得的道德恶心的理性成分，我们可以看到基本情绪论的一些理论限制。

第一节 基本情绪论

基本情绪论认为，有些情绪是天生的，不需要通过后天的学习而得，因此为一切人类所共有，恶心便是其中一个例子。不同的民族都拥有类似于恶心的词语，例如法国人的"degout"、德国人的"Ekel"、俄罗斯人的"otvrashchenie"、西班牙人的"asco"、希伯来人的"go-al"、日本人的"ken'o"、中国人的"恶心"和孟加拉国人的"gbenna"等。然而，要证明恶心是人类所共有的，并不是一件简单的事。

不同语言在不同语境下使用的"恶心"一词，未必都指同样的情绪。当我们说"那些以权谋私的官员真恶心！"我们表达的可能是愤怒；说"那电影中血淋淋的画面真恶心！"我们表达的可能是恐惧；说"那对男女在地铁上热吻，真恶心！"我们表达的可能是尴尬。因此，单纯从"恶心"这一词语出现在不同民族的语言中这个事实，难以证明它就是基本情绪。

要证明恶心这种情绪为人类所共有，我们需要找到一些不论在什么语境或文化下皆共同的恶心反应。美国心理学家保罗·艾克曼（Paul Ekman）认为，人的面部表情正是这样的东西。

1. 跨民族面部表情研究

保罗 · 艾克曼专门研究人类情绪的面部表情，他开发了一套“面部动作组织系统”(Facial Action Coding System)，将不同的面部表情按其涉及的每一条脸部肌肉分类，称之为“微表情”(micro-expressions)。由于这些肌肉大部分都是不随意肌，即其活动由情绪自动引起，不受人的意志决定，所以没法伪装，也无从掩饰，因此我们只要能辨别哪组面部肌肉在活动，就能准确知道一个人正在经历的真实情绪。

艾克曼的实验室甚至还开发了微表情训练工具 (Micro Expressions Training Tool，METT) 和微表情识别工具 (Subtle Expression Training Tool，SETT) 两套软件，以影像的方式教授一般人如何阅读微表情，这对于不能或不愿意表达自己情绪的心理病患者 (例如亚斯伯格综合征或孤独症) 帮助尤大。

另外，艾克曼还将他的微表情理论用于测谎中，他被称为“世上最准确的人肉测谎机”。美国联邦调查局 (FBI) 也邀请他帮助研发测谎机器，因而被列为 20 世纪 100 位最有影响力的心理学家之一。以艾克曼的理论作为蓝本，美国还拍摄了一部名为《别对我撒谎》(*Lie to Me*) 的电视剧，讲述一个能阅读别人情绪的心理学家如何破解各种错综复杂的案件。

1967 年，艾克曼到巴布亚新几内亚 (Papua New Guinea) 进行人类学研究。巴布亚新几内亚位于太平洋西部，澳大利亚以北，岛上有数百个土著族群，皆以农业为生。其中东南方的福尔族人 (Fore) 独处一隅，过着简单而原始的生活，他们自给自足，没有接触过西方文明。另外，他们也没有家用电器，没有大型交通工具，甚至没有书写的文字。

艾克曼认为，福尔族 (图 6.1) 是研究基本情绪的理想对象。由于他们从未接触西方文明，因此他们的情绪反应不可能是后天模仿和学习西方文明得来的。如果能证明他们跟我们有相同的情绪反应，那就表示这些情绪反应是天生的，是写在我们基因中而为全人类所共有的。

要找出福尔族人有哪些情绪反应跟我们一样，艾克曼尝试向他们展示了西方人不同的情绪表情，看看他们能否辨认出其背后的情绪。由于福尔族人没有文字，艾克曼请他们描述相片中的人经历了什么事，为什么他会做出这样的表情，之后会发生什么事。

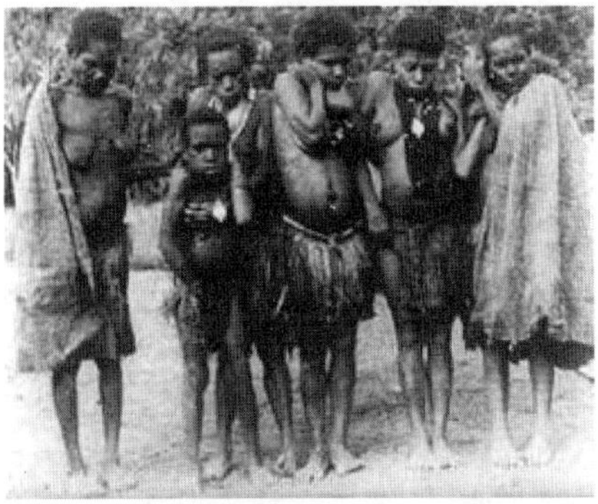

图 6.1　巴布亚新几内亚福尔族人

虽然他成功获得了很多不同的故事，但要证明它们是否指向同样的情绪，实际上则相当困难。尤其当故事涉及一些我们不熟悉的习俗或信仰时，我们不能因为我们能说出相似的故事，就简单地认为彼此有相似的情绪，或是因为我们无法理解他们的故事，就认为彼此有不同的情绪。

例如，“那人的房子被台风毁了”和“那人的鱼被朋友偷了”，这两个故事是不是在描述同一种情绪呢？对于我们来说，私有财物被偷会感到愤怒，这跟在天灾中失去财产的悲伤截然不同。但对于人际关系异常紧密的福尔族来说，朋友背叛引起的是悲伤而非愤怒，也就是说，两个故事表达的可能同样是悲伤。

一年之后，艾克曼再次回到巴布亚新几内亚，用另一个方法进行研究。这一次，他不再要求福尔族人就表情说故事，而是反过来要求他们就不同的故事选择相应的表情照片。例如，翻译员说出故事：“他正独自坐在家中，村里再也没有其他人。家中没有刀、斧头或弓箭。一只野猪站在门前，他很不安地看着它。野猪在门前站着不动，他很担心野猪会咬他。”然后，艾克曼提供以下三张不同的相片（图 6.2），让他们辨认出合乎故事情节的表情。结果发现，大部分福尔族人都选择第一张，即表达恐惧的照片。

图 6.2　让福尔族人选择表情照片

其他的故事包括：(1) 你的孩子死了；(2) 你感到愤怒，并想要争取；(3) 你看见一只死猪，横卧在地上许久；(4) 朋友到来，你感到很开心。结果发现，福尔族人能正确辨认出愤怒、恐惧、惊讶、悲伤、快乐以及恶心六种情绪。

离开前，艾克曼拍摄了福尔族人不同情绪的面部表情 (图 6.3) 带回美国，让学生尝试加以辨认。结果发现，学生同样成功地分辨出六种情绪，包括恐惧、愤怒、悲伤、鄙视、惊喜和恶心。

图 6.3 福尔人部分面部表情

没有接触过西方文明的福尔族人，能辨别出西方人这六种情绪的面部表情，西方人也能辨认出他们从来没有见过的福尔族人的这六种面部表情，艾克曼得出结论，认为这六种情绪是人类共有的基本情绪。我们这一章所关注的恶心便是其中一种。[5]

艾克曼的研究引起了人类学家的热烈讨论。为了反驳艾克曼的基本情绪论，不少研究者着力发掘不同民族情绪表情的差异之处。美国心理学家萨巴 · 萨法达 (Saba Safdar) 等人在 2009 年进行了一项跨文化研究，参与的 835 名大学生分别来自加拿大、日本和美国。研究人员以问卷的方式，调查参与者在不同处境的情绪行为表现。结果显示，相对于加拿大人和美国人，日本人较少表达出激烈的负面情绪，例如愤怒、鄙视和恶心。有趣的是，日本人甚至连正面的情绪也不太愿意表现出来。

研究人员解释，日本是一个崇尚集体主义的国家，所以日本人会避免公开

---

[5] 人类学家卡尔 · 海德（Karl Heider）与作为心理学家的妻子埃莉诺 · 海德（Eleanor Heider）到巴布亚新几内亚西部，同样邀请与文明世界隔绝的族群进行与艾克曼类似的实验，得到相似的结果。

表现愤怒、鄙视和恶心等可能会破坏社会和谐的情绪。相反，加拿大和美国是崇尚个人主义的国家，强调个人自主，所以对自身的情绪宣泄较少保留。加拿大人和美国人唯一不同的地方是对鄙视的表达：加拿大社会强调亲和力，所以人们倾向于接受别人，较少表达鄙视；美国人强调自我肯定，因而较难接受他人的不是，鄙视的情绪也随之而生。

艾克曼认为，这些差异不足以推翻他的基本情绪论，他同意情绪表情受到不同文化下不同表现规则（display rules）的影响。所谓表现规则，指的是不同文化下，人在不同场合中，哪种情绪表达方式为“合适”的成文或不成文的社会规范。

华莱士·V. 弗里森（Wallace V. Friesen）研究发现，当美国人和日本人观看一段引起不安的影片时（肢体被切割），如果实验人员在旁边观察，日本人会较美国人更倾向于以笑容掩饰他们的恶心之情，这便是表现规则带来的效果。

然而，艾克曼认为，在表现规则发挥作用之前，我们共有的面部表情其实已经出现。在上述实验中，当实验人员不在场时，从隐藏的摄影机可以看到，日本人和美国人所展示的恶心表情并无二致。这些在表现规则介入前出现的微表情，只有经过严格训练的人或是特定的仪器才能观察得到。而六组人类共有的微表情，则证明了艾克曼所提出的六种基本情绪的存在。

附录　艾克曼六种基本情绪的面部特征

情绪	面部表情特征（微表情）	情绪	面部表情特征（微表情）
悲伤	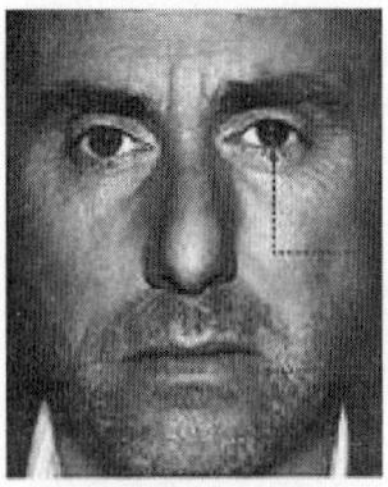 · 上眼皮下垂 · 目光散乱，失去焦点 · 嘴角微微下拉	恐惧	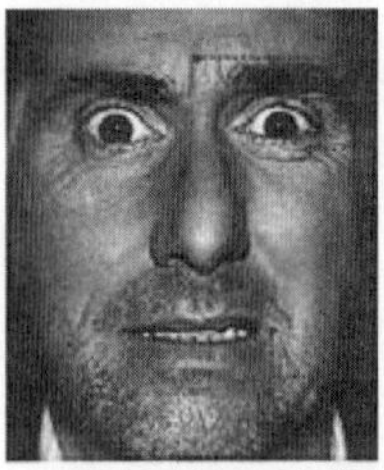 · 眼眉提高并紧锁在一起 · 上眼皮向上提升，下眼皮变得紧绷 · 嘴唇微微张开，向耳朵靠近
恶心	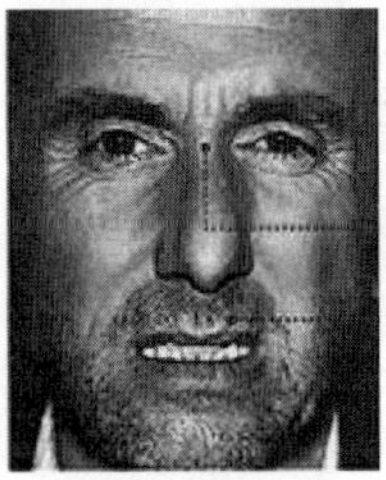 · 鼻子抽紧 · 上唇轻微提高	愤怒	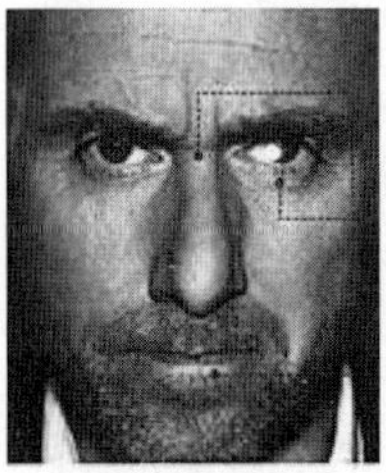 · 眼眉下移并紧凑在一起 · 锐利的眼神 · 嘴唇微微压平及收窄
鄙视	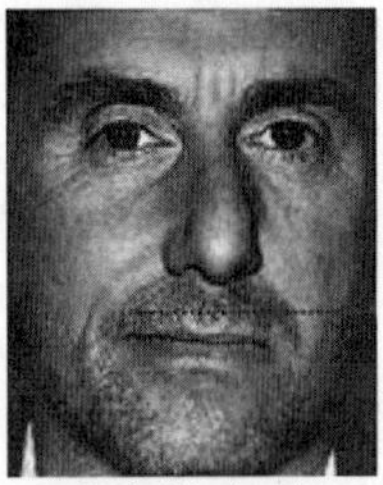 · 嘴角收紧并歪向脸的一边	惊喜	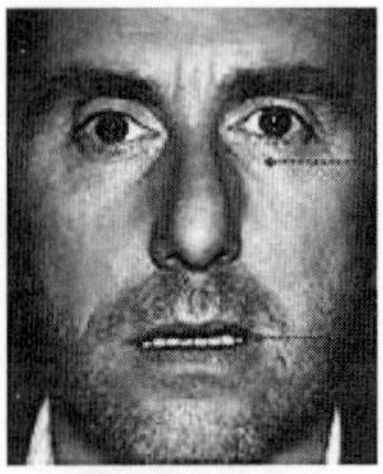 · 眼眉升高 · 嘴巴张开 · 眼睛睁大

2. 后续研究

对于情绪是先天还是后天这个问题，艾克曼的研究开启了一个新的方向，科学家们尝试以不同形式，验证艾克曼提出的六种基本情绪是否为人类所共有。1987年，艾克曼连同来自世界各地的12位科学家进行了一个大型的跨民族研究，研究对象来自爱沙尼亚、德国、希腊、中国、意大利、日本、苏格兰、苏门答腊、土耳其和美国。

首先，像一般的情绪判断实验那样，参与者会观看一系列面部表情照片，判断它们代表哪种情绪。然后，研究人员告诉他们有些表情可能代表多于一种不同强度的情绪，让他们再次观看刚才的照片作判断。这一次，他们可以选择多于一种情绪，再就不同情绪的强度排序。例如，他们可以判断某一表情为六分愤怒、三分恐惧、一分惊讶。

结果发现，来自这10个国家和地区的人不单就不同的情绪表情做出高度相似的判断，对于包含多于一种情绪的表情，也能分辨其中最强烈和次强烈的情绪。相对于艾克曼在巴布亚新几内亚的实验，这个实验包含更多不同种族的人，具有更高的外在有效性（external validity），经过改良的判断任务，也更能反映实验对象复杂的情绪判断，为艾克曼的六种基本情绪论提供更有力的证据。

然而，艾克曼的实验有一个经常为人诟病之处，即难以确保实验对象的情绪反应没有受到外来文化的影响。在上述实验中，尽管10个国家和地区的人能辨别相同的情绪，但艾克曼无法证明这是他们的天赋，还是在文化交流下培养出来的能力。即使是号称没有接触过西方文明的福尔族人，当艾克曼与其他科学家到当地进行田野考察时，也难免会让对象不自觉地模仿自己的面部表情，影响实验的可靠性。

有鉴于此，一些心理学家另辟蹊径，尝试研究天生失明和失聪的孩子的情绪反应。这些孩子因为天生的缺陷，使得他们不可能模仿他人的情绪表情，如能证明他们的情绪表情跟一般人相同，那就可作为支持基本情绪论的强有力证据。

早在 1932 年，心理学家弗洛伦斯 · L. 古迪纳夫（Florence L. Goodenough）便开始这项研究。她的观察对象为一个天生失明和失聪的 10 岁女孩。首先她将一个小洋娃娃放在女孩的裙子和衬裙之间，女孩立即露出害怕的表情。当女孩把手伸进衬裙内，摸到从未接触过的洋娃娃时，她的表情由恐惧转为惊讶。女孩尝试将洋娃娃拿出来，好几次也不成功，这时女孩露出了失望的表情。突然，女孩换个方向从裙头伸手去抓那洋娃娃，她相当使劲，动作大而且粗暴，表现出愤怒之貌。当女孩终于成功拿出洋娃娃，她兴奋得手舞足蹈，放声大笑。这一系列情绪表情，跟正常人没有什么分别，证明这几种情绪生而有之，不必经过后天学习而得。

为了得到更客观的观察，加拉蒂（Galati）和其他人以艾克曼的面部动作组织系统（FACS）比较 8 至 11 岁天生失明和视力正常的小孩的表情。FACS 细致而精密地描述了不同情绪所涉及的面部肌肉，称之为活动单位（action units，AU），而每一个基本情绪都是由数个活动单位组成。例如，快乐一般涉及面颊上升（AU6）和唇角上扬（AU12），而恶心一般涉及皱起鼻子（AU9）、上唇升起（AU10）和下颚降低（AU26）。

他们发现，当天生失明的小孩与视力正常的小孩的基本情绪被诱发时，他们的脸部活动单位的改变高度相似。例如，当他们被要求饮用数滴蕃茄汁和可乐的混合饮料时，两组孩子的反应都涉及 AU9、AU10 和 AU26 的活动，也即表示他们拥有相同的恶心表情。由于这些孩子不可能从观察别人学会恶心这种表情，因此，唯一合理的解释便是其恶心表情是生而有之的。

既然不同情绪有其独特的面部表情，如果我们能证明不同民族的情绪表情相同，则能证明不同民族拥有相同的情绪，这是艾克曼的研究路径。然而，情绪涉及的反应不只是面部表情，还包括独特的自主神经系统（autonomic nervous system，ANS）反应。例如，列文森（Levenson）、艾克曼和弗里泽（Frieser）发现，相对于快乐和愉悦等正面情绪，愤怒和恐惧的心跳速率上升水平较高，而恐惧和恶心则有着更高的皮肤导电性。在负面情绪中，愤怒、恐惧和悲伤皆比恶心有更高的心跳速率，而愤怒的手指皮肤温度则较恐惧高。如果能证明这些 ANS

反应在不同民族之间是共通的，则能从另一个角度证明情绪为人类所共有。

列文森等人邀请了 129 名印度尼西亚米南加保人（Minangkabau）作为实验参加者，对比 1990 年以美国人为对象的测试结果。米南加保是印度尼西亚武吉丁宜（Bukittinggi）的一个小镇，距离巴东（Padang）约 100 千米。

米南加保与美国文化存在很大的差异，包括宗教（米南加保信奉伊斯兰教，美国信奉犹太教与基督教为主）、社会结构（米南加保为母系社会，美国为父系社会）、经济发展（米南加保以农业为生，美国以工业为主）、对情绪的信念（米南加保人着重情绪在人际关系上的应用，美国人着重了解内在的情感）、社会规则对情感宣泄的影响（米南加保社会强烈禁止人们公开表达负面情绪，美国却只有少量限制）和参与科学实验的经验（米南加保人没有参与的经验，美国人则早已习以为常）。结果发现，即使存在如此巨大的后天差异，印度尼西亚米南加保人和美国人的几种基本情绪具有高度相似的 ANS 反应，由此进一步证明，包括恶心在内的六种基本情绪确为人类所共有。

第二节 恶心作为第一防御系统

上一节，我们探讨了各种支持恶心为人类所共有的基本情绪的证据，这对于了解恶心的功能有莫大的关系。从进化论的角度看，一个情绪之所以能为全人类所共有，最合理的解释是因为该情绪对人类共同祖先的生存和繁殖带来重要的优势，因此在物竞天择的过程中被保留在我们的基因中。

既然恶心为人类所共有，我们有理由相信它必然具备重要的进化功能。在这一节，我们将探讨恶心为人类带来怎样的进化优势，以及恶心在人类文化中经历了怎样的变化。

1. 身体感染

追溯至古希腊，恶心 (disgust) 的字根原意为“不好的味道”(bad taste)。相比视觉和听觉，恶心与味觉、嗅觉和触觉具有更密切的关系。想象一下，你在远处看见一杯发霉的牛奶,你大概不会感到很恶心。然后,你去拿起那杯牛奶,放在鼻子前用力嗅，你开始觉得反胃。你再将手指插进牛奶中，那种霉菌与皮肤的触觉会使你全身发毛。如果你有勇气一口气喝下这杯牛奶，你的恶心感将升到顶点，呕吐已成不可避免之事。

有别于与对象保持一定距离的视觉和听觉，味觉、嗅觉和触觉通过直接接触产生，我们经由口部咀嚼食物产生味觉，从鼻腔呼吸空气产生嗅觉，通过皮肤触摸对象产生触觉。这些感官犹如身体的一道界线，当这条界线被外物入侵时，我们便会感到恶心。

从日常生活中不难察觉，引起恶心感的大多是容易引起疾病的不洁之物。例如，甲型肝炎和破伤风大多经由污物和粪便传播；流行的呼吸疾病如急性呼吸道感染和肺结核等，源于咳嗽或打喷嚏产生的鼻黏液和飞沫传播；腹泻和绦虫等一般是进食了未经煮熟或不洁的食物导致的，例如生肉和过期牛奶等；常见的性病例如艾滋病 (AIDS) 和梅毒 (syphilis) 等，病菌一般通过不安全的性行为或共享针筒，由血液、体液或伤口的接触所传染。由此可见，恶心是一种防止不洁之物入侵身体的机制。每当致病物尝试通过味觉、嗅觉和触觉进入我们的身体时，恶心就像警钟般提醒我们危险将至。

那么，恶心是如何达到保护我们身体功能的呢？这跟恶心连系着一系列主观感受和客观行为有关。

首先，恶心能引起反胃之感 (nausea)。当我们接近污秽物时，腹中会有翻滚的感觉，胸口翳闷，使我们彻底丧失食欲，这也就防止了我们吃或接触这些致病源。

第二，当我们不慎吃下不洁之物时，恶心引起的呕吐能迫使我们将之吐出，有清空肠胃的作用，使病源不能长期留在体内。

第三，恶心具有高度传染性。在诸多引发恶心的事物当中，几乎没有人不对呕吐物感到恶心。甚至我们只要想象呕吐物的样貌和味道，便会有反胃的感觉。恶心这种传染性就像一个警示信号那样，提醒身边的同伴不要进食附近的不洁之物。

由此可见，恶心不单是我们身体的第一条防线，更起到保护整个群体之效。

基于恶心拥有改变我们行为的强大力量，现代社会广泛利用恶心这种情绪来强化人的卫生意识。

例如，虽然使用肥皂液洗手能够有效防止例如肠道感染、流行性感冒、眼部感染和与艾滋病相关的感染，但是大多数人对使用肥皂液洗手的意识仍十分薄弱。瓦莱丽 · A. 柯蒂斯（Valerie A.Curtis）、丽莎 · O. 丹卡（Lisa O.Danquah）和罗伯特 · 昂格（Robert Aunger）记录了 11 个发展中国家的民众在如厕后洗手的习惯，结果发现，平均只有 17% 的母亲或儿童照料者会如厕后洗手，其中加纳和马达加斯加只有 3% 和 4%，而中国、坦桑尼亚和乌干达则为 12% ～ 14%。甚至在先进的英国，也只有 43% 的母亲替孩子更换尿布后用肥皂液洗手。

其后，雷娜塔 · 波兹格 · 德拉蒙德（Renata Porzig-Drummond）等人发现，在宣传短片和海报上加入一些引起恶心的照片，能够提高人们洗手的意识。加比 · 犹大（Gaby Judah）等人曾设计了一些与恶心相关的标语，例如“将它洗去，或随后把它吃掉”（“Soap it off or eat it later”），“不要随身带着马桶——用肥皂液洗手”（“Don’t take the loo with you—wash with soap”），并张贴在洗手间的入口，测试这些标语是否能有效提升人们洗手的习惯。经过 32 天的观察，发现恶心的标语有效地提升了人们（特别是男性）对肥皂液的使用。男性看过标语后，使用肥皂液洗手的比例上升了 9.8%，女性虽然没有男性那么显著的行为差异，但肥皂液的使用率也比平常高。

另一个例子是戒烟宣传。现在，世界卫生组织提倡在香烟外包装上印上因吸烟而患病的人的器官照片。哈蒙德（Hammond）等人曾进行相关研究，发现在 616 位吸烟者中，有 19% 的人因为看到与吸烟有关的恶心照片而减少了吸烟量，照片的恶心程度越高，他们戒烟的成功率越高。

图 6.4　六款烟包的戒烟标签设计

2012 年，赖特 (Reiter) 等人针对美国高吸烟率地区的俄亥俄州，利用焦点小组 (focus group) 的质性研究方法，探讨官方在香烟包装上的戒烟标签对市民的作用。

美国食品药品监督管理局 (The U.S. Food and Drug Administration) 于 2011 年推出的六款戒烟标签 (图 6.4)，大部分也与恶心相关 (烟包 1 – 4)。赖特发现，男人的气管开孔 (烟包 1) 和患上严重口腔疾病 (烟包 2) 的图片，最能有效吓阻人们吸烟。这一结果反映出，图片的恶心程度越具体 (吸烟对外表的影响)，人们便越会远离吸烟行为。有趣的是，恶心主题的图片比悲伤主题 (烟包 5) 和唤起人们理性 (烟包 6) 的图片更具吓阻力，这也说明相对于其他情绪或理性思考，恶心是一种更实时和有力的抗拒机制。

2. 交感法则

如果恶心只是一个防止身体受到不洁之物感染的机制，我们似乎难以理解某些日常生活中恶心的例子。例如，某人曾经接触到排泄物，即使你看到他将手彻底洗净，为何你还是不愿意跟他握手?

美味的巧克力，如果将其做成粪便的形状，为何人们不愿意品尝? 保罗 · 罗津 (Paul Rozin)、琳达 · 米尔曼 (Linda Millman) 和卡洛 · 尼莫洛夫 (Carol

Nemeroff）曾进行一连串“重口味”实验。首先，他们在参加者面前放两杯用透明胶杯盛着的果汁，让参加者品味，并为果汁评分。之后，实验人员将一只经过彻底消毒的蟑螂尸体（约 4 厘米）放进其中一杯果汁里，将一支消过毒的生日蜡烛座放进另一杯果汁里作为对照。

在实验过程中，实验人员以提问的方式，确保参加者专注于放进果汁的对象，例如在搅拌的过程中，让参加者数数蟑螂腿的数量。完成搅拌动作后，实验人员再一次邀请参加者为两杯果汁评分，并选择浅尝其中一杯果汁。毫无意外地，放进蟑螂的果汁受喜爱的程度大减，不愿意喝这杯果汁的人更是为数不少。

参加者知道，实验中使用的蟑螂经过消毒后是绝对干净的，可能比果汁本身更干净。那么，如果恶心是对不洁之物的抗拒，为什么他们会对明知是干净的东西感到恶心？

为了解释这些现象，心理学家保罗 · 罗津提出了恶心的两大交感法则（sympathetic rules）。第一法则为感染法则（law of contagion），意思为“曾经接触，即是永远接触”（once in contact, always in contact）。事实上，曾接触过对象不代表永远接触，而恶心则让人相信，曾经接触过不洁之物的东西，会被它们以某种非物理的形式永远依附，以致成为永久的感染物。

这一法则正好解释了为什么在上述实验中，多数人不愿意喝那杯接触过蟑螂的果汁。蟑螂经常出没于垃圾堆中，脚上的毛带有各种各样的细菌，长久以来都是传播疾病的元凶。基于感染法则，即使蟑螂经过彻底消毒，我们的恶心机制还是认为蟑螂永远附带着病菌，促使我们敬而远之。

同样地，某些性行为很容易引起人们的恶心，这是因为它们接触到人的排泄系统。例如肛交涉及肛门与尿道的接触，口交更是将经常接触尿液的器官放到口中。即使这些排泄器官经过彻底清洗，但我们的恶心机制还是认定它们已被排泄物感染而拒绝接触（尽管某些性行为会引起恶心，但仍有不少人不介意进行，我们将在最后一节探讨其原因）。在感染法则的影响下，连清洁厕所、处理尸体甚至在厨房工作的人，有时候都会引起人们的恶心。

第二法则为相似法则（law of similarity），其原理是“外表等同于事实”（appearance is reality）。事实上，外表相似当然不等于它们是同一样东西，但恶心机制则令人相信，看似被感染的东西一定已经被感染。例如，笔者曾在课堂上将柠檬茶倒进一个新的尿壶中，请学生饮用，结果所有学生都避之不及。问到他们拒绝的原因，他们都说虽然明知柠檬茶是干净的，但因为在尿壶中，茶色带点白泡沫的液体实在太像尿液，因此令人感到很恶心。

保罗·罗津等人曾进行类似的实验。他们准备了一些甜点，由参加者就其味道评分。用过第一份甜点后，实验人员再拿出两份与第一份用相同材料制作的甜点，一份是普通的松饼形状，而另一份则是狗粪便的形状。实验人员请参加者指出对两款甜点的渴望度，并进食其中一款。结果，参加者给予狗粪便形状的甜点较低的评分，虽然他们知道其中的成分跟第一份甜点没有分别，但其形状与狗粪太相似，令他们不由自主地产生了恶心之感。

在另一个实验中，保罗·罗津等人问及参加者，是否能够将胶塞和模仿呕吐物的胶制玩具用嘴唇夹住并维持 10 秒。结果，人们普遍抗拒把模仿呕吐物的胶制玩具放在嘴唇中间，因为这犹如将不洁的呕吐物放进口里。

这两条交感法则明显违反人的理性，曾经接触当然不代表永远受感染，类似污染物的东西本身也不一定是污染物。问题是，如果这两条法则会使我们作出非理性的决定，那何以它们会在演化中保留下来，成为带来进化优势的恶心机制的一部分？

对个人而言，跟随这些法则的确未必有好处，误将清洁的东西当成不洁，轻则丧失获得资源的机会，重则得罪同伴而使自己被孤立。然而，在悠长的进化史中，如果我们从人类整体的角度去看，便能看出这两条不理性法则其中的道理。

在第五章，我们讨论过“安全胜过遗憾”（better to be safe than sorry）这一策略的进化价值，当人面对一杯泡过蟑螂的牛奶时，可以选择喝与不喝。选择喝的话，如果蟑螂被消过毒，则我们能获得营养，如果蟑螂未被消毒，那么我们会感染细菌；选择不喝的话，如果蟑螂被消过毒，我们便丧失了一次获得营养的机会，可能要挨饿，如果蟑螂未被消毒，虽然我们要挨饿，却避免了受感染的危机。

这两个选择的四种后果如下表所示。

	干净的牛奶	肮脏的牛奶
喝	获得营养	受感染
不喝	暂时挨饿	避免受感染

从表中可见，选择喝牛奶虽然有机会得到最好的结果，即获得营养，但同时也可能面对最坏的结果，即受到感染。相反，选择不喝虽然最好的结果只能做到免受感染，但最坏也不过是暂时挨饿。基于罗尔斯的“小中取大”策略，最理性的做法应该是避免最坏的结果，而非追求最好的结果。也即是说，不喝才是比较理性的做法。

感染法则和相似法则所产生的恶心感觉，驱使我们在不清楚食物是否受到污染的情况下拒绝食用，以防止出现最坏的结果。这两条法则提高了我们的存活率，因此也就在我们的基因中被保留了下来。在这个意义上，恶心的两条法则虽然在当今个人层面上不够理性，却在物种的进化中表现出理性的一面。

3. 灵魂感染

将恶心视为防止身体受感染的机制，可以解释我们日常生活中很多不同的恶心经验。纵观不同的引起恶心之物，大部分的确是不洁和容易致病的。然而，即使加上两条感染法则，有些东西明明不可能令身体感染，却还是会使我们感到恶心，例如伤者已经愈合的截肢，癌症病人在枕头上丢落的大把头发，严重的唇裂和颚裂等。我们知道，对伤残人员感到恶心，在道德上是错误的，我们也努力教导小孩子不应该对他们投以不友善的目光。我们之所以再三强调这种道德要求，正是因为我们天生自然地会对之感到恶心。又例如吃狗肉、在公众场所裸体等，虽然跟身体感染扯不上关系，但还是会引起恶心之感。

为了解释这些现象，保罗·罗津、乔纳森·海特 (Jonathan Haidt) 和麦考利 (McCauley) 提出了动物本能恶心 (animal nature disgust) 理论。动物本能恶心论指出，那些提醒我们人类跟其他动物没有区别，同样为有血有肉、会生病会死亡的东西，能引起我们恶心的感觉。如果说上面两小节谈及的恶心源于身体感染，那么动物本能恶心可以说是源于灵魂的感染。

这里的灵魂不是指任何宗教或哲学上的灵魂概念，而是泛指人与动物之所以不同的地方，亦即所谓的“人禽之辨”。中西方哲学对于人的本质有不同的看法，儒家认为在于良知，亚里士多德认为在于理性，弗洛姆认为在于对自我的意识，这些讲法背后有一个共同的信念，即人不是也不应跟动物一样。尽管如此，人终究有其动物性的一面。当我们的动物性被揭露时，仿佛是人之为人的灵魂被感染了一样，让我们感到恶心。

当然，不是所有动物性都是恶心的，我们每天需要吃饭、饮水、睡觉，到医院照 X 光或核磁共振显示出的身体结构等，都表现出我们的动物性，但这些都不会引起恶心。能引起动物本能恶心，使我们感到灵魂被感染的，主要有以下两类动物性。

第一，一些太明显地以动物的形式进行的行为会引起恶心。吃东西本身并不恶心，但像野兽一般茹毛饮血，不使用餐具，趴在地上狼吞虎咽，又或是吃一些一般人不会吃的东西，例如昆虫、猫狗等，则很容易引起恶心。这是因为我们认为，人虽然必须进食，但也应该文明地进食，有教养地进食。

孔子对饮食的要求就相当高，他说：“割不正，不食。不得其酱，不食。肉虽多，不使胜食气。惟酒无量，不及乱。”肉应该怎样切，有没有适当的配菜，应该吃多少饭，喝多少酒，这些显然不是卫生的要求，而是人之为人应该如何进食的文明要求，这也是不同民族的人有各式各样餐桌礼仪的原因。

又例如，性行为本身并不恶心，但在公众场所进行性行为，与多人同时进行性行为，又或是跟其他动物进行性交，则很容易令人恶心，因为我们相信只有野兽才会这样做。另外，一些在公众场合出现的生理反应，如吃饭后的胃气、放屁等，因为代表了人类最具动物性的消化和排泄系统，有时也会引起恶心。

我们对于动物本能的厌恶，更见于辱骂别人时的用语。我们会羞辱敌人为“狗”，妓女为“鸡”，男妓为“鸭”，懒惰的人为“猪”，狡猾的人为“狐狸”，心肠恶毒的人为“蛇”等，普遍表现出动物性对灵魂的感染所引起的恶心。

第二，一些唤醒我们对于身为动物的脆弱性的事物也容易引起恶心。古今中外不同的民族，都有追求长生不老、灵魂不灭的欲望。然而，不论人的智慧有多么发达，心灵有多么丰富，我们的身体跟所有动物一样，总要面对疾病和死亡。于是，我们会对残肢、患病时脱落的毛发、在皮肤或表面上生长的肿瘤、受伤时流的脓血、伤口、露出体外的肌肉组织和骨头，以至于尸体产生厌恶之情，因为这些东西迫使我们面对一个难堪的事实：我们终将与所有动物一样慢慢变老，生病，然后死去。

有趣的是，大多数流出体外的体液如口水、血、汗，都会让人感到恶心，唯独眼泪不会。这是因为人的眼泪跟一般动物的泪水不同，泪水只是眼睛受到刺激时的分泌物，但人的眼泪则带有意义，它代表了人失去构成一己生命意义的一部分所引起的悲伤。

如唐琬的“晓风干，泪痕残。欲笺心事，独语斜阑”，写她被逼离开丈夫、夜晚落泪的悲痛。苏东坡的“相顾无言，唯有泪千行”，写他渴望在梦中重遇亡妻的那份难以言喻的苦苦思念。杜甫的“出师未捷身先死，长使英雄泪满襟”，写诸葛丞相复兴汉室、壮志未酬的那份不甘心。又如梁祝中的哭坟、孟姜女哭长城等，其中的眼泪正表现出人之为人的那份深刻无比的绝望感，因此即使眼泪是分泌物，也不会引起我们的动物本能恶心。

附录 《奇迹男孩》

R. J. 帕拉西奥（R. J. Palacio）2012 年出版的小说《奇迹男孩》（图 6.5）中，讲述了男孩奥古斯特（August）的故事。奥古斯特天生脸部残缺，引起了别人的动物本能恶心，因而遭到很多歧视和不友善的对待。

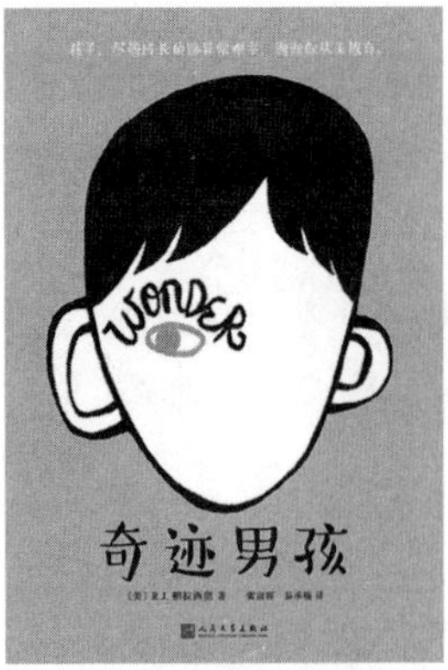

图 6.5 《奇迹男孩》

故事一开始，奥古斯特形容自己不是一个正常的10岁男孩，因为他的“长相”，不论走到哪儿，别人都会盯着他看。他说:“我不会把我的长相描述给你听。无论你脑中有什么想象，恐怕都比那要糟得多。”

在故事的中段，奥古斯特的妹妹维亚尝试形容弟弟的相貌:

> 他的眼睛大约在比原本应该在的位置低一寸，几乎是脸颊正中的地方。一对眼睛以夸张的角度下垂，像是有人在脸上斜斜划过一道，左眼明显比右眼低。他的眼睛向外凸，因为他的眼窝太浅，无法完全容纳。上眼皮总是半阖着，像是他就快睡着一样。下眼皮陷得好深，像是有条看不见的线往下扯。你能看见眼睛里的血红皮肉，像是快内外翻转过来。他没有眉毛，也没有睫毛。以脸的比例来说，他的鼻子过大，也有点多肉。耳朵的位置，两侧凹陷，像是有人用大钳子把他的脸从中央压扁。
>
> 他也没有颧骨。他的鼻子两侧都有深深的折痕，让他外表看起来有点像熔化的蜡烛。有时人们以为他是火灾烧伤，所以他的五官看起来才会像是熔化、滴落的蜡烛。几次下颚手术让他的嘴边留下几道疤痕，最明显的一道是从他上唇中央，参差不齐地切到他的鼻子。他的上排牙齿很少，而且外展，牙齿严重咬合不正，颌骨也过小。他的下巴很小。

与残障人士相似，奥古斯特的脸孔表现了人类的脆弱性，唤起了人们的动物本能恶心。在恶心以及相连的感染法则驱使下，他的同学都刻意远离他，仿佛一旦接触到他，便会受到身体甚至是灵魂的感染。

在学校里，奥古斯特观察到，每次同学们看到他的时候，都会走得远远的，避免与他有任何接触:“他们会绕远路，只为了避开我，以免因为各种可能而撞到我，像是我身上有什么细菌，或是我的脸会传染。”

上舞蹈课时，女同学希梅纳本应是奥古斯特的舞伴。可是，当希梅纳面对奥古斯特时，“她变得非常紧张，脸色发白，而且在一分钟内发了一身汗，努力想了一些蹩脚的理由跟老师说她要去洗手间。”

又有一次，上科学课时，男同学崔斯坦站在奥古斯特的旁边，他的手不小心碰到他的手。奥古斯特形容:“就那么一秒,崔斯坦立即把他的手迅速抽开……崔斯坦不在乎洒落一地的白色粉末，也不在乎他毁了整个实验，他最关心的只有赶快冲进实验室洗手台洗手。”

学校的同学们甚至发起了一个名为“黑死病”的游戏，规则是“谁要是不小心碰到奥古斯特，得在 30 秒内洗手或是找到清洁剂，否则就会受到感染。”

我们当然很同情奥古斯特的遭遇，也清楚地知道歧视残障人士是不道德的。但从这些小孩子自然不过的反应，可以看到动物本能恶心生而有之，是人类为了保护人之为人的灵魂所衍生的机制，只有透过后天教育的潜移默化，才有望克服这种动物本能恶心。

第三节
道德恶心

1. 位格感染

上一节，我们看到恶心如何防止身体和灵魂受到感染。然而，引起我们恶心的却不止于污染我们身体或灵魂之物。保罗 · 罗津、乔纳森 · 海特和麦考利分析了数个有关回想恶心经历的实验，发现北美洲人报告的恶心经历中，有一些与不洁的食物无关，而是与背叛、伪善和种族歧视等道德议题相关。

乔纳森 · 海特等人也曾访问在美国居住或留学的非美籍人士，以探讨不同文化的人对“恶心”这个词语的使用情况。他们发现每个国家表达恶心的字词，均能够指出生理层面和道德层面的恶心。被访的比利时人曾解释，“go-al”可以用于描述一些可怕的场景，例如意外伤害导致人们的肢体分布各处，同时又可以形容自己不喜欢的政客。这些研究结果揭示了一种另类的恶心——当我们视为理所当然的道德标准和价值观被严重破坏时，一种道德性的恶心便会产生。

例如，只顾谋取私利而满口谎言的政客，性侵犯儿童的强奸犯，靠血汗工厂致富还认为自己是被剥削员工的大恩人的无良商人，在危难时背叛同伴和朋友的懦夫等，都是常见的道德恶心的对象。

如果说恶心的本质在于感染，那么道德恶心又是来自怎样的感染呢？上文提到，道德恶心是对一些违反道德标准的行为的反应。然而，不是所有不道德的行为都会引起恶心。我们听到小孩子撒谎不会觉得恶心，听到位高权重的高官撒谎才会；看到别人驾车闯红灯不会觉得恶心，看到醉酒驾驶的人闯红灯撞倒行人却骂别人不小心才会。其中的差别在于所违反的道德标准是否构成我们的位格（personhood）的一部分。

所谓位格，是指我之为我的东西。哲学家伊曼努尔·康德（Immanuel Kant）在《实用人类学》中说：“人能够具有‘自我’的观念，这使人无限地提升到地球上一切其他有生命的存在物之上，因此，他是一个人……一个与人们可以任意处置和支配的、诸如无理性的动物之类的事物在等级和尊严上截然不同的存在物。”康德在这里与“事物”作对比的“人”，指的就是位格。

“位格”跟动物本能恶心关心的“人类”不同，人类是一个物种，动物本能恶心关心的是人类这物种是否跟别的物种有清晰的区别，而位格指的是人的道德自我（moralself），是一个能做出道德决定的有尊严的主体。只有当构成我们位格的道德标准受到破坏时，我们才会感到道德恶心。由此观之，我们可以视道德恶心的起因为位格感染（contamination of personhood）。

例如，当我视自己为一个基督教徒时，我会视遵守十诫为构成我的位格的一部分。当我目睹他人违反十诫如“不可拜偶像”时，我不单判断其为不道德，更视其为否定我之为我的行为，仿佛我一直赖以建立自我的道德律变得毫无意义。为了防止我的位格受到感染，我便对这种行为产生强烈的恶心，不惜一切去杜绝它，远离它。

如果我接受了儒家文化，视孝道为人之为人的关键，当我看到一个人目睹自己的父母在天灾中丧生居然可以无动于衷，继续饮酒作乐时，我会视他为禽兽不如，每一念及他的笑容，我便会感到恶心，这种恶心正是为了防止我的位格受到他的不孝感染而起。

2. 恶心作为一种道德标准

既然我们会因为不道德的事感到恶心，而恶心是人类共有的情绪，那么恶心是否就能作为放诸四海而皆准的道德标准？不少法律学者抱有这种看法。

大法官帕特里克·德富林（Patrick Devlin）认为，恶心可以作为立法之本。他说：

> 我不认为任何人可以忽视那种深切地感受到的自然而生的恶心感，它的出现显示容忍已到极限。不是所有东西都应该被容忍的，没有任何社会可以完全没有排斥、愤慨和恶心这样的情绪，它们是道德律背后的力量。我们甚至可以说，如果没有它们，我们将因缺乏社会感而无法限制任何人的自由。

德富林认为，社会的维系在于市民共有的情感（包括恶心）得到尊重，而这些共有的情感也是法律的基础。当某些行为普遍地引起市民的恶心，这种情况便给予我们制定法律去限制这些行为的理由，如果我们无视这种共有的恶心的话，社会将面临瓦解的危机。

图 6.6 莱昂·卡斯

曾任美国生命伦理委员会主席的莱昂·卡斯（Leon Kass，图 6.6）认为，我们不应从理性的角度去证明恶心作为道德标准的合理性，因为“对一些关键的情况，恶心是人类深邃智慧的情感表现，超越理性能说明的范围”。他举例说，像乱伦、奸尸这些个案，我们是否真的能够以论证的形式说明其中的恐怖？如果不能的话，我们是否会认为对它们感到恶心是不道德的？卡斯认为正好相反，我们不单不会质疑对这些行为的恶心，更会对那些尝试以理性的方式去说明和排除我们恶心的人深感怀疑。

他说：“我们活在这样一个世纪——一切自由而作的事都被容许，人的天性不被尊重，身体被视为自主理性的工具。恶心可能是维护人性的仅存的声音。”

芝加哥法律学院教授丹·卡汉（Dan Kahan）认为，要解释某些罪案的严重性，必须而且只能依靠我们对该罪行所产生的恶心之感。卡汉引用了一个在美国发生的案例来作说明。丹尼斯·贝尔多迪（Dennis Beldotti）以极残忍的手法奸杀了他的女助理奥格妮娅·哈拉茨（Eugenia Haratsis），死者身上布满伤痕，乳头被割下，下体被切开。在贝尔多迪的房间，发现死者与其丈夫的裸照，以及死者死后阴道和肛门被插入假阳具的裸照。法官形容贝尔多迪的罪行“极端残暴”，判他为终身监禁，不得保释。

曼彻斯特法律规定判决完成后，法院需将举证时用过的、属于被告的东西归还给被告。贝尔多迪要求取回四支假阳具，一些性虐待用的道具，一张死者的照片，一些女性内衣，一个原本装着包裹死者尸体的垃圾袋的盒子，24 本刊有未成年裸照的杂志和一大堆以性虐待为题材的录像带。法院断然拒绝了他的要求，理由是归还这些东西会引起公众的不安与恶心。

卡汉认为，大概没有人会认为我们应该将这些东西归还给被告，而“引起公众恶心”似乎是唯一合乎逻辑的理由。如果说这些东西会妨碍被告改过自新以重返社会，但对于被判终身监禁、不可能重返社会的被告来说，这个理由并不成立。这些东西也不会在狱中造成骚乱，因为被告只要求将东西交还他在狱外的代表。交还东西也不会减弱判刑的吓阻作用，因为被告已被判最高刑罚。要说这些不雅的杂志和录像带本身是非法也难以成立，因为该州法律只禁止不雅刊物和录像带的发行，拥有它们本身并不是非法的。

如果这些理由全不成立，而我们又清楚地知道归还这些东西给被告是错误的，那么其中唯一的理由便是，归还这些与被告极残酷的罪行有关的东西，让被告有机会重温他的罪行而得到快感，这件事情让我们感到极度恶心。卡汉认为，由这个例子可见，恶心至少在某些情况下是我们作道德判断的必要而且充分的条件。

3. 道德恶心的风险

很多不道德的行为的确会引起恶心，而这恶心感的强度也与这些行为不道德的程度成正比。一个强奸犯固然让人恶心，但一个强奸女儿的父亲则更让人恶心，而且后者的邪恶程度的确高于前者。那么，我们是否可以因此认为恶心是一个可靠的道德标准？

要看一个烟雾传感器是否可靠，不能只看它是否会在出现烟雾时发出警示信号，同时也要看它是否只在烟雾出现时发出警示信号。如果不管有烟无烟它都鸣叫不止，那么它对我们根本毫无帮助。同样道理，要判断恶心是否是一个可靠的道德标准，我们要问：令人感到恶心的东西是否总是不道德的呢？

自 19 世纪末普莱西诉弗格森案（Plessy v. Ferguson）开始，美国将种族隔离政策合法化，黑人和白人须入读不同的学校，入住不同的酒店、医院、监狱，去不同的厕所、公园、酒吧、发廊、电话亭，甚至要葬在不同的墓地。就算在同一所电影院，同一间餐厅，同一辆巴士，黑人和白人也有其专属的区域。这些措施号称“隔离而平等”，然而白人分到的资源如学校和医院的质量，往往比黑人分到的好得多。

图 6.7　罗莎 · 帕克斯

1955 年 12 月 1 日晚上 6 时左右，一名黑人女性罗莎 · 帕克斯（Rosa Parks，图 6.7）登上一辆巴士。按照蒙哥马利市的法律，巴士前四排属白人专区，黑人不能坐。当白人区域满座时，司机有权将白人专区扩大，黑人必须让座甚至下车。帕克斯当时坐在属于黑人区域的第五排。当白人专区满座时，司机要求她让座，帕克斯拒绝，司机立即报警并将她拘捕。

这件事引起了黑人对于种族歧视的关注，引发了联合抵制蒙哥马利公车运动（Montgomery Bus Boycott）。美国黑人民权领袖马丁·路德·金也在这次运动中崛起，最终迫使联邦政府将种族隔离政策裁定为违宪，帕克斯则被尊称为“现代民权运动之母”。

帕克斯的行动刺激了人们对于种族隔离的反思，唤起了大众对政策背后隐含的种族歧视的恶心，揭示了种族歧视的不道德。单看这一点，恶心似乎是可靠的道德标准。然而，这个故事出现的恶心可不止一种。

对于当时坐在车上的白人来说，一个黑人居然霸占属于白人的座位不肯让座，这是何等恶心的事！同样道理，他们会认为黑人和白人那么不同，黑人居然要求与白人进同一所学校，用同一个厕所和饮水器，甚至要求容许跨种族通婚，这是多么恶心的事啊！

如果恶心是一个可靠的道德判准，那么，白人当时所感到的恶心能证明种族隔离是合乎道德的吗？当一些人因为种族隔离感到恶心，而另一些人因为反对种族隔离而感到恶心，两个相反的行为同样引起恶心时，我们怎样判断哪一个才是不道德的？

类似的矛盾在人类历史上屡见不鲜。古希腊人认为同性恋不单不恶心，反而是最高尚和神圣的爱。中世纪基督教认为同性恋是上帝所厌恶的，“男人若跟男人同寝，像跟女人同寝，他们二人行了可憎恶的事，必被处死；血要归在他们身上。”这里的“可憎”便可以理解为恶心。

到了20世纪60年代的西方性解放运动，社会逐渐接受同性恋为一种自然的恋爱模式，同性恋者不应因为个人的性取向而受到歧视，于是不少人对于恐惧同性恋的（homophobic）保守派人士感到恶心。直到今天，一些国家如美国、西欧诸国等承认同性婚姻的法律地位，而另一些国家如俄罗斯、伊朗等，则将同性恋视为刑事罪行。

我们看到，在不同时代和文化中，有些人对同性恋感到恶心，有些人则对反同性恋感到恶心。如果我们单以恶心作为判断标准，根本不可能确认同性恋的道德地位。由此可见，恶心不是一个可靠的道德标准，它充其量只能告诉我们一时一地的道德标准，并不能告诉我们这个标准是否合理。

此外，恶心还与危险的行为倾向相关。当一个人得罪了你而你感到愤怒时，你倾向于想办法惩罚他。这代表你某程度上将他当作人看待，仍视之为一个道德主体，因为人要为自己的过错负责任，所以他应该受到惩罚。可是，当你对一个人感到恶心时，你不再视他为跟你一样身处道德圈内的人看待，对你来说，他犹如会污染你的不洁之物，于是你实时的反应是将之隔离或是彻底消灭。

对于不洁净的食物、血液甚至是死尸，这似乎是一个防止受到感染的有效反应。那么，对一个做了不道德的事的人，如强奸犯或虚伪的政客呢？我们应该基于对他们的恶心而将之隔离和消灭吗？或许将重犯永远囚禁甚至判以死刑是正确的，但背后的理由不应该是为了消除我们的恶心之感，而是这样做能防止他们进一步破坏社会秩序，或是对其他人起到阻吓作用。

对于那些非极端邪恶却叫人恶心的罪行，例如性滥交、种族歧视或是假公济私，将之隔离和消灭明显地不是合适的反应。由此可见，即使恶心有时能替我们辨别出不道德的行为，但它对这些行为的反应很容易过火，甚至违反了人类社会所珍视的基本价值，如法治、人权和人身自由。

更有甚者，是基于恶心将对象视为死物的倾向。独裁者往往利用恶心这种情绪来麻痹人的同情心，以利于对敌人施以血腥打击，甚至种族屠杀。二次大战期间，希特勒带领德国人杀害600多万犹太人，其中一个伎俩就是将犹太人塑造成污秽恶心、死不足惜的感染物，使德国人认为大规模屠杀犹太人犹如杀死臭虫一样，不必有半点犹豫。

希特勒在《我的奋斗》中这样形容犹太人：“你从他们的外表就看得出来，他们是不爱用水的。更糟的是，你往往闭着眼睛就能感觉出来。后来我时常因为嗅到这些穿长布袍子的家伙而恶心想吐。”

从集中营极度恶劣的卫生条件，也能证明德军有意识地使用这种操纵人心的战略：在进入集中营的头两年，根本不为囚犯提供清洁用的水。之后就算提供水也是脏水，每人每星期只准洗一次澡，每个月最多配给一块劣质肥皂，牙刷、剃刀等卫生用品一概缺乏。所有人只获派一套衣服，每 6 至 8 个星期才用蒸汽马虎地消毒一次。几百人的一栋楼房只有一个厕所，里面有 22 个开放式的坐厕，没有冲水系统，臭气熏天。每个人被逼在众人面前如厕，毫无私隐和尊严可言。在这样的卫生条件下，被囚的犹太人无不蓬头垢面，衣衫褴褛，一身细菌和寄生虫。德国人目睹如此肮脏恶心的犹太人，自然不把他们当作人看待，而是看作一堆危险的臭虫，杀之唯恐不及。

恶心同样在 1994 年发生的卢旺达种族大屠杀中起到关键的作用。当时，非洲卢旺达有两大种族，分别为胡图族（Hutu，约占人口的八成）和图西族（Tutsis，约占人口的两成）。1918 至 1962 年间，卢旺达成为比利时的殖民地。基于图西族人的外表与比利时人比较相似，比利时统治者将大部分社会资源给予图西族人，包括金钱、职位和外国留学机会等。这段时期，掌握统治权的图西族人对胡图族施行各项种族歧视的政策。

比利时人离开后，胡图族人便进行报复。在 100 天内，胡图族人杀了 100 万图西族人，死亡人数约占国家人口的两成。要进行这般残忍的种族灭绝大屠杀，当时领导这场杀戮的胡图族人，便是运用了恶心这种情绪，将图西族人渲染成肮脏的带菌者，麻痹军队对他们的同情心。大屠杀的领导者们这样形容图西族人："妖魔鬼怪，长着尾巴，头上有角，脚是蹄子，耳朵尖长，红红的眼睛在黑暗中发亮。"这种手段从一段当时胡图族人的广播中能够清楚地反映出来。

这些人是肮脏的种族！	These people are a dirty race!
我们必须消灭他们。	We have to exterminate them.
我们必须摆脱他们。	We must get rid of them.
这是唯一的解决办法。	This is the only solution.

这些蟑螂，谁告诉我，他们去了哪里？	These cockroaches, who called me, where did they go?
他们一定会被消灭。	They surely have been exterminated.
让我们唱：让我们欢欣鼓舞吧，朋友们！	Let's sing: Let us rejoice, friends!
蟑螂已经被灭绝！	Cockroaches have been exterminated!
让我们欢欣鼓舞吧，朋友们！	Let us rejoice, friends!
上帝永远不会错！	God is never wrong!

广播中，图西族人被称为“蟑螂”，表明他们是肮脏和有害的生物。广播者没有提及“杀人”的字眼，取而代之用了“消灭”。既然图西族人是“蟑螂”，那消灭他们就如消灭蟑螂一样，不需要有半点犹豫。

从同性恋到恐惧同性恋，从种族隔离到种族歧视，在不同的文化与社会中，引起人们道德恶心的对象千差万别，两种完全相反的行为可以引起同样的恶心。当恶心将对象非人化的危险倾向被独裁者利用时，更有可能引发大规模的种族屠杀。由此可见，道德恶心不能作为放诸四海而皆准的道德标准，因为跟以身体和灵魂感染的恶心不同，不同人的道德恶心并不以类似的东西为对象，也非普遍存在于所有人之中，它只能反映一时一地的道德观和价值观，可以说是一种社会建构而成的情绪。

小结

在这一章，我们从情绪是先天还是后天这个问题入手，尝试从另一个角度审视情绪中的身体性和理性成分。基本情绪论指出，包括恶心在内，为数不少的情绪包含的身体反应，都普遍存在于所有人之中，这种普遍性正好证明这些情绪为天生。

恶心所包含的呕吐和反胃等身体反应，带有防止我们的身体和灵魂受到感染的功能，因此才使恶心演化成为一种天生而共有的情绪。然而，在不同的社会文化下，什么东西被判断为引起位格感染则不尽相同，于是不同的人便具有不同的道德恶心。由此可见，即使明显为天生的恶心，也会受到社会文化的影响，演变成只为一时一地的人所独有的情绪。

似乎，将情绪简单地划分为先天或后天，并不能帮助我们理解情绪的复杂性。在下一章，我们将介绍与基本情绪论唱反调的社会建构论。我们将以“Fago”和“Amae”这两种情绪为例，说明情绪的理性成分如何在种种社会因素下，演变为某一文化所独有的情绪，并审视将这些情绪简单归类为后天习得是否恰当。

附录 《入殓师》与恶心的克服

日本电影《入殓师》(*Departures*，图 6.8) 探讨了克服恶心的方法。

图 6.8 《入殓师》电影海报

故事的男主角小林大悟是一个大提琴家，因为所属乐团解散，无业的小林与妻子美香回乡居住。在机缘巧合下，小林当上了入殓师，即为死者准备往生的服务者，其工作包括为死者清洁、上妆及举行入殓仪式。由于经常接触尸体，因此很容易诱发恶心的情绪。

虽然小林接受了这份工作，但他一直对亲友隐瞒他的工作，因为入殓师在日本是一个令人鄙视的职业。当小林的朋友山下和妻子终于发现他当了入殓师时，山下对他的态度变得恶劣，并劝告他尽快找一份“正当”的职业。因为小林不愿意辞职，妻子美香独自回到娘家居住。当小林想挽留美香并触碰到她的手时，美香立即慌张地缩回手，并说“不要碰我”“真肮脏”，表现出对小林强烈的恶心之感。

后来，经常照顾小林夫妇的澡堂老太太（山下的妈妈）过世，小林为她进行最后的仪式，美香也伴随在旁。小林为老太太清洁身体，换衣服，戴颈巾，在她的手上系珠链。这些细节的背后，皆有其独特的意义：清洁身体使人不会因死者肮脏而感到恶心。换上新的衣服后才抽走旧衣服，不使死者的肉身暴露出来，既表示对死者的尊重，也能避免家人看见尸体的肉身而引发恶心。为老太太戴上其生前最爱的颈巾，让她以日常的形象示人，使人感到她虽死犹生。珠链代表了宗教的力量，象征对死亡的超越。戴上手链后，小林轻轻转动老太太的手，这个动作将死者僵硬的身体松开，使她的身体变得稍微柔软，让人感到她仿佛在睡觉一样。

通过目睹和参与这个庄严的仪式，美香改变了对入殓师的看法。仪式表达了对死者的尊重和爱，也使美香明白，这个仪式不但对死者有意义，也为生者带来安慰。她不再对丈夫的职业感到恶心，甚至自豪地向别人宣告自己的丈夫是入殓师。

之前我们谈到，恶心有将对象视为死物的倾向。然而，如果我们对死者投以爱和尊重，将她视作活人看待，那么我们便不会对她感到恶心。同样地，当我们尝试去理解接触恶心之物的工作的意义时，我们也能克服恶心的感染法则。毕竟恶心的力量再大，也大不过爱和关怀；再不理性，也盖不过理解和尊重的心。

第七章

乡关何处

引言

1770年，英国海军上校詹姆斯·库克（James Cook）乘坐奋进号（HMS）桅船从英格兰普利茅斯港向西出发，横渡大西洋，绕过南美洲，进入太平洋，到当时未知的大溪地、澳洲、新西兰进行探索。当他经过印度尼西亚雅加达一带时，遇上了马来部落人（Malay tribesmen）。发现了生性谦恭内敛、待人友善的马来人不为人知的一面。

图7.1　马来人的Amok

马来男人有时候会受到一种名为“Amok”的情绪驱使（图7.1），没有原因地任意攻击身边的人。这种攻击往往相当血腥，每次平均会出现10名死伤者，以其被杀、被制伏甚至自杀告终。库克在他的日记中形容道：“受Amok驱使的意思就是像吸了鸦片……狂怒地走出家门，将尝试伤害他、阻止他的人通通杀死……以疯狂血腥的方式见人杀人，见动物杀动物。”同样的事件也在菲律宾、老挝、巴布亚新几内亚和波多黎各出现。

库克难以理解Amok这种情绪，它不像愤怒，有一个特定的复仇对象，也不像愤世嫉俗般执意惩罚世人，因为它经常以自杀告终。如果说情绪是人人生而有之的心理反应，那么，为什么我们没有Amok这种情绪？不单在我们的语言中缺乏对应的情绪词，我们甚至无法理解它到底是怎么一回事。

基本情绪论认为，不少情绪的面部表情和身体反应是人类所共有的，这些表情和反应也为我们带来进化上的优势，因此证明有些情绪是天生而共有的。然而，在这些基本情绪以外，我们还不难发现，不同民族之间存在大量独特而难以互相理解的情绪，例如上述故事中马来人的“Amok”、荷兰人的“gezelli”（一种在他人面前感到的舒适感）、阿尔根金族印第安人的“witiko”（一种担心自己变成食人怪兽的恐惧）、日本人的“ijirashii”（一种看见令人敬佩的人克服了障碍的快感）等。显然，情绪除了受基因决定外，还有受文化决定的一面。问题是，文化是怎样塑造人的情绪呢？情绪的哪一个方面（例如身体反应、判断、主观感受）最易受到文化的熏陶？

在这一章，我们首先从社会建构论出发，探讨情绪当中的价值判断如何被文化塑造，以及情绪中的身体性在这一过程中扮演怎样的角色。之后，我们会深入分析两个相当独特的情绪——伊法鲁克族（Ifaluk）的“Fago”和日本人的“Amae”。从这两个情绪的对象和行为倾向，我们可以看到当地的社会文化如何孕育出这些难以被别的民族所理解的情绪，以及它们与其他基本情绪的关系。最后，我们来看看这些情绪能否作为支持情绪为后天习得而非生而有之的证据。

第一节
情绪是不是一种社会建构？

第六章提到，恶心所引起的独特身体反应和面部表情为人类所共有，由此证明恶心是一种基本情绪。然而，在不同民族和文化中，基本的恶心却会演化出不同的道德恶心，有些人会对同性恋感到恶心，有些人则会对恐惧同性恋感到恶心。由此看来，一个基本情绪会受到文化的影响而改变其形态。那么我们可以进一步追问：那些看似天生的情绪，会不会是后天习得的？不同的人之所以有类似的情绪反应，会不会只是因为他们生活在相似的社会文化环境？

社会建构论（social construction theory）提出，情绪是由社会文化建构出来的人工产品。就像一张钞票，它之所以有价值，不在于那张纸的物料和颜色，而在于它由特定的政府确认和担保其具有相应的购买力。如果该政府不再承认它的价值，那张钞票便不再是钞票，而是一张废纸。同样道理，社会建构论者认为，情绪之所以为情绪，在于我们的社会文化赋予某些身体反应特定的价值和意义，失去了这些价值和意义，情绪便不再是情绪，只是如痛痒般纯粹的身体反应。

最早提出的社会建构论证据，是斯坦利·沙赫特（Stanley Schachter）和杰罗姆·辛格（Jerome Singer）在 1962 年进行的一项实验。实验中，给参加者的身体注射肾上腺素（epinephrine）而进入兴奋状态（arousal）。之后，参加者被分为三组，第一组参加者被告知肾上腺素的真正影响，其余两组参加者则没有被告知，或被告知是别的用途（误导作用）。这样做是为了确保第一组参加者知道自己的兴奋状态源于注射的肾上腺素，让第二组参加者不知道自己处于兴奋状态的原因，使第三组参加者误以为自己的兴奋状态不是肾上腺素造成的。

其后，每组参加者再被分成两个小组，分别为愤怒组和快乐组。愤怒组的参加者被要求填写一份既冗长且烦闷的问卷，在问卷的后半部还会出现越来越多侮辱性的问题，例如“你的母亲与多少名男性（不包括你的父亲）有婚外的关系?”与此同时，一名预先安排的演员会扮演成参加者中的一员，当场表现出对问卷内容的不悦和愤怒。

另一方面，快乐组的参加者则被安排在一间房间等候，其中一名假装为参加者的演员开始玩一连串有趣的游戏，例如将纸球抛向远处的垃圾桶。有时候，身边的参加者也会被邀请参与游戏。研究人员会在单面玻璃后面观察参加者与演员的互动行为，并在事后访问参加者在实验中感受到的情绪。

结果显示，相对于知道自己的兴奋状态是由于被注射肾上腺素而引起的控制组，不知道与被误导的两个小组的参加者，则更倾向于用环境因素来理解自己的身体状态：被分派到快乐组的，普遍认为自己感到快乐，被分派到愤怒组的，则普遍认为自己感到愤怒，尽管这两组参加者的身体其实处于同样的兴奋状态。

沙赫特和辛格由此提出了情绪二因论（two-factor theory of emotion）。他们认为情绪涉及身体的兴奋状态（body arousal）和理性标记（labeling）两个部分，当刺激物出现时，我们的身体会随即高度警觉，但这种兴奋状态并不是情绪。只有当我们的理智利用身边的环境因素去理解此兴奋状态，并将它标记为某一特定情绪时，我们的情绪才会出现（图 7.2）。

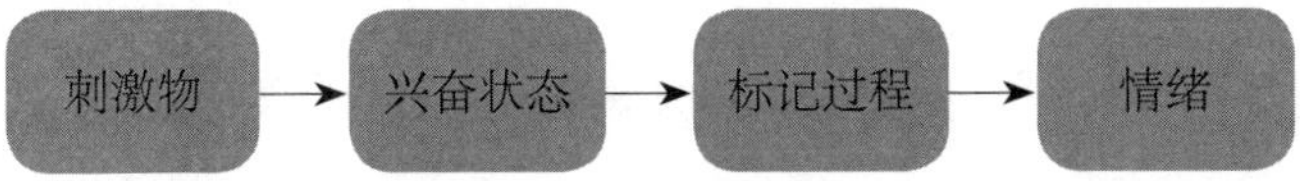

图 7.2 情绪二因论

例如，当我们看见一条蛇时，我们会心跳加速，手心冒汗，肾上腺素飙升，然而这还不是恐惧。只有当我们按环境因素、已有知识和过去经验判断自己处于危险的处境，并将身体的反应标记为恐惧的反应时，我们才能说是感到恐惧。如果我们判断蛇被困在笼子内供人观赏，自己是绝对安全的时候，我们会将身体反应标记为兴奋甚至是快感，如此我们感到的便是快乐而非恐惧。

既然不同的情绪可以有相同的身体反应，那么身体反应就不可能是决定情绪之为情绪的因素，受到文化影响的标记过程才是其中的关键。不同的文化环境会使人做出不同的标记，而标记的不同则意味着当事人经历着不同的情绪。

心理学家詹姆斯 · 艾维尔（James Averill）对情绪中的标记过程，提供了更为详细的阐述。首先，他认为情绪是一个社会建构综合征，其中包括对于刺激物、各种身体反应、面部表情和主观感受的信念与判断。因此，被标记的不只是身体的兴奋状态，而是由判断到身体反应到主观感受的整个过程。

例如，即使我将发抖理解为恐惧的反应，如果我没有将眼前的蛇理解为危险或对生命有威胁，则我经历的仍然不算是恐惧。即使我将上司对我的责骂理解为侮辱，如果我不将面红耳热理解为生气，那么我经历的仍然不算是愤怒。有鉴于此，我们根据什么来判断情绪的各个部分是属于哪一个具体的情绪？

艾维尔认为，不同的情绪代表了不同的短暂社交角色（transitory social role），而标记自己正经历哪种情绪，则是根据我们在身处的环境中应该扮演何种角色而决定。这里要注意，虽然标记是我们的主动行为，但不等于说情绪是我们的一个“角色塑造”（role making）的过程。相反，标记是根据社会对我们在具体处境中应该扮演的角色而定，我们只是被动地接受角色（role taking），其中的被动性正是情绪之为情绪的要素。因此，标记最主要关注的不是“我希望自己成为怎样的人”，而是“社会希望我成为怎样的人”。

在这个“角色接受”的过程中，一个人要考虑身处的文化族群期望自己做出怎样的反应。例如，当我身处母亲的葬礼时，社会预期我是一个“悲痛的子女”，于是我便会将我的哭泣、没精打采、心痛标记为“悲伤”。如果我只是在看一出悲剧，社会只预期我是一个“悲伤的观众”，那么我便会将同样的哭泣、没精打采、心痛标记为“感动”。

由于情绪是由特定的社会角色建构而成的，如果同一个角色在不同的社会中包含着不同的预期和要求，那么，就算同样的情绪标记，也必须理解为代表着不同的情绪。例如，在一些重视族群团结和谐的社会，只有在自己受到严重侵犯时，社会才会预期我成为一个“愤怒者”。但在一些重视个人权利和自由的社会，可能我只是被服务生不小心弄脏衣服，社会也会预期我成为“愤怒者”。于是，在两个社会中，虽然我都会将自己的感受和反应标记为“愤怒”，但这两种愤怒实际上是完全不同的两种情绪。

艾维尔认为，要理解不同民族的情绪的多样性，从情绪的身体反应和主观感受入手，注定徒劳无功。只有把握不同社会的角色预期和要求，才能明白不同的反应如何被标记为不同的情绪。

因此，要证明社会建构论的主张，最佳的办法是寻找一些只为某群族独有的情绪，这些情绪由独特的社会角色构成，其中包含着独特的文化要求和预期，别的群族不单感受不到，甚至对它们难以理解。在引言中，我们曾提及不少这样的情绪，但要判断它们是否就是社会建构情绪（socially constructed emotions），却没有这么简单。

有时候，我们会在别的族群看到差别极大的情绪反应，但这不一定能代表不同的情绪，可能只是表达方式存在差异而已。西藏奉行“天葬”，当地人会将过世亲人的尸体分解，再将尸体碎块放在山顶上让秃鹰叼走。对于重视将亲人“入土为安”的人来说，天葬的做法不可思议，仿佛西藏人不会因为亲人离世而悲伤，反而是愤怒得要作贱他们的尸体。然而，奉行“天葬”的人却深信秃鹰能够将亲人带进天堂，土葬反而是将亲人困在地下，令他们不能升天，是大不孝的表现。这两种葬礼的做法如此迥异，但它们表达了同样的社会角色和同样的情绪：一种孝子对已故亲人的爱与关怀。

另外，对于一些异国的情绪用语，即使我们无法在自身的语言中找到一个相应的词语，也不代表该情绪为其文化独有。例如，儒家的“仁”这一概念代表了一种推亲及疏、无远弗届的爱与怜悯，在英语中找不到一个相应的词语，但这未必代表英国人不能理解“仁”所担当的社会角色。英语情绪词“benevolence”“love”“sympathy”都具有“仁”的部分意思，或许中国文化中的“仁”(及其背后的文化要求) 这一概念，在英国便是由“博爱”“爱情”“同情”这些概念共同承担。

又如德语“Sehnsucht”表达了一种面对生命不完美的悲叹和祈求改变的渴望之情，在中文中并没有相应的词语，但不代表中国人不能理解甚至感受“Sehnsucht”这种情绪。陶渊明的“悟已往之不谏，知来者之可追；实迷途其未远，觉今是而昨非”，屈原的“路漫漫其修远兮，吾将上下而求索”，以及香港中文大学新亚书院校歌中的“艰险我奋进，困乏我多情”，都表现出对生命的艰难困苦的哀痛，以及对重新上路、追求理想的殷切渴望。

让我们作一个小结：要证明一个情绪由社会文化建构而成，单从其独特的表达形式和情绪词汇出发并不够，我们必须探索它背后所承载的社会角色，看看它是由怎样的文化环境塑造而成的，这种文化环境又是否为其他族群所共享。在以下两节，我们来看看两个候选的社会建构情绪是否能满足上述条件。

第二节
Fago

民族心理学家凯瑟琳·鲁兹（Catherine Lutz）为了探讨文化与情绪的关系，到访密克罗尼西亚（Micronesia）中的加罗林群岛（Caroline Islands）。1977 至 1978 年期间，她居住在一个名为伊法鲁克（Ifaluk）的原始族群中。

图 7.3 伊法鲁克族人

伊法鲁克属于热带气候地区，每年平均受到 20 多次台风的侵袭。伊法鲁克族人（图 7.3）以耕种及捕鱼为生，人口并不多。男女分工明显，男性主要负责劳动工作，例如捕鱼及制作独木舟，女性则负责照料农作物及分配粮食。凯瑟琳·鲁兹与伊法鲁克族人相处期间，发现他们拥有一种特别的情绪——Fago。

1. Fago 是什么？

不论在中文还是英文中，都没有"Fago"近似的词语，要理解它的意思，只能从其实际用法入手。根据凯瑟琳·鲁兹的观察，Fago 通常在伊法鲁克族人目睹或知道他人有需要时出现。伊法鲁克族文字中"需要"（Gafago）一词，便包含了"Fago"在内，通常用来形容那些缺乏一种或多种生活必需品，以致生活出现问题的人，例如病人、与亲人分隔两地的人、没有能力获取食物的孩子、长者和体弱的人等。

凯瑟琳·鲁兹认为，Fago 类似于爱（love）、同情（compassion）和忧伤

(sadness) 这三种情绪，但跟它们也有根本性的差异。她探讨了以下三个日常生活的例子，说明 Fago 的独特性和复杂性。

其一是生病。族里的一个成年男人加奇佩马尔 (Gachipemar) 有酗酒的习惯，病入膏肓，需要到国外的医院接受治疗。接到消息后，加奇佩马尔的哥哥帕克斯威尔 (Pakesowel) 便离开居住的群岛，到远处的医院照料弟弟。可是，康复后的加奇佩马尔却继续酗酒。帕克斯威尔知悉后，便谴责加奇佩马尔的行为:“你没有 Fago 我的感受。”

这句话指出，帕克斯威尔不单因为 Fago 弟弟而前来医院照顾他，他也希望弟弟 Fago 自己为了他远离家乡、离开家中小儿子的痛苦。之后，帕克斯威尔甚至说:“你没有 Fago 自己的人生。”可见，Fago 也可以以自己为对象。帕克斯威尔希望弟弟 Fago 自己的身体，从而获得更好的生活。在这里，Fago 带有同情、怜悯的意思。

其二是死亡。伊法鲁克族人将死亡视为与现存的人关系结束，而不是个人生命的完结。死亡之所以可怕，是因为他们将永远离开自己的家人。曾经有一个族人分享其母亲去世的感受，用到 Fago 一词时，表达了伤感的意思:“我们的母亲死亡前两天，我感到 Fago。我们的心情真的很糟糕，这就像内心被撕裂一样。我们击打胸口，抓伤脸孔，因为我们的 Fago 是如此强烈，因为我们知道日后再也看不到她。”

一名 11 岁的女孩提及,即使与死者不是亲友关系,也会感到 Fago。她说:“有时候,我会 Fago 一些过世的亲戚。我真的 Fago 他,我感到难过。如果一个人死了,我会十分 Fago……如果我们是姊妹,我会哭。”这里的 Fago 跟我们所说的悲伤、哀痛十分相似。

其三是无亲无故。由于当地公共设施不足，族人常常要离开自己的岛屿以获取物资，接受先进的医疗或是上学，因此，与亲人长时间别离是每个人都无法逃避的痛苦经历。一名伊法鲁克族女性曾对凯瑟琳 · 鲁兹说:“我每天也为离开了的亲戚感到 Fago。我 Fago 他们，他们可能生病了，因为我没有看到他们。”另一名与两位弟弟分开了的女性也这样说:“当我的弟弟外出读书，我感到 Fago，可能因为我习惯了他们经常来我这儿吃饭。当他们离开，我的 Fago 令我无法如常生活。那一晚，船只停留了一会，我可以听到引擎的声音，我无法入眠。Fago 使我茫然若失。我坐起来，打开门到外面抽烟。我哭了又哭。我的背痛了，所以我躺下来。早上，我不想看见他们以往睡觉的房子。现在，我的 Fago 已经平复了一些，毕竟已经是很久以前的事了。”

对于伊法鲁克族人来说，流落异乡的亲友都“抱有彼此可能无法再见的想法”。没有亲人在身边，就算品尝佳肴也淡而无味，因为“每一顿饭都会提醒自己，我再也没有机会跟亲人分享食物”。这里的 Fago，带有浓烈的爱和思念之情。

2. Fago 不是什么？

尽管 Fago 与我们认知的爱、同情和忧伤各有相似之处，但是凯瑟琳 · 鲁兹指出，Fago 与这三种情绪也存在关键的不同。首先，Fago 和爱虽然同样有关怀和照顾他人的行为倾向，但它们的主要对象不一样。

第一，在西方文化中，爱最常见于情侣之间，爱的对象是美好的和优越的人，爱会令人产生强烈的渴望、难以自控的冲动与令人牵肠挂肚的思念。相比之下，Fago 最常见于亲人之间，Fago 的对象是可怜的和有需要的人，而且 Fago 他人的人一般表现得平静和令人安心。伊法鲁克人认为，男女之爱的那种激情是危险的，容易破坏人与人之间的和谐，他们会用 Chegas（自信 / 浪漫的自满）、Baiu（浪漫的爱 / 幸福）和 Magiuf（自信 / 幸福）来形容，以便跟 Fago 作区别。

就与对象的关系而言，爱一般视对方为与己平等。西方文化相信爱是一种每个人都拥有的能力，爱与不爱完全是个人的选择。因此，当自己为对方付出了爱，期望他们以爱回报也是合理的。这种对等的关系不单在情侣之间出现，在朋友甚至是父母对子女的爱中也会强调这种爱的相互性。Fago 者与被 Fago 的对象却不是处于对等的关系。Fago 是对他人的需要的一种响应，因此 Fago 一般是由能力较高、拥有较多资源或亲友的人，对较弱小、生活资源贫乏与孤独的人所衍生的情绪。由于双方的能力并不平等，因此 Fago 他人的人不会期待对方 Fago 自己，也不认为单向的 Fago 有什么问题。

第二，同情与 Fago 皆是体察到别人正遭受痛苦而驱使我们去帮助他人的情绪。可是，两种情绪存在关键的差异。同情比较接近于一种单纯的主观感受，它不一定有相应的行动。当我说我很同情战火中的儿童时，我不必因此而做什么，缺乏具体行动也不会使我的同情变质。同情更重视的是我能设身处地地感受对方的痛苦，如英文谚语所说的“put oneself in other’s shoes”，或是中文所说的“感同身受”。可是，Fago 是一种感受与行动高度一致的情绪。如果一个人心里为生病的朋友感到 Fago，但没有探望或是主动照顾他，伊法鲁克族人会认为那人根本没有 Fago 他的朋友。

在伊法鲁克语中，“思想”“情绪”和“身体”没有明确的分野，例如“Nunuwan”和“Tip”既可以形容一个人的想法，又可以形容他的感受。当伊法鲁克人将感受形容为内在时，这内在不是指抽象的灵魂，而是指具体的身体感受。当他们说“我内在很好”时，既指他们很快乐，又指他们的身体感到很舒适。而当他们用上“Gachip”（指释放、平复）一词时，既可表示他们正面对难过的心情，亦可表示他们正面对身体的疾病。

由此可见，伊法鲁克人的情绪与行为有紧密的内在联系，Fago 既体察他人的需要，也驱使人去满足该需要，两者缺一不可。另外，由于西方社会强调人的自主和独立性，所以倾向于要求自己和他人独自解决问题，因此即使对他人感到同情，也不一定认为自己应该对他人提供具体的帮助，人们也不太频繁地使用“同情”或相关的词语。可是在伊法鲁克族，人们每天都提及 Fago，并视其为生活的重点。由此可见，相比“同情”对于西方人来说，“Fago”对于伊法鲁克人要重要得多。

第三，Fago 与忧伤皆为面对重大损失（例如生离死别）时经常出现的情绪，两者都会使人感到无力，也会出现哭泣、呆坐和失去食欲的状况。然而，西方文化中的忧伤强调损失对我之为我构成的影响。如在第三章，努斯鲍姆形容她的母亲的死时，她说自己的生命不再完整，仿佛缺了重要的一块。又如第四章所述，当情人变心时，忌妒者会伤感于自己不再是对方最重视的人，感到自我价值失落。由于构成自我的元素各有不同，因此悲伤的原因也很多样化，有时候人甚至会因为自我尊严受到损害而选择自杀。

Fago 重视的却是身体和社交上的需要是否得到满足，并不强调这些需要跟自我的关系，因此对认为生存是最大需要的伊法鲁克人来说，自杀是不可思议的。当凯瑟琳 · 鲁兹告诉他们西方人自杀的故事时，其中一个族人依列弗格玛 (Ilefagomar) 说："即使我很愤怒，我也不会自杀，因为我 Fago 自己。"喝得酩酊大醉的男人也常常会说 Fago 自己，因为他们以为自己将要死去。

另外，忧伤与自信心下降和抑郁的关系密切。忧伤的人一般认为面对的损失不受自己控制，自我却因而受损，因此容易演变出一种对自我能力的怀疑，以至于对生命整体的绝望感。但 Fago 是一种主动去满足他人需要的情绪，即使 Fago 跟悲伤同样会带来哭泣、食欲不振等状况，但这些状况反映的不是自己无能为力，而是对他人的关怀与同情，因此感到 Fago 的人不会产生自我怀疑，因 Fago 而自杀更是闻所未闻。

从以上分析可见，"Fago" 包含了爱、同情和忧伤各自的部分特性，但也跟三者有不同的一面，因此将 Fago 翻译为三者中的任何一个都不合适。凯瑟琳 · 鲁兹认为，"Fago" 只能被翻译为"爱 / 同情 / 忧伤"，这也是理解 Fago 的权宜之计。从这一点看来，Fago 当可算是社会建构的情绪。然而问题没有这么简单，要准确判断 Fago 的社会建构程度，我们必须进一步追问: Fago 是在怎样的社会文化环境下形成的? Fago 所代表的社会角色，是否不存在于别的社会文化，又或是难以被别的社会文化所理解和接受?

3. Fago 是怎样炼成的?

Fago 是伊法鲁克族人最重要和最常出现的情绪。在第一小节，我们谈到 Fago 跟需要 (Gafago) 的关系。伊法鲁克族人普遍会对生病、亲人离世、远行的人，以至于所有在生存上或社交上遇到困难的人感到 Fago，并主动去满足他们的需要。这种驱使他们对别人的需要变得相当敏感，积极地互相照顾的情绪之所以衍生，跟当地的环境和生活模式有很大关系。

20 世纪 70 年代，凯瑟琳 · 鲁兹初次到访伊法鲁克族时，他们的人口只有 340 人。人口稀少，再加上当地医疗设备落后，台风侵袭频仍，天灾破坏农作物导致饥荒，突发流行病以及收集食物的危险性（男性可能在捕鱼期间溺水或从椰子树上坠下），使得伊法鲁克族常常面对自己或他人的生离死别。在如此严峻的生存环境下，伊法鲁克族的社会发展出独特的领养制度和幼儿教育，塑造的极端集体主义的自我观，使得人与人之间的关系变得异常密切，由是培养出 Fago 这种主动体察他人需要，进而互相帮忙的情绪。

首先，领养制度在伊法鲁克族被广泛采用。埃德温 · G. 伯罗斯（Edwin G. Burrows）和麦尔福 · E. 史拜罗（Melford E.Spiro）发现，在 1947 至 1948 年间，超过三分之一的族人曾经领养别人的子女。凯瑟琳 · 鲁兹则指出，伊法鲁克族 1977 至 1978 年间的领养人口接近 40%。领养制度使得族人之间或多或少存在后天的亲戚关系，这让本来不大的族群变成一个实际意义上的大家庭。

凯瑟琳 · 鲁兹解释说，伊法鲁克族的领养制度“鼓励小孩和成人将自己视为大族群的一分子，族人都非常关心自己的利益，而族人的整体利益比个人利益更加重要”。例如，当族人知道他人在天灾中失去儿子时，会将自己的儿子过继给失去儿子的族人，既平复他们的丧子之痛，又让他们日后的生活有保障。由于所有人的生活紧密联系在一起，每个人皆视自己为群体的一分子，因此孩子给了别人，也不等于自己丧失了孩子，反而是孩子多了一个母亲，自己多了一个帮忙照顾孩子的助手。甚至连凯瑟琳 · 鲁兹自己也因身处异地，无亲无故，而被族人收为养女，由此可见领养制度在当地有多普遍。

另外，伊法鲁克族人的特殊育儿习俗，也是 Fago 出现的原因之一。当伊法鲁克族的母亲生下子女时，母亲不会称她为自己的小孩，而是大家的孩子。族中集体养育婴儿的习俗，让每个人都有权利和责任去照顾所有人的婴儿，因此别人的子女就像自己的子女一样亲密，每一名婴儿都得到许多照料者的关心和照顾。对婴儿而言，这些照料者无异于她的亲生父母。

当小孩子成长到四至五岁时，成人便不再将注意力集中到他们身上，而是要求他们参与很多成人的活动，照顾他人的工作。特别是女孩子，在七至八岁的时候，就会担当母亲的助手，或者是替代母亲帮忙照顾其他的弟弟妹妹。由此可见，随着年龄的增长，伊法鲁克族人由被所有人照顾的角色，慢慢转化为照顾所有人的一员。

在这样的领养制度和育儿习俗下，伊法鲁克族人培养出极端的集体主义式的自我。例如，他们习惯以“我们”而非“我”作为主语。当凯瑟琳·鲁兹进入他们的群体时，她曾说:“你想跟我一起去取一些饮用水吗?”看似一句普通的话，身边的族人却睁大眼睛，露出了不安与失望的表情，让凯瑟琳·鲁兹强烈感到自己说错了话。后来凯瑟琳·鲁兹才明白，她当时应该说:“我们去取水好吗?”

伊法鲁克族人认为,“我”和“你”的称呼表示彼此是毫无瓜葛的独立个体，是对彼此关系的一种否认。你询问我想不想跟你一起去取水，就像认为我不会体察你想喝水的需要，或是你根本不需要我跟你一起去。这对于事事休戚相关的伊法鲁克族来说，是非常具有冒犯性的想法。只有说“我们”，才能代表彼此是一个愿意永远互相照顾的整体。

这样的集体主义式的自我观，也体现在否认私有财产方面。他们认为大自然的资源不属于任何人，而是整个族群的财产。捕猎得来的鱼，种出来的芋头，都应该跟所有人分享。送礼在当地是不合宜的事，因为它暗示送礼者拥有一些他人并不拥有的东西。对于一些不能跟别人分享的个人贴身用品（例如衣服），则应该尽量不要让别人看见。如果一些人漠视了他人的需要，拒绝与人分享，便会引起另一种名为“Song”的独特情绪，这个词可以翻译为“正当的愤怒”(justified anger)。

纳科尔斯（Nuckolls）解释道:“一个女人吸烟而不将其递给其他人分享，一家之主不邀请全部路过的人用餐，一个成功的捕龟者不将肉平等地分配给全部的家庭成员，一些人独自吃饭，这些行为皆会激起别人的Song。”由此可见，伊法鲁克族排斥一切自私的行为。“我是群体中的一员，我可以享有族群所有人的照顾，也对所有人有照顾的责任。”正是在这样的自我观下，伊法鲁克族社会才会塑造出 Fago 这种情绪。

4. Fago 是伊法鲁克族的独有情绪吗？

由以上分析可见，Fago 显然包含社会建构的成分，伊法鲁克族的生活环境、社会制度和自我观，都影响到 Fago 的习得。然而，如果另一个民族具有相似的条件，我们可以因此说他们也有 Fago 这种情绪吗？当我们了解了形成 Fago 的种种社会和环境因素，我们因此也就理解 Fago 的意义了吗？

根据第一节讨论到的艾维尔的理论，情绪是一种社交角色，代表着一个社群对于在什么情况下应做出怎样的反应的理解。因此，要了解 Fago 对于伊法鲁克族人的意义，我们还需要知道 Fago 在族群中扮演的社会角色。

对伊法鲁克族而言，Fago 不只是一种情绪，更代表一种照顾他人的能力。这种能力被视为权力 (power)，决定一个人在群族中的社会地位，就像在资本社会中，赚钱的能力决定权力一样。伊法鲁克族不会将七岁前的小孩当作成人看待，小孩可以任意胡作非为，不会引起别人的责备，也不必负上照顾他人的责任。这是因为他们还未能 Fago 他人，还不算是一个完整的人，当然这也意味着他们的意见不会被尊重。

在伊法鲁克族这样的原始社会，男女不平等的情况居然不算严重，究其原因，是因为男性和女性同样具有 Fago 的能力。男性出海捕鱼，所得的食物有限，不足以维持一家的生活，女性会对没有足够食物的兄弟感到 Fago，因此会与他们分享自己种植的芋头、蔬果。女性也会担当照顾、教育小孩的工作，从小培养孩子 Fago 的能力，这对人口本来就相当稀少的伊法鲁克族相当重要。

反过来说，一个族人即使拥有大量资源，如果他对有需要的人不会感到 Fago，不愿意主动照顾他人，他也不会受到尊重。伊法鲁克族一位名叫亚萨克 (Yasechaul) 的男子，常常向自己的外甥女动怒。有一次亚萨克告诉外甥女，他是这个家族的首领。外甥女感到惊讶，她并不认同亚萨克是首领，她解释道：“他没有给予我们食物。他没有攀爬到树上取水果和椰子。”她提及其他成年男性为收集食物而做出贡献，最后她总结：“亚萨克不能照顾这个家族的成员。”

Fago 除了决定社会地位，更是一个理想人格的指标。在伊法鲁克族里，“Maluwelu”是对一个人最高的赞美，意即柔和细语及做事冷静内敛的人。这种人之所以代表最理想的人格，原因都跟 Fago 有关。

第一，处事冷静平和的人，一般常常对别人的需要感到 Fago。当他们目睹别人的不幸时，他们从容不迫的态度往往能让对方感到安心，平复对方的忧伤与恐惧。由于他们的冷静，被赞为“Maluwelu”的人总能以和谐的方式帮助对方，既不过分放大对象的惨况，也不夸大自己的能力。相反，冲动暴躁的人一般不会 Fago 他人。凯瑟琳·鲁兹举例说，有一次，族中长老亲自到另一个村落，责备一个取笑他人的女族人，因为取笑他人会引起别人的愤怒，而一个会 Fago 他人的人，是不愿意使他人愤怒的。

第二，被赞为“Maluwelu”的人不但对别人 Fago，更能令身边的人感到 Fago。面对他们的冷静和亲和，即使再暴躁的人也不好意思发火，而会尝试心平气和地考虑别人的感受，对别人感到 Fago。由于每个人也乐于跟被赞为“Maluwelu”的人相处，因此大家都会不自觉地学习他们主动关怀他人、冷静面对问题的能力，于是，Fago 这种情绪就由被赞为“Maluwelu”的人慢慢地向身边的人传递开去。

由以上可见，Fago 不单由伊法鲁克族独特的天然环境和社会制度塑造而成，它更在其社群内扮演着重要的社会角色。Fago 作为一种关怀他人的能力，既决定了一个人的社会地位，也成了族群的理想人格。这种社会角色不容易被其他族群的人了解，所以，要感受 Fago 这种情绪，看似近乎不可能。因此，作为一个高度社会建构的情绪，Fago 能作为支持社会建构论的一个重要证据。

然而，即使是 Fago 这样的情绪，也不能说纯粹是由社会文化建构而成，毕竟它当中包含的爱、同情和悲伤，皆有明显的进化根源，也为大多数民族所共有。

第三节
依爱 /Amae

上一节，我们探讨了 Fago 的社会建构成分。读者可能会有一种错觉，以为社会建构的情绪，只会出现在一些跟我们的文化背景完全不同的、与世隔绝的民族中。在这一节，我们会探讨一个名为“Amae”的情绪，这个情绪出现在当代日本人身上。

日本与世界各种文化交流频仍，尤其受中国文化、佛教文化与西方文明的影响。我们要问：它何以依然能发展出一种如 Fago 般难以被别的民族所理解的情绪？受日本文化影响的亚洲各国，何以对于 Amae 这种情绪感到如此陌生？

1. 什么是依爱 / Amae？

日语“Amae”没有中文或英文的直接对应词语，它源自动词“Amaeru”，指依赖他人的行为，“Amae”则指与这些行为相应的情绪。弗兰克 · A. 约翰逊 (Frank A. Johnson) 将之翻译成“indulgent dependence”，即一种溺爱式的依赖感。黄恒正将之翻译成“依爱”，意即因依赖他人而产生的爱的感觉。“依爱”能将 Amae 跟溺爱与依赖细微的相似与差异之处表达出来，因此是目前为止最好的翻译，下文将使用“依爱”来翻译“Amae”一词。

依爱之情最先体现在母亲与婴儿的关系中。一般来说，婴儿不会也不懂得表达自己的要求，他只会被动地失声痛哭，让母亲主动去体察他到底是肚饿、疲倦或是想得到拥抱。他也不会考虑自己的要求是否合理，不理会身处什么地方，或母亲是否做得到。对于婴儿的无理要求，母亲不单不会加以责备，反而会感到被依赖的快乐，同时认为自己应该无条件地溺爱婴儿。婴儿也因此可以任性地依赖母亲，同时产生一种甜蜜的感觉，亦即依爱之情。

由是观之，依爱有两个特点。

第一，它是被动的希望别人主动体察自己的需要，即不是告诉你我想要 X 而你为我做 X，而是我希望我不用明言我想要 X，但你依然能察觉到我的需要而主动满足我。

第二，它常常包含不合理的要求，但这种不合理的要求被视为正面的和可贵的，这从“Amae”的字根“Amaeru”演化出来的形容词 Amai（甜）得到印证。妮娅（Niiya）、埃尔斯沃思（Ellsworth）和山口淑子（Yamaguchi）的研究也指出，当面对代表依爱的不合理要求时，例如请朋友帮忙修理计算机，照顾宠物，提供住宿，日本人比西方人感到较多和较强烈的正面情绪。

这种依爱之情其实并不只存在于日本人身上，其他民族的母子关系中也有类似的溺爱。只是随着年龄的增长，成人一般会停止满足小儿的无理要求，小儿也视其对父母的依爱为不合适。但是，日本人将这种依爱之情延伸到成人的关系当中，不单是母子关系，情人、朋友、老师与学生，甚至是上司与下属之间，也会出现如母子般的依爱。

首位研究依爱的心理学家土居健郎，以他自己在美国的例子，说明朋友之间的依爱之情。他曾到美国探望一位刚认识的朋友，进了朋友的家后，朋友问土居肚子是不是饿了，请他随便享用桌子上的饼干。虽然土居感到饥饿，但他拒绝了，心里感到不是味儿。之后他反省自己当时的情绪，才明白自己之所以不快，是因为他不希望朋友询问他是否饿了而让自己决定吃或不吃，而是希望自己什么都不用说，朋友就能主动体察到自己的饥饿，从而满足自己的需要。他意识到自己对朋友产生了依爱之情，以及因为依爱的期望得不到满足所衍生的委屈之情（Higamu）。

依爱及其相关的不合理要求，也会出现在师生、朋友和雇主与雇员之间。贝伦斯和子（Kazuko Y. Behrens）曾访问了一位来自札幌市的男老师，他说：“学生经常来问我关于就业的事情，这些事他们本应问学校的一些行政人员的……他们不会直接问：‘老师，请替我做这事’，而是会说：‘噢，我不知道怎么办’，表现出希望我主动去替他们做某些事。”

一位日本的女翻译员也描述了她被依爱的经历。有一次她朋友的妻子请她帮忙翻译一份税单，出于对朋友的道义，她只收取了相当微薄的费用。之后，这个女人再次找她帮忙翻译一封信，并坚持亲自带到她的公司，原来这封信竟是那女人写给情夫的信！这种依爱表现在，即使那女人知道自己认识她的丈夫，她也期望自己会替她保守秘密。

日本的一项关于工作关系的研究指出，日本人心目中的好老板，不在于能够做出好的决策，而是能够体恤下属一些非公务的需要。例如在员工失恋的时候关怀员工，或是员工因家事而感到不快的时候给予安慰等，这些都显示出员工对雇主的依爱。

2. 依爱的形成

依爱这种本应只存在于母亲与婴儿之间的情绪，居然会延伸到青年以至于成人的世界，跟日本独特的岛国文化有莫大的关系。地理上，日本作为一个四面环海、身处板块移动地带的小岛，经常会承受各种天灾，例如地震、台风和海啸等。同时，国家缺乏石油、木材等天然资源，与其他国家也没有紧密的联系，故日本人非常重视人与人之间的关系，只有每个人的关系变得巩固，互相帮助，才可以让国民生存下去。这个岛国文化让日本演化为集体主义（collectivism）的社会。

集体主义与西方的个人主义（individualism）相反，西方强调独立（independence），日本重视的则是互相依赖（interdependence）。当西方人介绍自己时，会指出自己的特长和喜好，例如我是一个喜欢美食或四处游历的人。日本人自我介绍时，却会指出自己所属的团体或岗位，例如我是某公司的职员或某人的儿子。日本人倾向于从一段关系中建立自己的身份（identity），而不是强调个人的特质。这也表现了日本人互相依赖的特性。

集体主义能解释日本人对依爱的重视，与之相辅相成的育儿哲学与工作文化，则能解释何以这种依爱之情会延伸到青年和成人的世界。母乳喂养在日本相当普遍，一般婴儿到 8 至 9 个月大才开始断奶，要到 15 个月左右才完成。相对于西方婴儿一般 6 个月大开始断奶，8 至 10 个月完成，日本婴儿的哺乳期要长得多。对于日本婴儿来说，母亲的乳房不单提供营养，更是获得安全感、愉悦感以及与母亲亲密接触的对象。因此，即使婴儿已经断奶，母亲还是会容许他们触摸或吸吮自己的乳房。

日本也有亲子共睡的文化，小孩与父母一起睡觉至四至五岁，之后会改为与祖父母或是兄弟姊妹共睡。一个四岁男孩的母亲形容道：“当他去睡时，我们需要睡在一起，他一点也没有尝试改变这习惯。我们会手搭手，聊聊天，只有这样他才能入睡。”对于日本人来说，不论任何年纪，独自睡觉都被视为一种不愉快的事。

最后是共浴文化。在日本，不论多么小的住宅，都必定配置一个浴缸，因为亲子一起泡澡，对维系家庭发挥着重要的作用。泡澡与其说是为了清洁，不如说是家人共享最放松、最舒适一刻的珍贵机会。父亲与女儿的共浴，直到女儿的青春期才停止。母亲与儿子以及同性家人之间的共浴，甚至可以到小孩长大成人还一直维持下去。从日本哺育、共睡和共浴的文化，可以理解为什么婴儿对母亲的依爱，会延伸至青少年甚至成人的关系中。

就工作而言，日本的公司大多采取终身雇用制度，意即由入职直至退休，员工都会在同一家公司工作。公司不会因为经济不景气或转型而裁员，员工也不会为了加薪或升职而转工。这种终身雇用制并非基于法律规定，而是日本劳资双方的不明文约定。这种风气源于明治维新时期，当时的纺织业急剧增长，劳动力需求大增，不同公司之间的转职和挖人频繁，使公司的运营成本大增。

钟渊纺织公司的武藤山治（图 7.4）首创“经营家庭主义”和“温情主义”的管理方法，提出各种改善员工工作和生活条件的措施，以长期留住人才，例如鼓励员工就公司政策提出意见，创办杂志让员工投稿和申诉。钟渊纺织公司还着重改革员工的生活福利，如在公司设置浴室、休息室，为员工及其家属提供廉价的医疗和托儿服务等，还会定期举办运动会、观光旅游，以及各种与生产有关的教育课程。在这些措施之下，员工对公司的归属感大增。社会学家间宏的研究指出，1902 至 1906 年间，钟渊纺织公司员工流失率下降了 66%，与招聘相关的费用减少了 50%。

钟渊纺织公司成功的终身雇用制，在日本企业中慢慢地确立下来。雇主着重培养员工对公司的忠诚，以年资决定工资。就算公司业绩不佳时，也极力避免裁员，改以减薪或延长工时来应对。雇主还为员工提供林林总总的福利和技术训练，就算员工退休之后，也会为其提供退休金和再就业教育，保障员工退休后的生活。在终身雇用制下，自员工进入公司，直至退休后，他们与雇主一直维持工作以至于生活上的关系，彼此犹如家人般互相照顾。在等级分明的公司中，上司犹如可供依赖的长辈，下属因此容易对其产生依爱之情。

图 7.4 武藤山治及其住宅旧址

3. 依爱丧失与日本少年问题

依爱之情使青少年容易对成年人产生依赖，这种依赖未必合理。当这种依爱得不到满足时，便会衍生种种负面情绪。土居健郎举例说，乖戾 (Suneru) 是因为无法理直气壮地依爱而衍生的脾气，忌恨 (Uramu) 是依爱被拒所产生的恨意，乖僻 (Higamu) 是依爱得不到满足而感到的委屈。

二战后日本经济起飞，成为世界上富有的国家之一。但自 20 世纪 90 年代开始，日本便面临经济下滑，陷入所谓的“失落的 20 年”。“新人类”在孩童时期见证了父辈的辉煌经历，对其产生了浓厚的崇拜和依爱之情，怎料自己刚进入社会，却要面对泡沫经济破裂、失业、裁员等问题。他们发现自己依爱的对象不单无法解决自己面对的种种困局，甚至还是造成这些困局的原因。这种依爱的丧失使乖戾、忌恨等情绪在青少年之间蔓延，衍生了种种社会问题。

其一为隐蔽青年的出现。日本精神科医生斋藤环指出，隐蔽青年可以理解为拒绝融入社会或社会活动的青年，他们躲藏在家中（甚至是只留在房间里），时间长达半年或以上。日本官方统计数字显示，2012 年隐蔽青年的平均年龄上升至 34 岁，而 15 至 34 岁的隐蔽青年高达 60 多万人。斋藤环则认为，隐蔽青年习惯隐藏自己，日本实际上的隐蔽青年可能达到 100 万人，比任何一个发达国家的比率都要高。究其原因，跟依爱这种情绪不无关系。要成为隐蔽青年，最重要的条件是不愁衣食，有人照顾。

在日本，大部分父母皆体察子女对自己的依爱，并认为这种依爱是合适的，甘甜的。子女也认为自己依赖父母天经地义，不会感到内疚。他们甚至会责怪父母和社会，认为自己难以找到工作、难以融入成人世界不是自己的责任，而是父母没有为自己铺好将来的道路所致。一位住在东京的日本女子说："我已年过三十，但依然与父母同住。我不断告诉自己，我应该离开，应该独立一点。但我因为在家的种种方便而依赖着父母。"这种因为依爱之情以至于依爱得不到满足而产生的乖戾，使得日本青年摆脱隐蔽生活的意欲偏低。

另外，受到依爱丧失衍生的情绪影响，日本少年的犯罪率远高于成人犯罪的数字。日本警察厅曾发表青少年犯罪的统计数字，2006 年受到处分的少年犯罪者共有 112 817 人，意即每 1 000 名青少年便有大约 15 人犯事。其中伤害他人身体的案件共 5 919 宗，暴力威吓案共 2 117 宗，抢劫案共 892 宗，谋杀案共 69 宗。更令人关注的是，2009 年，14 岁或以下因犯罪而需要接受警方指导的少年达 18 029 名，反映犯罪年轻化的问题日益严重。同年，重复犯罪的青年也有 28 295 人，占青年人口比例的 3.9%，是成年重犯者的 3.5 倍。

跟一般谋杀案不同，由依爱丧失所驱使的少年谋杀案，其杀人动机往往幼稚且微不足道，杀人手法却异常残忍。1998 年黑矶中学女教师被杀事件，一名 13 岁少年谋杀女教师，原因是女教师责骂其迟到。2000 年佐贺巴士劫持杀人事件，一名17岁少年劫持巴士长达15小时，造成一死三伤。2004年佐世保小学生杀人事件，一名小学六年级女生因同学取笑自己的新发型，故用美工刀割断对方的颈动脉。2014年，一名15岁女学生将多年的好友杀害并分尸，还在网上发布多张双手染满鲜血的照片。

在众多少年谋杀案中，最著名的要算1997年的酒鬼蔷薇圣斗事件（神户儿童连续杀害事件），一名14岁少年连续杀害多名小学生，行凶手法残忍，还在分尸的遗体上留下纸条（图7.5）：

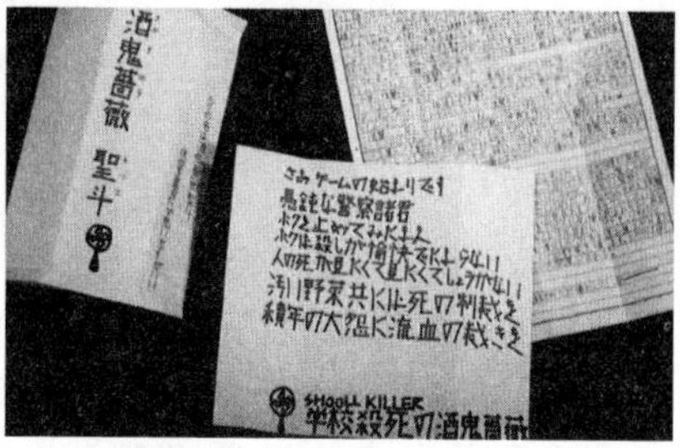

图7.5 酒鬼蔷薇圣斗

> 酒鬼蔷薇圣斗游戏要开始了。各位愚钝的警察诸君，试着来阻止我吧。杀人令我感到非常愉快。好想看到人的死亡。用死亡来制裁肮脏的蔬菜吧，用流血来制裁我经年累月的怨恨吧。

字里行间，少年对成人（甚至是警察）的不满和怨恨表露无遗。

4. 依爱是日本独有的情绪吗？

那么，依爱是日本独有的一个社会建构情绪吗？从以上可见，依爱在日本的集体主义下诞生，因为日本独特的哺育、共睡、共浴和工作文化，依爱由存在于母亲与婴儿之间一直延伸到各种成人关系中。因为依爱之情得不到满足而衍生的忌恨和乖戾，也为日本带来了如隐闭青年和少年犯罪等独特的社会问题。显而易见，依爱是由日本文化建构而成的情绪。然而要了解依爱的社会建构程度和独特性，我们还需要从它扮演的社会角色入手分析。

对别人不合理的依爱要求感到快乐和甘甜，不一定是日本人独有。妮娅（Niiya）等人邀请了58名美国人和66名日本人进行调查，参加者随机进入两个场景，每个场景再分为三组（依爱组、不依爱组和依爱他人组），以故事的结尾作区分，场景内容如下。

	场景一	场景二
内容	L是你的一个亲密朋友，而且你们已经是多年的邻居。L有一个美丽的花园，里面种植了很多罕有的植物，需要每天浇水灌溉。L要到外地培训数天，L不想让植物枯死，所以一定要找其他人每天到花园浇水。聘请园艺很昂贵，L有数名朋友（包括你）可能答应到花园浇水。你觉得你可以做到。	N是你认识最久和最好的朋友，从初中已经认识。你到了另一个城市就读大学。N决定选择一所与家相距不远的大学，但你们还保持联系。有一天，N致电问你是否有空一起逛逛。当N到你身处的城市观光一个星期，你问N有没有留宿的地方。
依爱组	L请你到花园浇水。	N问可否住在你的房子里。
不依爱组	L决定聘请园艺。	N告诉你酒店的名字。
依爱他人组	L请求别的朋友到花园浇水。	N告诉你其他朋友的名字。

看完分配的场景后，参加者需要回答一连串的问题，例如因这位朋友的行为而感到不同情绪的程度（正面情绪：开心、骄傲、爱和尊重；负面情绪：失望、伤心、烦躁和愤怒）、这位朋友和自己的亲密度，以及与提出请求的人成为朋友的可能性，等等。

结果显示，日本人和美国人的情绪反应没有显著的不同。相对于不依爱组和依爱他人组，处于依爱组的日本人和美国人，都呈现较多的正面情绪和较少的负面情绪。同时，日本人和美国人也承认，朋友的依爱行为能表示关系的亲密度。这似乎表明，虽然英语中没有“依爱”这个词，但美国人也有“依爱”这种情绪。

然而，妮娅等人发现，虽然日本人和美国人在面对朋友不合理的要求时同样会感到快乐，但他们快乐的原因不一样。在调查的第二部分，美籍参加者需要填写两则别人对自己的依爱和自己对别人依爱的亲身经历，而日籍参加者则就美籍参加者提供的六段亲身经历提出自己的看法。

以下是其中两则美籍参加者提及的亲身经历。

别人对自己的依爱	自己对别人的依爱
我最好的朋友请求我帮她洗衣、完成功课和清洁房间，因为她忙于处理女生联谊会的事务（sorority pledging）。我不想帮她做全部的工作，因为我自己也有很多工作。但作为朋友，我还是帮她做了。一开始，我表现出一些不太友好的态度，因为我感到有压力，但最后我只说了："噢，那好吧。"	我打字很慢，所以我便请求我最好的朋友帮我完成功课。这对她来说是一个过分的要求，因为她那天打算外出。可是，她最后答应了我，所以我没有迟交功课。我知道她几乎是唯一会答应我请求的人，所以我没有准备问其他人。我知道这个请求很无礼，但我真的很绝望，很需要别人的帮忙。

结果显示，相对于日籍参加者，美籍参加者在别人对自己的依爱上，比较倾向于认为自己拥有操控权，而在自己对别人的依爱上，比较倾向于认为别人拥有操控权。由此可见，美国人会因为别人依赖自己而感到快乐，这是因为自己控制他人幸福的能力被肯定。这对于重视个人主义的美国人来说再自然不过，风靡一时的美国电影《蜘蛛侠》当中的经典对白"能力愈大，责任愈大"，正表现出这种通过承担责任去体现自我能力的想法。由此推测，当美国人对别人展示依爱时，由于他认为操控权被握在对方手中，因此他不会感到快乐。

相反，日本人不论是被人依爱还是对人依爱，都会感到甘甜，这是因为依爱对他们而言跟谁控制谁无关，它是一种对彼此的亲密关系的肯定。别人依赖我固然代表对方视我为守望相助的一家人，别人让我依赖也同样代表彼此关系密切，我即使是有求于人，即使是被控制者，但能够被亲人控制和帮助，也是幸福的。因此，有时候日本人明明不需要别人的帮助，也会向长辈或是朋友提出不合理的要求。

这种主动使自己成为弱者的依爱之情，代表了愿意顺从社会或家族作为一个整体的要求，扮演着维系社会和谐的重要角色。即使美国人同样会对不合理的要求感到快乐，基于他们的这种快感不带有依爱在日本的社会角色，因此它也不能算是依爱的一种。

由此可见，依爱可以算是高度社会建构的情绪，是支持社会建构论的可靠证据。虽然如此，我们还是不能将依爱视为纯粹由社会建构的情绪，因为母亲与婴儿之间的依爱之情，事实上普遍存在于各民族之中，它只是在人们成长的过程中（日本人除外）慢慢褪去而已。

小结

多年来，生物学和社会学学者一直就情绪是天生还是后天形成的议题辩论不休。生物学家注意情绪身体性的一面，认为情绪由基因决定。社会学家则注意情绪认知性的一面，认为情绪由后天环境构成。

第六章从进化论的角度，证明恶心是人类所共有的基本情绪。然而，即使恶心有如此明显和普遍的身体反应，但在不同的社会文化中，依然会衍生出不同的道德恶心。在这一章，我们从社会学及人类学的角度探讨 Fago 与 Amae，从其所属的文化背景及其扮演的社会角色，证明它们是后天习得的高度社会建构情绪。Fago 包含着爱、悲伤和同情等人类所共有的情感元素，Amae 也普遍出现于不同民族的母亲与婴儿之间。综合这两章的分析，可见基本情绪与社会建构情绪表面上互不兼容，实际上两者却时刻并存。

天生的基本情绪可以在社会文化的熏陶下，蜕变成新的社会建构情绪，而后天的社会建构情绪，又经常以天生的情绪作为根基，因此，将情绪简单地分为先天和后天，是对情绪的多样性与复杂性的一种忽视。下一章，我们将以羞耻和罪疚为例子，进一步看看先天基因与后天文化如何塑造和改变这两种情绪的形态。

第八章 耻罪交缠

子曰：邦有道，贫且贱焉，耻也；邦无道，富且贵焉，耻也。

——《论语》

人若知道该行善而不去行，这就是他的罪了。

——《圣经》

引言

图 8.1 《受难曲》电影海报

在电影《受难曲》(图 8.1) 中，耶稣被犹大出卖，半夜被捉到大祭司面前受审。当时有人认出尾随的彼得是耶稣的门徒，打算一并捉住他。彼得因为害怕受到牵连，三次坚称自己不认识耶稣，甚至发咒起誓。直至他看到耶稣回望他的眼神，想起耶稣早前预言自己会背叛他，自己坚称绝无可能时，他羞愧得无地自容，跪在母亲面前掩脸痛哭，身体瑟缩不已。当母亲尝试抚摸他的头时，彼得不自觉地避开了，仿佛害怕任何人碰到他的身体。

另一方面，知道耶稣被定了死罪的犹大，气冲冲地跑到大祭司跟前，将出卖耶稣得来的钱袋抛在地上，要求对方释放耶稣。被大祭司拒绝后，犹大知道大错已经铸成，绝望地坐在地上。当附近的小孩跟他说话时，他看到他们都变成了魔鬼，不断地缠绕着自己，怎么也逃避不了。最后，他走到山野，将自己吊死在枯树上。

同样是犯了罪无可恕的错，同样是承担着无比沉重的内疚，彼得和犹大的反应却大相径庭。彼得表现出悲伤、逃避问题和害怕接触别人，而犹大则表现得愤怒、尝试解决问题和害怕面对自己的内心。我们要问：何以内疚会引起如此截然不同的反应？他们感受的到底是不是同一种情绪？如果说彼得感到的是羞耻 (shame)，犹大感到的是罪疚 (guilt)，这两种情绪又如何区分？

在第六、第七章，我们将一些生而有之的情绪称为基本情绪，将后天习得的情绪称为社会建构情绪。然后，我们指出生而有之、后天习得这一对相对的概念，未必能准确地描述情绪的多样性。这一章，我们会以羞耻和罪疚为例子，进一步说明情绪发展的复杂性。

羞耻和罪疚介乎基本情绪和社会建构情绪之间。初生婴儿并不拥有这两种情绪，可是到了一定年龄，儿童普遍会因为做错事而表现得内疚，这时的内疚感没有耻罪之分。随着年龄渐大，受到当地文化教育的熏陶，东方人的内疚渐渐演变成一种羞耻感，西方人的内疚则渐渐演变成一种罪疚感。然而，在东西文化交往日益频繁的背景下，羞耻和罪疚两种情绪又同时出现在东方及西方人身上，呈现出耻罪交缠的状态。

由是观之，要说羞耻和罪疚为生而有之或后天习得皆不恰当。我们首先从发展心理学看这两种情绪的普遍性，然后从文化研究的角度，说明耻文化和罪文化的形成原因，最后以模因 (meme) 理论解释羞耻和罪疚的互动关系，说明情绪如何在进化和文化的发展中不断演变，不能简单地将其划分为先天而生或后天习得。

第一节 自我意识情绪

1. 婴儿的情绪发展

要理解羞耻与罪疚是不是天生的，要看看这两种情绪什么时候首先出现在人身上。如果它们在婴儿未懂人事时便出现，那就代表它们是天生的。相反，如果它们在婴儿掌握高度的学习能力后才出现，那我们便有理由相信它们是后天习得的。发展心理学研究的正是婴儿的情绪发展时序。

约翰 · 华生 (John Watson) 1920 年曾以初生婴儿为对象，进行了一系列在今天绝对不容许的实验。他发现限制婴儿的头部活动普遍会引起他们的愤怒，将婴儿突然从高处坠下，普遍会引起他们的恐惧，而温柔的抚摸普遍会引起他们的快乐。伊泽德（Izard）发现，刚出生的婴儿已经能表现出好奇、快乐、不安和恶心的情绪。施滕贝格（Stenberg）和其他人发现，愤怒最早会在 4 个月大的婴儿身上出现。查尔斯沃思（Charlesworth）则发现，惊讶最早会在 6 个月大的婴儿身上出现。坎波斯（Campos）和其他人则发现，大部分基本情绪，包括愤怒、恐惧、悲伤、恶心、惊讶和快乐，在 6 至 9 个月大的婴儿身上已经出现。有趣的是，这时期的婴儿即使做出了一些违反成人道德规则的事，例如损坏了玩具或是将食物丢在地上，他们并不会表现出类似于羞耻或罪疚的反应。

直到 2 至 3 岁期间，婴儿才会因做错事产生负面情绪。巴雷特（Barrett）等人在 1993 年邀请了 52 名 25 至 36 个月大的小孩进行实验。研究人员拿出一个名为“Pat”的小丑布娃娃，并用 1.5 分钟介绍布娃娃的不同玩法。研究人员告诉小孩，当她到别的房间去办事时，小孩可以继续玩这个布娃娃，但小孩必须爱护布娃娃，因为这是她最喜爱的布娃娃。接着，研究人员带着所有的玩具离开，只留下布娃娃陪伴小孩。

布娃娃其实是特别设计的玩具，当小孩独自玩布娃娃时，布娃娃的脚便会脱落，从而故意造成布娃娃被损坏的情形。3 分钟后，研究人员回来，她看着布娃娃脱落的脚，不发一言，维持了 1 分钟。之后，她不带任何表情地问小孩有关布娃娃的脚被弄掉的事，其中特别提醒小孩子这是她最喜爱的布娃娃。如果小孩在这阶段开始哭泣，研究人员不会提出任何问题或提醒，但实际上并没有小孩在实验期间哭泣。记录完小孩的反应后，研究人员会依据情况安慰小孩，并拿出其他的玩具供其玩耍。

结果显示，当布娃娃的脚脱落后，小孩明显地增加了回避研究人员的举动。例如，79.5% 的小孩最少有一次回避研究人员的眼神，或做出其他行为上的躲避。同时，也有 79.5% 的小孩尝试修复布娃娃的脚，以及 77.3% 的小孩告诉研究人员自己弄坏了布娃娃，这些行为都可以理解为类似于羞耻和罪疚的反应。由于这个时期的婴儿没有表现出羞耻与罪疚的分别，因此可以概括地将他们这时的情绪称为羞愧。

我们要问，小孩在 9 个月至 36 个月期间，到底经历了怎样的学习，才使得他们拥有羞愧这样的情绪？从认知情绪论分析，我们知道基本情绪的认知结构相当简单，例如恐惧涉及“X 是危险的”判断，恶心涉及“X 是不洁的”判断，愤怒涉及“X 是有威胁的”判断。这些判断不需要高度的分析能力，很多人类以外的动物都能做出这些判断，因此它们也拥有这些情绪。

然而，羞愧蕴含的判断要复杂得多。在“我做错了事”背后，包含着两个判断。第一，该行为是我做的。第二，我的行为违反了某些客观规则。这两个判断缺一不可，以巴雷特实验中的小孩为例，首先他必须认为弄断了布娃娃的脚这个行为是他做出来的，如果他相信布娃娃的脚一早便断了，又或是布娃娃的脚是研究人员弄断的，跟自己的行为无关，那么他就不会感到羞愧。另外，他必须要意识到并接受了研究人员的指示，即他应该小心对待研究人员心爱的布娃娃，而当他弄坏了布娃娃的脚时，他必须认识到自己的行为破坏了跟研究人员的约定。如果他根本不明白研究人员的指示，又或是他根本不认为自己应该遵守研究人员定下的规则，又或是他不认为损坏了布娃娃的脚违反了规则，那他也不会感到羞愧。

在羞愧的两个判断背后，蕴含着不为其他基本情绪所共有的元素。首先，羞愧的意向对象不是外在的客观事件，而是自己的行为。要对自己的行为感到羞愧，必须要有清楚的自我意识，亦即意识到自己是一个独立于其他东西存在的个体，自己的行为能够影响到他人，而他人受到自己的影响时，是“我”的责任。这种自我意识只为少数动物拥有，心理学家将这种以自我为对象的情绪，称为自我意识情绪（self-conscious emotions）。

然而，单是自我意识，还不足以解释羞愧的出现，以自我为对象的情绪还包括尴尬和忌妒。尴尬是自己的某些特质被不情愿地暴露在人前的情绪，而忌妒则是自己希望得到别人的关注却被第三者抢走时感受到的情绪。[6] 羞愧不单以自己为对象，更是将自己的行为与客观规则作比较产生的结果。这里的规则

---

[6] 见本书第四章《醋海翻波》。

一般由家庭或社会授予，可以是道德性的，如“X 是错的”，或“X 是不被接受的”，又或是非道德性的，如“X 是正确的方法”，或“X 能完成任务”。

要懂得羞愧，不仅要明白和认可这些规则，更要意识到自己的行为违反了它们，继而做出“我错了”或“我失败了”的判断。由此可见，羞愧与一般基本情绪最大的不同在于，它是以自我为对象，并且包含了对自我行为的评价。我们可以将之称为自我意识的评价情绪（selfconscious evaluative emotions）。

2. 概念自我与客观标准

小孩子在 2 岁至 3 岁期间能表现出羞愧，正是因为他们在这个期间发展出自我意识和对道德标准的认知与接纳。所谓自我意识，泛指意识到我作为一个独立于他人的个体而存在。最初步的自我意识，其实早在婴儿刚一出生便出现。例如，婴儿在出生 24 小时，便会出现觅乳反应（rooting reflex），即将头转向口侧颊部受刺激的一边开始吸吮，罗恰特（Rochat）和赫斯波斯（Hespos）发现，相对于被自己的手指碰到面颊，初生婴儿在被他人的手指碰到时，会出现更强烈的觅乳反应，证明他们已能初步区分他人与自己。

至 6 周大，婴儿已能模仿成人将舌头或左或右地伸展，表示他们已能区分自己的身体与他人的身体。等到 5 至 6 个月大，巴瑞克（Bahrick）、莫斯（Moss）和法迪勒（Fadil）发现，相对于观看自己的录像，婴儿会对另一个同样年纪、穿着同样颜色衣服的婴儿投以更大的关注，表示他们已能凭面貌区分自我与他人。

然而，这种初步的自我意识不足以让婴儿产生羞愧感，这时期的婴儿只是在身体反应与感官上区分他人与自己，并没有在认知上建立自我的概念，也未能将自己的行为带来的影响归因于“我”。必须等到 18 个月左右，这种概念上的自我才开始在婴儿身上出现。

罗恰特尝试将一张黄色便条（Post-it）贴在这一时期的婴儿额头上，然后以游戏分散他们的注意力，让他们忘记额头上贴有便条。之后，他将婴儿放在镜子前，让他们看到自己。结果发现，相对于18个月大之前的婴儿，这个时期的婴儿懂得伸手触碰额头上的便条，甚至直接将它取下。

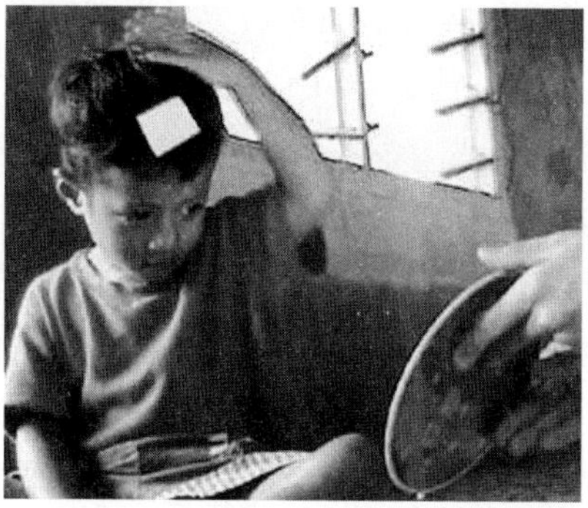
图8.2　开始表现出自我意识的小孩子

罗恰特形容这个实验为测试婴儿(甚至是人类以外的动物)是否拥有概念上的自我的“试金石”。婴儿看不到额上的便条贴，也忘记了它的存在，而他居然能够从镜中的影像知道自己的额头上贴了便条(图8.2)。最合理的解释是他意识到镜中的影像正是他自己。既然镜中的我额头上贴有便条，那就代表我的额上也贴有便条，于是他才懂得伸手去触摸。这样的行为在18个月之前的婴儿身上并不会出现，由此证明，这个时期的婴儿在概念上意识到自我的存在与自我跟他人的区别。

另外，这个时期的婴儿也开始掌握语言能力，懂得在语言上指示自己与他人。迈克尔·路易斯(Michael Lewis)和拉姆齐(Ramsay)研究发现，能辨认出镜中自己的婴儿，比不能够这样做的婴儿，明显地更多使用诸如“我”“我的”“我是”“我自己”这样的第一人称代词，这也是他们拥有概念上的自我的证据。

以上研究还发现，那些能在镜中辨认出自己的婴儿，他们会参与更多的“假扮游戏”(pretend play)，例如用汤匙喂洋娃娃或自己吃饭，将电话听筒放在洋娃娃或自己的耳边假装打电话，或从水瓶假装倒水给洋娃娃或自己喝。要进行这样的“假扮游戏”，婴儿必须意识到自己和洋娃娃都只是在扮作另一个角色，他和洋娃娃都不是真的在进食或打电话，这一切只是游戏。意识到自己在扮演另一个角色，正代表婴儿意识到有一个真正的自己，而在假装游戏中的那个不是自己。由以上可见，18个月大的婴儿已经能在概念上辨认出自我，这是羞愧出现的一个必要条件。

另一个必要条件是对客观标准的认知和接纳。早在两个月大时，婴儿已经会对不同的外界事物做出不同的反应。罗恰特、里多(Querido)和斯特里亚诺

(Striano) 发现，这一时期的婴儿已能进行原始对话 (proto conversations)，如与别人玩耍时表现笑容，与面对面的人轮流做出反应，模仿他人的动作和情绪表现等，证明婴儿已初步意识到世界存在着独立于自己的客观行为，并尝试对其做出反应。

到 9 至 14 个月，婴儿开始出现尝试与别人建立共同注视点 (joint attention) 的行为。例如婴儿会通过转动头和眼睛追踪成人的视线，模仿成人带有目的地使用对象的行为，因他人的情绪而改变自己的行为等社交参与行为 (social referencing)。这些行为证明婴儿已开始尝试改变自己的行为，以符合客观世界所发生的事。

然而，这一时期的婴儿还不具备感到羞愧的能力，因为他们还不能从别人的行为中辨认出背后指导行为的客观标准，因此也就不能将自己的行为与客观标准作比较。这种能力必须等到 18 个月左右才出现，跟概念自我出现的时间相近。

发展心理学家杰罗姆 · 凯根 (Jerome Kagan) 发现，18 至 24 个月大的婴儿开始对身边不正常的事物，例如穿了破洞的衣服，少了一条腿的椅子等表现特别的关注。对于那些跟平常不同但不违反该事物“本应怎样”的东西，如放在别处的椅子，婴儿却不为所动。对于那些违反常理的行为，例如用水杯喂斑马玩具饮水、哄洋娃娃入睡或打电话等，他们会表现出强烈不安，做出诸如哭泣或抱紧母亲的行为。由此可见，这个时期的婴儿心中，不仅对于事物应该怎样存在已经有一些客观标准，他们更能辨别事物是否违反了这些标准。

杰罗姆 · 凯根还发现，这个时期的婴儿已经会思考自己是否有能力达到这些标准。例如，他们会开始拒绝成人的帮助，希望自己完成饮食或穿衣服等生活细节。当他们顺利完成一项任务时，他们会露出自得的微笑 (mastery smiles)，表现出他们既渴望也能判断自己是否达到父母的标准。

斯蒂佩克 (Stipek) 和其他人的研究发现，这个时期的婴儿也开始关注别人如何看待自己的行为。在实验中，婴儿被安排试玩一些有难度的玩具或任务 (拼图，将不同形状的木块分类放进箱子，将不同大小的杯子依次套在一起等)。

结果发现，相对于由实验人员完成这些难题，当婴儿独自完成任务时，他们会更多地将目光投向实验人员或旁边的母亲，表现出他们渴望别人肯定自己的成功。相反，当婴儿不能完成任务时，他们会刻意将头或整个身体转开，避免直接面对实验人员或与他人有眼神接触，表现出他们不想别人目睹他们的失败。

由以上研究可见，18 至 24 个月大的婴儿既能认识客观标准，也能以这些标准规范自己的行为。他们能判断自己的行为是否达标，同时关注其他人如何看待自己的行为。这种把握客观标准的能力，构成了羞愧出现的另一个必要条件。

让我们作一个小结。羞愧表面看来并不是生而有之的情绪，它在 18 个月左右才出现在婴儿身上，这是因为羞愧的出现基于两个判断：第一，该行为是我做的；第二，我的行为违反了某些客观规则。这两个判断中包含的概念自我与对客观标准的把握，在婴儿 18 个月大时才得到成熟和发展。然而，由于这两项心智发展具有重要的进化价值，使得它们在物竞天择中被写进我们的基因，不必经过后天习得，只是出现的时间相对较迟而已。也正因此，跟由特定文化塑造而成的、只存在于个别文化的社会建构情绪不同，羞愧普遍存在于所有人之中。在这一意义上，羞愧无异于一种天生的情绪。

由此可见，一个情绪是否天生，不能简单地以它是否生而有之作为标准，还要看构成该情绪的认知过程本身，在什么程度上是一种自然而然习得的能力。也就是说，情绪是否天生，不是一个非黑即白的问题，其中还有程度之分。羞愧正是一个比愤怒与恐惧较为“后天”、比 Fago 及 Amae 较为“先天”的情绪。

第二节
羞耻与罪疚

在上一节，我们以羞愧形容婴儿做了错事时的情绪反应，这种反应在婴儿18至24个月大时普遍出现，不为任何民族所独有。然而，随着年龄的增长，不同人对自己做错事渐渐发展出羞耻（shame）和罪疚（guilt）两种不同的反应。

在这一节，我们将探讨这两种情绪有什么分别，以及它们是由什么样的文化因素塑造而成的，由此判断它们在多大程度上是一种社会建构情绪。

1. 从《红字》说起

关于羞耻与罪疚的分别，美国小说家纳撒尼尔·霍桑（Nathaniel Hawthorne）在他的经典著作《红字》（*The Scarlet Letter*，图8.3）中作出了相当生动的描述。

图8.3 《红字》

故事发生在17世纪美国波士顿的一个清教徒小镇。

女主角海丝特·白兰（Hester Prynne）因通奸罪被判入狱，被逼永远在胸前配戴一个象征通奸（adultery）的红字“A”。当她出狱时，她感到众人不友善的目光都投射在她的A字上。她感到十分羞耻，想将女儿抱在胸前，将A字掩住，却顿时意识到跟情夫所生的这个女儿，同样是令她羞耻的象征。海丝特不愿意跟任何人接触，带着女儿珠儿（Pearl）离群索居，搬到小镇偏远的农舍居住。

当她重遇情夫，决心除下那个 A 字时，小说这样形容她的感受：“耻辱的烙印除去了，海丝特长长地舒了一口气，羞辱与痛楚的重负也随之而去。她顿时豁然开朗，无比轻松！只有在感觉到自由时，才知道枷锁的重量！”可见她心中的那份羞耻感何其沉重。

海丝特的情夫阿瑟·丁梅斯代尔（Arthur Dimmesdale）是小镇上一位德高望重的牧师。他不敢公开承认自己跟海丝特的关系，眼见她独自承受众人的指责，自己却受到大众的爱戴，这使他的罪疚感日益增加，要通过鞭打自己和挨饿来惩罚自己，以换取一刻的心灵平安。他的身体愈来愈虚弱，甚至要依赖拐杖行走。

虽然他有机会与海丝特离开小镇，他却选择爬上绞刑台，对众人承认自己所犯的罪行。死前一刻，他说：“他（上帝）引领我来到这里，让我战胜怯惰，袒露耻辱，在众人面前壮烈地死去！这些痛楚、剧痛缺一不可，否则我便永世迷失，万难获救了！颂扬上帝的圣名吧！完成他的意愿吧！永别了！”仿佛死亡才是对他的罪行唯一合适的惩罚。

从海丝特的羞耻感和丁梅斯代尔的罪疚感，我们可以看到这两种情绪的三个差别。

首先，同样是违反道德标准，羞耻通常是因为违反了外在的、由他人订立的标准而生，而罪疚则通常是因为违反了内在的、由自己订立的标准而生。海丝特胸前的 A 字令她羞耻，是因为仿佛每个人都目睹她的罪行。她刻意穿得极度简朴，将长发梳起，离群索居，就是因为害怕面对别人谴责的目光。

由于羞耻违反的标准在外，旁观者愈多，羞耻感便愈强。作者这样形容海丝特：“陌生人的注视，尤其令她烦恼不安。每当陌生人好奇地看着那个红字——他们无一例外都会这样做的——红字就会再一次烙进她的灵魂。”更有甚者，即使一个人不认为自己做错了事，但若身边的人都认为她做错了，她还是会感到羞耻。就像海丝特不后悔爱上丁梅斯代尔，她还是无法承担胸前 A 字的重量。

相反，丁梅斯代尔的罪疚感是因为他违反了内心的道德信念而生。虽然没有人知道他的通奸罪行，但他的罪疚感不仅没有减少，反而因为感到自己配不上别人的赞颂和崇拜而与日俱增。

他说：

> 我不得不立于讲坛上，面对众人仰视的目光，好像我的脸上焕发着天国的光芒！不得不看着我那些追寻真理的教民，如饥似渴地倾听我的话语，仿佛在聆听天籁之音！然而反窥内心，就会发现他们崇拜的偶像，居然是这般丑恶污秽！我心之痛，苦不堪言！我耻笑自己表里不一，魔鬼撒旦也在嘲笑我！

跟海丝特衣服上的 A 字不同，他将一个红色的 A 字刻在自己胸口的皮肤上，尽管无人看见，却时刻折磨着他的内心。跟羞耻不同，罪疚感来自内心的谴责。如果一个人深信自己的行为正确，即使所有人都认为他做错了，他也不会感到罪疚。如孟子所言："自反而缩，虽千万人，吾往矣！"但若如丁梅斯代尔那样深信自己做了错事，纵不为人知，也逃不过自己良心的责备。

另一方面，羞耻的人一般会倾向于逃避问题，而罪疚的人则倾向于对问题做出补偿。海丝特不愿意说出情夫的身份，不寻求别人的帮助，宁愿躲起来独自养育女儿。当她对丁梅斯代尔说出一切后，她建议丁梅斯代尔改头换面，与自己和女儿永远离开小镇，到欧洲过新的生活。她对丁梅斯代尔同时也对自己说："把那些残骸与废墟都留在不幸的发生地吧！别再和过去做无谓的纠缠！一切都重新开始！一次尝试失败，你就失去了所有的机会？不，不是这样！你的未来依旧充满了尝试与机会。你能够享受到幸福！你可以做很多善事！"

羞耻感使海丝特拒绝面对自己通奸这件事，她选择放下问题，以逃避众人的谴责。相反，罪疚的丁梅斯代尔则倾向于主动面对问题。当海丝特出狱时，他就请求她供出自己情夫的身份，让他能够承担责任。他说："我要求你供出同犯，供出你共同的受难者！不要出于对他错误的怜悯、柔情而沉默不语。请相信我，海丝特，虽然他将走下高位，与你一起站在这示众台上，但这要远远胜过藏着一颗犯罪的心苟活终生。"

海丝特拒绝供出他，使他得不到承担罪责的机会，这样反而使他更难受，逼使他以自虐的方式惩罚自己。最后，当海丝特表示愿意跟他远走高飞，重新做人时，他不愿意逃避自己的罪，而是选择向众人说出自己的恶行，带着污名离世，表现出罪疚感驱使他积极面对和解决问题的倾向。

最后，羞耻和罪疚也具有不同的怪罪对象。一个人做错了事，如果他将犯错的原因看成是长久和难以改变的自我缺陷，例如性格有问题，人格不完善，能力达不到水平等而产生时，他感到的便是羞耻。相反，如果他将犯错的原因看成是自己的某个一时的、偶然的错误行为，例如错误判断了形势，没有仔细考虑不同的因素等而产生时，他感到的便是罪疚。

美国心理学家迈克尔·路易斯（Michael Lewis）便如此区别这两种情绪。他认为羞耻是“对自己的宏观评价”（global evaluation），而罪疚则是对自我的行动（action）与行为（behaviours）的评价。群众以至于海丝特自己不将她的错视为一时糊涂，而是看成她整个灵魂败坏。失去了贞节的她，已不再被视为道德上完整的人，以至于州长和牧师们要剥夺她作为珠儿的母亲的资格，因为他们认为，海丝特没有给予珠儿合适教育的能力和资格。就连她自己，也感到她的罪使她变成了不合于社会的人。

《红字》一书中这样形容：“在她和社会的一切交际中，没有一样东西能使她感觉自己是属于那个社会的。她接触到的那些人的每一个姿势，每一句话，甚至每一个沉默，都显示出她是被摒弃的。她孤独到仿佛住在另一个世界，或是用一套不同于其他人类的感官去和一般人打交道。”这种将罪归咎于自我的倾向，使她产生了羞耻之感。

相反，丁梅斯代尔的罪疚感源于他不敢公开承认自己的罪行，而非他道德的自我败坏。作者这样描述他的罪：“虽然偶有一次，他曾可怕地违反了最神圣的一条戒律。但这桩罪恶是热情造成的，并不是出于故意或是他的主张。”

丁梅斯代尔不认为自己的罪无可补救，却为自己一次又一次不敢认罪的懦弱感到痛苦万分。当海丝特告诉他他已经深切地悔改了时，他说：“说到忏悔，我已做够了！说到悔悟，却完全没有！不然，我老早就该脱掉这些虚伪的圣洁衣裳，将在审判时表现出来的形象显示给世人看了……只要这样的一点真实，就可以使我得救了！但是现在，一切都是虚伪的！一切都是空虚的！一切都死了！”

下表总结了羞耻和罪疚三方面的不同。

	羞耻	罪疚
违反的标准	外在	内在
行为的倾向	逃避	补偿

把握了羞耻与罪疚的不同特质，我们可以利用这些特质，反过来判断一个人经历的是羞耻还是罪疚。西楚霸王项羽自视甚高，自以为“力拔山兮气盖世”，却败于流氓出身的刘邦手下。项羽虽有东山再起的机会，却选择在乌江自刎。他说：“籍（项羽）与江东子弟八千人渡江而西，今无一人还。纵江东父兄怜而王我，我何面目见之。纵彼不言，籍独不愧于心乎？”

最令项羽难以面对的，不是战败这回事，而是辜负了江东父老（外在标准）对自己的期望。他无法面对天下无敌的自己居然会有失败的一天（自我归咎），只能以自杀逃避问题。种种迹象表明，项羽自杀时感受的是羞耻。

相反，在俄罗斯作家陀思妥耶夫斯基的小说《卡拉马佐夫兄弟》中，尽管伊万·卡拉马佐夫没有参与杀害父亲的行动，却因为自己曾告诉真正的凶手斯麦尔加科夫自己会离开家园，让他有下手杀人的机会。自己还曾向斯麦尔加科夫灌输“既然没有上帝，那么一切都是被允许的”这种思想，因而认为自己是杀害父亲的帮凶。

虽然没有人知道他的这些行为，但他受到内心道德律的谴责（内在标准），以至于产生幻觉，看见魔鬼来嘲笑他的信仰。伊万为了赎罪，不惜闯进法庭，指控斯麦尔加科夫，并承认自己为父亲的死负有责任。由此可见，他经历的是罪疚。

有趣的是，羞耻与罪疚的这三种差别，在 18 至 24 个月大的婴儿身上并没有出现。他们的羞愧时而表现为违反外在标准，时而表现为违反内在标准，时而倾向于逃避，时而倾向于补偿，时而归咎于自我，时而归咎于行为，没有固定的模式可言，可以说是处于一种耻罪交缠的状态。

在第一节中，我们发现婴儿的羞愧基于道德标准的习得。那么，是什么因素影响婴儿的道德观发展，使得他们由耻罪交缠的状态，慢慢发展出羞耻与罪疚两种独立的道德情绪？答案显而易见，是后天的社会文化。

2. 耻文化

美国人类学家鲁思·本尼迪克特（Ruth Benedict）的《菊与刀》，是研究文化如何影响羞耻与罪疚形成的重要著作（图 8.4）。

图 8.4 《菊与刀》

二战期间，美军对于日本军队异常骁勇善战很诧异，为求知己知彼，指派本尼迪克特对日本文化进行研究。由于两国处于交战状态，本尼迪克特不能到日本作实地考察，只能通过阅读大量日本文学、报纸、电影以及与旅居美国的日本人作访谈来进行研究。本尼迪克特在书中提出了“耻文化”和“罪文化”这两个概念，认为羞耻是在日本以至于东方文化下孕育而成，而罪疚是在美国以至于西方文化下产生。这两个概念影响深远，成为一代学者比较中西文化的切入点。

这一小节，我们首先看看东方文化下的道德观如何孕育出羞耻感，以及为什么羞耻会具有上一小节提及的三个特质。西方文化孕育出的罪疚感则留待下一小节详加讨论。

本尼迪克特认为，日本文化是一个充满矛盾的文化，这从《菊与刀》的书名便可窥见一斑。菊是日本皇室的家徽，代表高雅和优美，而刀则是武士道的象征，代表杀戮、名誉和勇气。日本人待人谦卑有礼，时刻将“对不起”挂在口边，处处为人着想，却又同时极度自大，认为亚洲人必须要由大和民族统治才能得到幸福。

日本士兵忠诚勇敢，视死如归，自愿参加自杀式袭击的“神风特攻队”以报效祖国。但当他们迫不得已沦为俘虏时，却会迅速变节，向美军提供各种日军情报，甚至为美军做向导，攻打日军军事要点。日本实行一夫一妻制度，强调忠贞，可是却将丈夫到青楼嫖妓视为正常的行为，妻子不单不能感到不悦，甚至会帮丈夫支付嫖妓的费用。

本尼迪克特说:“日本人将矛盾的气质诠释到极致：富有侵略性却又毫无威胁，奉行军国主义却又不乏审美情趣，粗野蛮横却又彬彬有礼，冥顽不化却又与时俱进，柔顺软弱却又不甘受欺，忠诚而又奸诈，英勇而又胆怯，保守而又迎新。”

本尼迪克特认为，日本文化的矛盾源于它的道德系统。日本有所谓“义务”和“道义”两个道德概念。义务是指“即便是最充分的回报，也仅仅是报答了恩情的一部分”，例如对父母的孝，对天皇和国家的忠，对任务的责任等。道义则是指“必须等量偿还给施与人，并且有时间限制”的债，例如因得到别人的帮助而生的回报责任，和自己的名声受到污辱而生的报复责任等。问题是，这两种道德要求常常并不一致。当两者出现矛盾时，往往没有一个既定的程序或更高的标准，决定应该依哪个要求行事。

这种道德两难在日本民族史诗《四十七浪人物语》中得到清晰的表现。故事讲述主公浅野侯（Lord Asano）被吉良侯（Lord Kira）欺骗，在觐见将军时误穿错误的礼服受辱。出于维护自己名声的道义，浅野必须立即向吉良报复，但在殿前拔刀有违对将军的义务，这便出现了道义与义务的冲突。最后浅野刺杀吉良失败，只能切腹自尽。

浅野受辱而死，其家臣出于对主公的义务，应当一同切腹自杀，但他们同时有帮主公了结未了之仇的道义。在此两难下，他们选择化身为浪人，秘密策动复仇计划。这四十七名浪人，为了降低吉良对他们的警觉性，不惜放弃对家人的义务，有的日夜光顾妓院，纵情享乐，有的为了筹钱报复，将妻子卖了做妓女，有的为了保密，杀了自己的妹妹和岳父。

最后，他们终于用浅野切腹时的刀砍下吉良的脑袋。然而，他们这样做却违反了不得未经宣告就进行报复的国法，有违对国家尽忠的义务，于是四十七名尽了道义的浪人，只能选择一起切腹自尽。

在这个故事中，我们可以看到道义和义务多次出现冲突，有时候道义占了上风，有时候义务决定着人的行为。基于这种道德标准的对立，日本文化便出现了种种看似矛盾的现象，时而为国勇往直前，时而为家怯懦退缩，时而为尽孝谦逊有礼，时而为尽忠傲慢不逊。

这些矛盾之所以无法避免，是因为日本人的道德观中缺少了一个凌驾于一切之上、放诸四海而皆准的绝对的道德律令。要决定某种情况下该如何行事，依赖的是个人的修行和智慧。类似于亚里士多德所说的实践智慧（phronesis），日本人认为道德不在于盲目执行义务或道义的要求，而在于能够按实际情况做出合适的判断，分辨在不同情况下，哪种义务或道义更为重要。他们将达到这境界的人称为“人生之达人”（jinsei no tatsujin），类似于中国传统文化中说的“圣人”。

孔子回顾一生的历程时说道：“吾十有五而志于学，三十而立，四十而不惑，五十而知天命，六十而耳顺，七十而从心所欲，不踰矩。”所谓圣人，不在于严格遵守各种道德规则，而在于从心所欲地行事，也不会做出不道德的事。由于东方文化的道德观要求人成为圣人、达人，而非着重某一个具体行为是否正确，因此当一个人做错了事时，他会很自然地归咎于自我不完善，而非某一行为出错，这样便构成了羞耻以自我为对象的第一个特质。

那么，达人、圣人又是根据什么样的标准去决定具体的行动呢？细看上述各种义务和道义不难发现，它们都是在不同的人际关系中衍生的，如父母与子女、君主与臣下、天皇与人民、债主与借债人、施恩者与受恩者等。但很多时候，身处哪一种关系中是身不由己的。你在这些关系中的角色，决定了你应该做的事，即使你不同意其中的义务和道义，违反了仍然是不道德的。

由此可见，决定对与错的标准，不在于人内心的道德信念，而在于外在于人的客观伦理关系。这种由外在处境决定对错的道德观，可称为处境伦理学

(situational ethics)。对日本文化影响深远的中国儒学，便是其中的代表。

例如，《孟子》中有这样一段对话。

> 淳于髡曰："男女授受不亲，礼与？"
>
> 孟子曰："礼也。"
>
> 曰："嫂溺，则援之以手乎？"
>
> 曰："嫂溺不援，是豺狼也。男女授受不亲，礼也；嫂溺援之以手，权也。"

这里，淳于髡提出了一个道德两难：救援嫂子必然会有不合礼的身体接触，但见死不救却又同样地不道德。孟子指出，男女授受不亲是基本礼仪，但当遇上嫂子溺水的情况，只顾坚守礼仪，不懂得权衡轻重，则是禽兽所为。由此可见，"男女授受不亲"不是一成不变的道德教条，是否道德，取决于外在的客观处境。

又如《孟子·梁惠王下》中的这段对话。

> 齐宣王问曰："汤放桀，武王伐纣，有诸？"
>
> 孟子对曰："于传有之。"
>
> 曰："臣弑其君可乎？"
>
> 曰："贼仁者谓之贼，贼义者谓之残，残贼之人谓之一夫。闻诛一夫纣矣，未闻弑君也。"

这里齐宣王也提出了一个道德两难：周武王是儒家公认的圣人，然而提倡"五伦"的儒学，明确指出臣下弑君是不道德的事，那么杀了纣王的武王能不能算得上是圣人？孟子回答的意思就是，一般情况下弑君当然是不道德的，但纣王不仁不义，没有作君王的资格，因此杀了他也不算弑君。由此可见，弑君是否道德，取决于客观上被弑者有没有作君王的资格。

在东方文化下，一个行为道德与否，既然取决于外在的人际关系和客观条件，而非个人内在的信念，那么，当一个人做错了事，他所感到的谴责便是来自外在的群众，并非内在的道德信念，这样便构成了羞耻的第二个特质。

羞耻的第三个特质是逃避问题的倾向。东方的道德观是否只鼓吹逃避而不重视补过，这是成疑问的。诚然，东方道德观强调道德自我的建立，而建立道德自我是一件漫长而持续的事。当一个人做了极为邪恶的事，以至于他的道德自我不再完整时，纵使他就错事暂时做出一些补偿，对于重建道德自我也根本无济于事，于是只能选择逃避。例如，项羽因为指挥失当，害死了成千上万的江东子弟，这种情况下，不管他以后有什么成就，也无法洗刷他的污名，因此他只有选择在乌江自刎。

日本当代著名细胞生物学家笹井芳树在2014年被发现学术造假，作为学者的他尊严荡然无存，最后只能选择自缢。韩国釜山市中东呼吸综合征（MERS）对策本部健康体育组组长，因未能阻止中东呼吸综合征疫情传播至釜山，留下“对不起”等内容的遗书自杀。2014年“世越号”沉船事故中（图8.5），檀园高中教导主任自杀身亡，他留下的遗书写道：“200多名学生生死不明，我没有信心活下去，我将承担所有的责任。”

图8.5　韩国“世越号”沉船事故

另外，由于东方的道德标准来自外在的人际关系，只要能逃离某种人际关系，也就不再受到它的道德约束，原本不道德的事也能一笔勾销。

试看《孟子·尽心章句上》中的例子。

> 桃应问曰：“舜为天子，皋陶为士，瞽瞍杀人，则如之何？”
>
> 孟子曰：“执之而已矣。”
>
> “然则舜不禁与？”
>
> 曰：“夫舜恶得而禁之？夫有所受之也。”
>
> “然则舜如之何？”

曰："舜视弃天下犹弃敝屣也。窃负而逃，遵海滨而处，终身欣然，乐而忘天下。"

这里又是一个道德两难。舜作为天子，理应将杀了人的父亲（瞽瞍）绳之以法，但他作为儿子，又应该保护父亲。孟子认为问题不难解决，只要舜放下天子的身份，他就不再需要承担作为天子的道德责任，他就可以心安理得地带着父亲逃走隐居。

然而，在东方道德观下，犯了错的人是否总是会选择逃避呢？也不尽然。儒学有所谓工夫论，认为道德自我的建立，需要通过日积月累的修行而得，不可能一蹴而就。如曾子曾说："吾日三省吾身：为人谋而不忠乎？与朋友交而不信乎？传不习乎？"也就是说，人应该对每天的所作所为做出反省，思考有没有做得不好的地方，"过则勿惮改"。

当人犯错时，虽然会因为受到众人的责难而感到羞耻，但真正的君子不会因此而逃避，反而会勇于改过。这就是子贡所说的"君子之过也，如日月食焉；过也，人皆见之；更也，人皆仰之"。

这种通过小心观察自己的一言一行，"勿以恶小而为之，勿以善小而不为"的修行，在东方文化盛行的儒学、佛学以及日本的神道教，都有其理论基础。由此可见，虽然东方文化孕育出以建立道德自我为目标和深受外在人际关系影响的羞耻感，但这种羞耻感在理论上不见得只有逃避问题而没有做出补救过错的倾向。

3. 罪文化

如果说东方道德观孕育出来的是耻文化，那么孕育出西方罪文化的，便是基督教的道德观。这里的基督教不是指马丁 · 路德在 16 世纪提倡的宗教改革下兴起的新教（Protestants），而是泛指由公元 1 世纪开始，经历罗马时代、中世纪以至于现代，包含天主教、东正教、新教在内的基督宗教。不同宗派对于如何理解诸如救赎、因信称义等基本信条存在重大分歧，这也影响了他们如何理解罪疚这个概念。

这一节尝试从一些争议较少的概念入手，解释何以基督教衍生的罪疚感是由于违反内在而非外在的道德标准而生，以及它何以会有驱使人做出补偿的倾向。然而，出于对救赎与恩典的不同诠释，罪疚感的归咎对象既可以是自我的缺陷，也可以是行为的过失，与第一节所谈到的罪疚的特质并不完全吻合。

相对于以不同的人际关系来界定对与错的处境伦理学，基督教相信真正的道德律是永恒而普遍的，不会因为人所处的具体情况和关系的不同而改变，因为道德律是由全知全能的唯一的上帝订立的。上帝创造天地万物，将管理大地的工作交给人类，人只要遵守与上帝的约定，便能在死后进入天国，得到永远的幸福，这里神与人的约定便是一切道德的根源。

《圣经》多次记载了神与人订立的契约，这些契约拥有绝对的权威，只有遵守与不遵守，没有半点妥协的余地。例如，上帝与生活在伊甸园的亚当和夏娃做出约定："园中各种树上所出的，你可以随意吃，只是知善恶的树所出的，你不可吃，因为你吃它的日子必定死！"结果他们受到了蛇的诱惑，吃了善恶树上的果子，虽然上帝依然爱他们，也知道他们是受了魔鬼蒙骗，但绝对公正的上帝不可能无视毁约的罪行，于是便将他们逐出伊甸园，从此过上了艰苦的生活。

上帝眼见罪恶充斥人间，决定以洪水灭世，只让义人诺亚与他的家人制造方舟逃过一劫。洪水过后，上帝对诺亚说："这是我与你们，以及和你们一起的一切生物所立之永约的记号，直到万代：我把彩虹放在云中，这就是我与地立约的记号。我使云遮地的时候，会有彩虹出现在云中，我就记念我与你们，以及各种有血肉的生物所立的约：不再有洪水泛滥，去毁灭一切有血肉的了。"

这个契约立下以后，就连上帝也不可以违反它。之后即使人类继续作恶，甚至铸造了一头金牛作为偶像拜祭，使得上帝愤怒地对摩西说："我看这百姓，看哪，他们是硬着颈项的百姓。你且由着我，我要除灭他们，从天下涂去他们的名字。"但灭世的事毕竟再也没有发生，因为绝对的契约连全能的上帝也必须遵守。

《圣经》旧约中最著名和最重要的契约是“摩西十诫”。摩西接受上帝的指示，带领四百万以色列人逃离埃及。一众人在旷野中流浪了四十年后，摩西独自登上西奈山顶，不吃不喝，祈求上帝为他和族人指出未来的道路。四十天后，天空电闪雷鸣，地动山摇，上帝将刻上诫命的两块石版交给摩西，其内容包括以下十条：

（1）我是耶和华——你的神……除了我之外，你不可有别的神；

（2）不可为自己雕刻偶像……不可跪拜那些像；

（3）不可妄称耶和华——你神的名；

（4）当记念安息日，守为圣日；

（5）当孝敬父母；

（6）不可杀人；

（7）不可奸淫；

（8）不可偷盗；

（9）不可做假见证陷害你的邻舍；

（10）不可贪恋你邻舍的房屋，不可贪恋你邻舍的妻子、奴仆、婢女、牛、驴，以及一切他所有的。

这十条诫命，前四条强调人对上帝的义务，后六条则为一般生活伦理规则，合起来成为西方千年以来不可动摇的道德律令。

要成为一个有道德的人，不能只在外在行为上遵守十诫，更要将十诫内化于心，时刻使之监督个人的意念和动机。耶稣降生以后，看到世人只知僵化、形式化地执行十诫的要求，而忘却十诫背后上帝的心意，于是重新解释十诫。

当时有一位法利赛律法师问耶稣：“老师，律法上的诫命哪一条是最大的呢？”耶稣便对他说：“你要尽心、尽性、尽意爱主——你的神。这是最大的，且是第一条诫命。第二条也如此，就是要爱邻如己。这两条诫命是一切律法和先知书的总纲。”可见十诫的关键在于爱——爱神和爱人。若非出于爱，即使人的行为符合十诫的要求，依然不算做了合乎道德的事。

在福音书中，也记载了耶稣对十诫中某些条文的新理解。例如，耶稣说：“你们听过有对古人说：‘不可杀人。’‘凡杀人的，必须受审判。’但是我告诉你们：凡向弟兄动怒的，必须受审判；凡骂弟兄废物的，必须受议会的审断；凡骂弟兄是白痴的，必须遭受地狱的火。”耶稣又说：“你们听过有话说：‘不可奸淫。’但是我告诉你们：凡看见妇女就动淫念的，这人心里已经与她犯奸淫了。”

由此可见，“不可杀人”“不可奸淫”，不只是行为上的要求，更是对人的内心意念的规范。只要动了杀人的念头，即使没有人知道，但其罪已与杀人无异。只要对妇女起了淫念，即使行为上什么也没有做，但其罪已与奸淫无异。

让我们作一个小结：由普遍而永恒的诫律构成的基督教道德观，重视的不在于外在行为，而在于内在的意念和动机是否符合诫律。由于上帝颁布的诫律是绝对的，因此其他人怎样看你在具体情况下所犯的罪，其他人怎样理解某一条诫律的具体应用，根本无关紧要，唯一重要的是，你的行为是否经得起内在道德律的反省。当一个基督徒做了错事或是动了恶念，他感受到的道德谴责来自内在的道德律，而非外在的群众。即使没有人知道他犯的错，他也逃不过自己的良心责备，这样便解释了罪疚的第一个特质。

如果说基督教的道德观源于上帝与人的契约，那么所谓行恶也就是破坏了这个契约。甚至可以说，一切的恶，归根结底就在于破坏了上帝与人之间的亲密关系。杀人之所以是恶，不在于你夺去了他人生存的权利，而在于人承诺了上帝“不可杀人”。不照顾年老的父母之所以是恶，不在于你没有尽作为子女的责任，或是没有报答父母的养育之恩，而在于人承诺了上帝要“孝敬父母”。既然一切的恶都源于对上帝的亏欠，而上帝是绝对公义且无所不知的，因此要逃避一己的过错，根本绝无可能。

就上帝的公义而言，《诗篇》中道：“惟耶和华坐着为王，直到永远；他已经为审判摆设宝座。他要按公义审判世界，按正直判断万民。”又云：“神是公义的审判者，又是天天向恶人发怒的神。若有人不回头，他的刀必磨快，弓必上弦，预备妥当。”可见上帝对恶行是绝不姑息的，就连摩西——一个被上帝如此信任的人，都因为对神信心不够而无法获准进入上帝应许给以色列人的福地。

《民数记》记载了摩西如何犯诫。当时摩西带领以色列人走在旷野上，遇上缺水，群众就埋怨摩西，埋怨上帝不保护他们。摩西向上帝祷告，上帝就吩咐他：“你拿着杖去，和你的哥哥亚伦召集会众，在他们眼前吩咐盘石涌出水来，水就会从盘石流出，给会众和他们的牲畜喝。”摩西和亚伦照着上帝的吩咐，聚集群众到盘石，“用杖击打盘石两下，就有许多水流出来，会众和他们的牲畜都喝了。”

可是，事后上帝却对摩西和亚伦说：“因为你们不信我，不在以色列人眼前尊我为圣，所以你们必不得领这会众进入我所要赐给他们的地去。”神学家解释，这是因为摩西没有遵循上帝的指示“吩咐”盘石流出水，而是“用杖击打”盘石使其流出水，这是对神没有信心的表现，即没有“尊我（上帝）为圣”，由此可见上帝的绝对公义。

有恶必惩的上帝，更是无所不知的。《诗篇》中说：“耶和华啊，你已经鉴察我，认识我。我坐下，我起来，你都晓得；你从远处知道我的意念。我行路，我躺卧，你都细察；你也深知我一切所行的。耶和华啊，我舌头上的话，你没有一句不知道的。你前后环绕我，按手在我身上。这样的知识奇妙，是我不能测的；至高，是我不能及的。”对于基督徒而言，犯错就是得罪了这样绝对正义的全知的上帝。

神与人的关系是人间一切关系的根源，你可以选择朋友、同事、夫妻，但你不能选择不当神的儿女，因此跟以外在关系决定对错的东方道德观不同，基督徒犯错，根本不存在逃避的可能性。既然犯了错无法逃避，那就只有努力去补偿。

《圣经 · 以赛亚书》说：“你们要洗涤、自洁，从我眼前除掉恶行，要停止作恶，学习行善，寻求公平，帮助受欺压的人，替孤儿伸冤，为寡妇辩护。”这也就是有错必改的意思。自中世纪以来，教会便有“修和圣事”（sacrament of penance and reconciliation）的做法。

所谓“修和”，就是修补因为犯罪而被破坏了的人神关系，其中一般包含以下五个步骤。

（1）省察：呼求圣神光照，按照《圣经》或十诫等，用心查考自己从领洗或上次告解至今所冒犯天主的罪过。

（2）痛悔：悔恨自己曾得罪天主的行为。

（3）定改：立定志向，从今以后不敢再犯罪。

（4）告明：向神父说出所犯过的一切罪过及次数。

（5）补赎：神父按罪过的轻重给予的圣功，可以是诵念经文或其他善行。

其中的补赎与罪疚感引起的补偿倾向有关。《天主教教理》如此解释补赎这个概念:“赦罪去掉罪过，但未补救所有因罪过而造成的混乱。被解除罪恶后，罪人仍应使灵性的健康完全复元。他为此应该做些事情，以弥补他的罪过：他应以适当的方式来‘赔补’或‘补偿’他的罪过。这样的赔补也称为‘补赎’。”也就是说，虽然人的罪因为耶稣的死得以赦免，但因罪而衍生的问题，包括对他人和自己的伤害，必须要由犯罪的人来补偿，其中常见的做法包括行善、禁食、读经、祈祷等。

教会对于犯了罪的人应当作何种补赎有详细的指引，其中以流行于7世纪爱尔兰教会的《昆米安补赎条例》较为有名。《昆米安补赎条例》共9条32款，详细地说明了不同的罪应作怎样的补赎。例如偷窃：

（1）犯偷窃一次的人须作补赎一年，犯第二次则须作补赎两年。

（2）犯者若是男孩，须作补赎40 或30天，视年龄大小和知识深浅而定。

（3）由于无知，把剩下的东西藏到第二天的人，要把这些东西分送给穷人。

（4）若违反上主和使徒的命令，夺回被拿走的东西，就得把这些东西分赠给穷人。

（5）无论用什么方法盗取别人的财物，均须四倍偿还那受损失的人。

又如奸淫罪：

（1）犯股部手淫的人须作补赎两年。

（2）那实际上不能犯淫行，却在思想中犯罪的人，须作补赎一年，特别在那三个40天的期间内作补赎。

（3）仅以语言或眼目犯不洁的罪，但不愿在肉体上犯罪的人，须作补赎20或40天，按照罪情轻重而定。

（4）为剧烈邪念所激动而犯罪的人须作补赎7天。

（5）久遭邪念引诱，在想象上犯淫，且未努力驱除此种邪念的人，须依照邪念存留的时间久暂，作一天、两天或更多的补赎。

（6）希望在梦中和妇女犯淫的人，须起床跪唱9篇圣诗。第二天只能吃面包，喝清水，或唱30篇圣诗，并在每篇终结时跪下。

以上补赎传统属于天主教的概念，马丁·路德宗教改革后的基督新教，不讲究补赎而强调信心，有所谓“因信称义”[7]的讲法，意即凭着对上帝的信心就能得到救赎。然而，这并不代表新教因此不讲究行善或改过。《雅各布书》清楚地指出，信心跟行为不能分开：“信心也是这样，若没有行为是死的。”书中并以信心之父亚伯拉罕作为例子：“我们的祖宗亚伯拉罕把他的儿子艾萨克献在

[7] “因信称义”一词源自《圣经》，是基督信仰中重要的一条教义。主要意思是：神称信耶稣的人为义，因信基督称义，不因信律法称义。因信称义有广狭两义：广义是指基督徒得到救赎和在上帝面前成为义人的必要条件。狭义是指基督新教尤其是路德宗关于如何得救的教义。“称义”，意即“成为正义的”。按基督教教义，人自犯有原罪以来，已经失去理性的能力，因而不能自行有正义的行为，成为正义的人。成为正义的人只能由上帝的拯救而获得。因而称义包括上帝使人脱离罪恶（不义）而进入恩典（义）；人脱离罪恶而变为义。在新教中则由人的忏悔蒙上帝恩赦成为义人。中世纪神学强调圣功是获救的重要步骤，但后来流于形式，不重人的行为与信仰。马丁·路德从《保罗致罗马人书》中的“因信称义”的观点，引申出信徒可以由于信仰而直接成为义人，可以免去中世纪的繁文缛节，以此因信称义成为路德派的重要教义。——编者注。

坛上，岂不是因行为得称义吗？可见信心是与他的行为相辅并行，而且信心是因着行为才得以成全的。这正应验了经上所说：‘亚伯拉罕信了神，这就算他为义。’可见人称义是因着行为，不仅是因着信心。”

由此可见，不论是天主教或是基督新教，都认同人犯错是破坏了人与神的关系。在正义而全知的神面前，逃避一己的错是不可能的，只有通过努力去补偿和改正过错，才能重修神与人的关系。在基督宗教下，犯错的人倾向于补偿而非逃避，这样便构成了罪疚的第二个特质。

罪疚的最后一个特质是以行为而非自我为归咎对象。由于上帝颁布的道德律令是普遍而绝对的，基督徒不必成为东方式的圣人，学习判断在怎样的情况下应该执行什么道德律，只要在任何情况下都严格遵守每一条诫命就可以了。更重要的是，跟东方的道德观不同，人要成为彻底不违诫命的无罪的圣人，在基督教理论下是不可能的。

奥古斯丁在《忏悔录》中反省自己为什么总是做各种坏事（图 8.6），根据《罗马书》“人人都犯了罪”这一句话，他提出了“原罪论”，自人类始祖亚当在伊甸园犯了罪后，所有人类便生而带有原罪。这种原罪使得人全然败坏（total depravity），即在肉体和心灵上都只能行恶，失去了向善的自由。人只能通过无罪的耶稣的死才能得到救赎，自己要成为耶稣，乃是不可能的事。

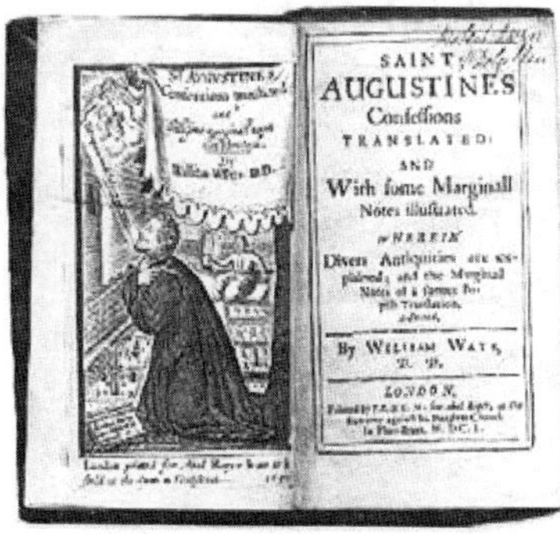

图 8.6　奥古斯丁《忏悔录》

由于成圣的路已绝，基督徒很自然地不会以建立完美的道德自我为目标，而是依靠救恩一点一点地改善自己的行为，修补自己永远修补不完的罪。因此，基督徒犯错时，的确会较倾向于怪罪自己的行为而非自我。

然而，要说基督徒不重视道德自我的发展，似乎过于武断。《圣经》也有“成圣”的讲法。例如，保罗曾说：“现在也要照样将肢体献给义作奴仆，以至于成圣。”“就当洁净自己，除去身体和灵魂一切的污秽，借着敬畏神，得以成圣。”

“成圣”的希伯来文“Qadash”,有“分别为圣”的意思,希腊文“Hagiasmos”同样指“分别出来归给神”，所以“成圣”的意思，就是将自己从充满罪恶的世界分隔开，将自己献给圣洁的上帝。这里要“分别”“分隔”的不是善与恶的行为，而是堕落的与圣洁的自我。

在此意义上，基督教不排斥建立道德自我，甚至对于具体行为的监督和改善，也是为了建立与罪恶分隔的圣洁的自我。由此可见，基督徒在犯错时，既会归咎于具体行为的过失，也会归咎于自我的不完善，这跟上一节谈到的罪疚感的第三个特点不完全吻合。

第三节 耻罪交缠

1. 耻中有罪，罪中有耻

在上一节，我们以东西方不同的道德观，解释人如何从孩提时期的耻罪不分，演变出羞耻和罪疚两种截然不同的情绪。在东方处境伦理学中，东方人犯错时感到的是羞耻，因为他们的错普遍因违反外在人际关系的要求而起，他们一般以道德自我的缺陷为归咎对象，并有逃避问题的倾向。而在西方基督宗教下，西方人犯错感到的是罪疚，因为他们的错普遍因违反内化的绝对的道德律而起，他们一般以个别行为的过失为归咎对象，并有补救问题的倾向。

本尼迪克特提出的耻文化和罪文化观，当然有种种的理论限制，最明显的是，东方人不见得没有罪疚的概念，西方人也不见得不会感到羞耻。将东方文化等同于耻文化，将西方文化等同于罪文化，甚至以此解释何以西方文化在现代的发展中优于东方文化，都是过于笼统且缺乏根据的说法。即便如此，对于帮助我们理解文化中的道德观如何塑造情绪，这一对概念还是有不可忽视的价值的。

我们在耻文化与罪文化的讨论中，已察觉到羞耻与罪疚不见得能用道德的起源、对象与行为倾向三个特质清晰地加以区分。东方的儒学、佛学，不见得鼓励人犯错便逃避而不作补偿改过，西方的基督教也不见得只看重行为上的过错而漠视道德自我的缺陷。

这种区分还受到人类学家和心理学家的进一步质疑。芝加哥大学人类发展委员会和印第安事务局曾共同赞助了一项印第安教育计划（Indian education project），研究五个位于美国中西部部族的耻文化：霍皮（Hopi）、纳瓦霍（Navaho）、帕帕戈（Papago）、苏族（Sioux）和祖尼（Zuni）。

劳拉·汤普森（Laura Thompson）和爱丽丝·约瑟夫（Alice Joseph）访问霍皮和苏族的小孩，发现他们普遍将“个人的不良行为和攻击性”（personal bad behavior and aggressiveness）视为引起他们羞耻感的其中一项因素，而该因素则普遍被西方小孩视为引起罪疚的因素。由此可见，羞耻不一定以自我的缺陷为对象，还可以不良行为为对象。

另外，他们发现印第安小孩的羞耻感也会因违反内化的道德观而引起。研究人员对小孩说了以下故事：“杰克和保罗一起走到蜜瓜园，他们各自偷了一个蜜瓜，却被蜜瓜园的主人看到。主人捉住了杰克并惩罚了他，保罗则顺利逃走了。在同一个下午，当保罗在砍树木时，斧头突然滑落，割伤了他的脚。”

结果显示，大多数小孩相信保罗之所以会受伤，是因为他偷了蜜瓜所致。如果他没有偷，斧头就不会滑落。他们相信存在客观的公义，犯了错的人即使不为人知，也应该受到惩罚。既然耻文化的小孩也会因违反内在的道德律而感到羞耻，这就证明羞耻感不一定因违反外在人际关系的要求而起，也可因违反内在的道德律而生。

坦尼（Tangney）等人的心理学研究进一步发现，区分耻罪的三个特质，并不经常符合我们实际的耻罪经验。他们邀请了 182 个大学生进行调查，请他们以问卷的形式汇报他们经历羞耻与罪疚时的感受。结果发现，羞耻并不比罪疚更容易受到违反外在道德标准而引发；跟羞耻一样，罪疚同样会在旁观者为恋人、自己喜欢的人和长辈时较多被引发，在旁观者为自己讨厌的人、陌生人以及后辈时，则较少被引发。

同样地，罪疚不会比羞耻更容易受到违反内在道德律而引起，在引发罪疚的事件当中，有10.4%为独处的情况。令人讶异的是，引发羞耻的事件当中，独处的情况更多，占18.2%。这两组结果表示，罪疚感可以在违反外在道德标准时出现，羞耻感也可以在违反内在道德律时出现。就犯错时归咎的对象而言，"罪疚是以行为而非自我为对象"这种观点也受到挑战。参与者经历罪疚时，他们感到的"对自我的快乐与不满"和"对自我的愤怒"的程度，跟经历羞耻时没有显著分别。

当被问及他们感到罪疚和羞耻时，会怪罪自己的人格还是具体行为，在两种情绪下，怪罪自我和怪罪行为的比率相若。由此可见，罪疚不一定以行为为归咎对象，羞耻也不一定以自我为归咎对象。

最后，"羞耻比罪疚更倾向于驱使人逃避而非弥补过失"这一观点也难以成立。参与者经历羞耻时，他们感到"想承认自己的过错"和"想弥补自己的过错"的程度，跟经历罪疚时没有显著分别。

由以上可见，从东西方的道德观、人类学研究和心理学实验，都表明羞耻与罪疚的分野，并不如我们想象的那样明显。羞耻和罪疚同样可以因违反外在标准或内在道德律而起，同样也可以以自我和行为为归咎对象，同样会有逃避和修补过错的倾向。

在文化的塑造下，我们由孩提时期的耻罪不分，慢慢演变出羞耻和罪疚两种截然不同的情绪。之后，随着人类文化的继续发展，我们似乎又回到耻罪交缠的状态。我们不单不能简单地归纳某一文化为耻文化或罪文化，甚至未必能清楚地界定我们犯错时感到的是羞耻还是罪疚。

要理解我们如何从耻罪不分变成耻罪分明再变成耻罪交缠，单纯以先天和后天这样的概念作解释显然并不够。如果羞耻和罪疚是由先天的基因决定的，那么为什么它们会演变得耻罪难分？如果它们是由后天的社会文化建构而成的，那么世界上成千上万的不同文化，何以大部分都拥有类似的耻罪之感？

2. 模因

要回答上述问题，我们需要引入基因（gene）以外另一个解释情绪发展的重要概念：模因（meme）。理查德·道金斯（Richard Dawkins）在1976年出版的《自私的基因》（*The Selfish Gene*）中，首次提出了"模因"这个概念，试图用达尔文式的进化思维来解释人类的文化发展。"Meme"是一种文化传播单位，改造自希腊词"Mimeme"，带有模仿、记忆、相同等意思，例子包括"旋律、观念、宣传句、服装的流行、制罐或建房子"。

道金斯解释道："正如同在基因库中繁衍的基因，借着精子或卵子，由一个身体跳到另一个身体以传播；库弥（即模因）中的弥，繁衍方式是经由所谓模仿的过程，将自己从一个头脑传到另一个头脑。"

他以学术交流为例，当一个科学家听到一个精彩的观点时，他会通过讲学、写作或闲聊的方式，将这个观点传播给他的朋友或学生，这个时候我们便可以说模因在进行繁殖了。道金斯认为，人类一切的文化发展，包括宗教和道德观，都可以用模因的传播和繁殖来理解。

哲学家丹尼尔·丹尼特（Daniel Dennett）是模因学说的重要推动者。他认为模因的演变能用达尔文的天演论来解释，是因为模因跟基因一样，能够符合生物学家理查德·勒沃汀（Richard Lewontin）提出的三个天择出现的必要条件：差异（variations）、不同适应度（differential fitness）与遗传（heredity）。

让我们先以基因作说明。

想象一群羚羊，它们在漫长的进化史中跑得愈来愈快，这种速度上的进化之所以有可能发生，是因为天择的出现。跑得快的羚羊比跑得慢的羚羊被其他动物猎杀的机会低，因而得到更多繁殖的机会，它们那种跑得快的基因在羊群中的比例也就愈来愈高。这样的天择要发生，首先羊群中的羊必须有奔跑速度的差异，否则它们便不会有繁殖率的分别，天择就不会出现。其次，奔跑的速度必须要与它们的繁殖率相关，如果它们生活在没有捕猎者的环境，或捕猎者的速度比最慢的羊还要慢，那它们奔跑速度的差异就不会影响它们的生存以至于繁殖率，天择也不会发生。最后，这种跑得快的基因必须要能遗传到下一代，如果跑得快的羚羊虽然繁殖率较高，但它们所生的子孙不比其他的羚羊跑得快，那么整体羊群的奔跑速度也不会提升。反过来说，只要符合这三个条件，即使羚羊的奔跑速度只有些微的不同，而这不同只轻微地影响它们的繁殖率，只要有足够的时间，进化还是会以天择的方式出现。

丹尼特指出，这三个天择推动进化的条件不一定以基因为单位，任何东西只要符合这些条件，进化都会出现，模因就是其中一个例子。

让我们以音乐这种模因为例来说明。

首先，音乐的种类繁多——古典音乐、爵士乐、民族乐、流行音乐等数不胜数，满足了“差异”这一要求。其次，人的记忆空间有限，不可能记住所有听过的音乐。一些比较触动人心的乐章，较平庸枯燥的音乐，更能占据我们脑中的位置。这可以理解为不同的音乐，在我们脑中的适应度不同。最后，音乐也可以以演奏、录音、计算机拷贝等形式“遗传”下去。

满足了这三个条件，音乐便会以天择的方式进化。一些旷世杰作，例如贝多芬的《命运》交响乐，其中的“短、短、短、长”的主题开头，便以不同的形式，如唱片、电影配乐、现场演奏，甚至电视广告配乐等被不断复制，在人类的脑子中一代接一代地广泛流传，以至于成为不朽的经典。而那些比较平庸的地方流行曲，在风靡一时以后，便不再被复制下去，可以说是在音乐的进化中被淘汰而“绝种”。

丹尼特认为，模因的演化能够应用在不同的文化范畴，解释何以某些哲学想法、文学作品、科学思维甚至社会现象会流芳百世，另一些则只是昙花一现。如果羞耻与罪疚是不同文化塑造而成的情绪，而文化的演变受到模因的演化影响，那么，模因研究便提供了一个理解这两种情绪演变的重要切入点。

那么，影响羞耻和罪疚演变的模因是什么呢？从第二节的讨论中，我们知道这个模因就是道德观。在诸多的道德观中，西方的基督教和东方的处境伦理学脱颖而出，成为千百年以来的主流道德观，使得相应而生的羞耻感和罪疚感也长久地存在，成为类似于由基因决定的基本情绪。根据模因理论，这两种道德观必定拥有独到之处，使人们将它们不断复制，不间断地由一个脑子传到另一个脑子。

道金斯谈到宗教这种模因的演化优势时，指出宗教不是一个单独的模因，而是一组模因复合体（memeplex）。苏珊·布莱克摩尔（Susan Blackmore）解释道："就像自私的基因会为了得到彼此的保护而组成一个群体，当模因成为群体的一员比它们单独行动更能传播自己时，它们就会组成共同演化的模因复合体，如语言、宗教、科学理论、政治意识形态和针灸或占星学等信念系统。"

道金斯认为，基督教这种模因复合体有三个重要的模因，使得它拥有极强的复制能力，在演化中长期保持主导地位。

第一是"上帝"（God），它能够解释世界上万事万物存在的理由，对于对世界充满好奇但又无知的人类，具有相当大的吸引力。

第二是"地狱火"（Hell Fire），是对不遵守教义，包括不努力将基督教义传播开去的罪人的终极惩罚，对于恐惧死亡的人类具有相当大的震慑力。

最后是"信仰"（Faith），这是对于没有证据但仍然笃信无疑的能力的赞扬，以及对于任何形式的反省或怀疑的谴责，对于保护基督教教义免受批评起到关键作用。

由上帝、地狱火和信仰组成的基督教模因复合体，既满足人的求知欲，又在心理上带来自我复制的动力，因此在诸多的宗教中，能够成为领导西方文化的道德观，其相应的罪疚感也普遍流传（图 8.7）。

至于东方的处境伦理学，我们也可以理解为一个模因复合体，其中最重要的模因是"圣人"。圣人能达致幸福，理论上所有人都可以成为圣人。历史上也曾出现诸多圣人，如周公、孔子等，这便给予人得到幸福的希望，在心理上具有相当大的吸引力。

第二个重要的模因是“人伦”，指人与人之间的关系，如“五伦”就是指“父子有亲，夫妇有别，君臣有义，长幼有序，朋友有信”。这些伦理如同自然定律一样，每个人只要顺着天性，自然而然地就能遵守其中的义务。

最后是“人禽之辨”，指出“人之为人”的特质在于遵循人伦的要求，自强不息以成圣。若背弃仁义，则沦为禽兽，失去人的尊严。

由圣人、人伦、人禽之辨组成的处境伦理模因复合体，既为人追求幸福提供希望，又在心理上对违反处境伦理的人施以谴责，因此在各种文化中，成为领导东方文化的道德观，而其相应的羞耻感也普遍流传（图 8.8）。

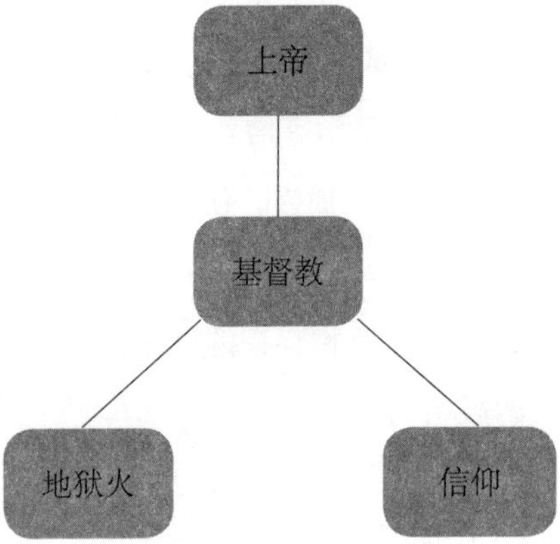

图 8.7　基督教模因复合体

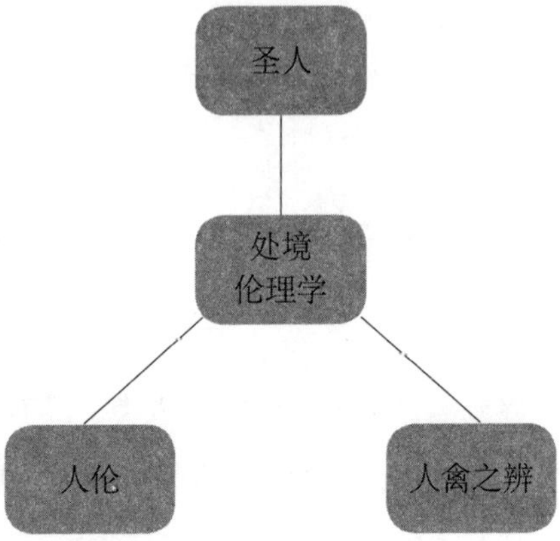

图 8.8　东方处境伦理学模因复合体

模因的概念解释了为什么羞耻和罪疚这两种由文化塑造的情绪，会像由基因决定的基本情绪那样在人类群体中广泛出现。然而，何以这两种情绪又会慢慢地进入耻罪交缠的状态？

这跟模因的复制过程有关。基因透过染色体进行复制，出错的概率相对较低。模因的复制模式却丰富得多，单是一出莎士比亚戏剧，自古至今抄录下来的剧本，演出的舞台剧，改编成的音乐，录制的电视剧和电影，便有成千上万个版本。每一个版本都可以说是对原莎剧的复制，但每一个版本都有其独特的诠释。正是这种复制上的“出错”，演化出文学艺术的长足发展。这种“出错”

同样会出现在道德观模因的复制上，尤其当复制过程涉及与另一种道德观的接触时。

历史上，基督教与东方的处境伦理学在传播过程中经历多次接触碰撞，在根本原则不变的情况下，双方学习彼此的教义，取长补短，丰富了各自的理论内容。例如，基督新教由罗伯特·马礼逊（Robert Morrison）于1807年传入中国后，曾就祭祖一事与中国士绅发生激烈争议。当时西方传教士认为祭祖是崇拜偶像的异端行为，主张全面禁止。随着双方长时间的交流，西方人渐渐明白中国人祭祖，重视的不是向鬼神祈福，而是体现“慎终追远”的孝道。丁韪良牧师（William Alexander Parsons Martin）就在1877年的“上海第一次宣教士会议”中，主张中国基督徒可以继续举行祭祖仪式。到了1928年在耶路撒冷召开的世界宣教会议，美国传教士司徒雷登（John L. Stuart）明确肯定祭祖的道德价值和社会功能。自此以后，基督教一般不反对祭祖，更将东方人重视家庭伦理的价值观融入教义与宗教仪式之中。

另一方面，自五四运动以来，包括基督教在内的西方学说大量涌入中国，对中国传统儒学提出了前所未有的挑战。最早期的新儒家包括梁漱溟、熊十力等，以区分西方文化与中国文化特质、肯定传统儒学的当世价值为主。到了20世纪50年代以后，以唐君毅、牟宗三为首的一批知识分子，积极从西方哲学特别是深受基督教精神影响的德国观念论中汲取养分，以革新的角度提出了新儒家学说。

赵德志在《现代新儒家与西方哲学》中这样形容：

> “现代新儒家既是一个由西学东渐的刺激而产生，又是经援西学入儒学而发展起来的学术思想派别。从它的奠基者到当代海外新儒家，对西方哲学采取了一种从单纯比附到内在融合，再到融入现代西方哲学思考的越来越开放的态度，在理论上经历了一个从单纯维护儒学传统，到将儒学知性化、逻辑化，最后将新儒学投入到社会生活实践领域的越来越现代化、现实化的过程。”

由此可见，新儒学汲取的不是基督教的教义本身，而是基督教以至于整个西方哲学背后的理性主义和逻辑思维。这种思维让知识分子以新的角度去理解传统儒学，促使他们重新发掘能与西方文明特别是基督教接轨的儒学理论资源，例如宋明理学的良知论（内在道德标准）、工夫论（修补过错的做法）等。

在儒学与基督教内在模因的相互影响下，因为两种道德观而生的羞耻和罪疚，也变得带有彼此的特质，它们同样可以因违反外在标准或内在道德律而起，也可以以自我和行为为归咎对象，同样会有逃避和修补过错的倾向。因此我们可以说，由耻罪分明变成耻罪交缠，是两种情绪背后的道德观模因在复制过程中相互影响的结果。

综合第二节、第三节所述，我们看到羞耻与罪疚是由处境伦理学和基督教塑造而成的社会建构情绪。然而，正如“天生”的概念一样，“社会建构”也不是“非黑即白”的概念，其中存在程度的分别。羞耻和罪疚虽由两种不同的道德观建构而成，却因建构二者的道德观模因在进化中脱颖而出，使得活在其道德观下的人仿佛天生便有这些情绪。

在两种道德观模因的相互影响下，两种情绪慢慢汲取彼此的特质，以至于形成一种耻罪交缠的新情绪，普遍地存在于不同的文化之中。在这种意义下，羞耻和罪疚也算得上是“生而有之而普遍存在”的情绪。因此，我们可以说，羞耻与罪疚的社会建构度比愤怒或恐惧这些基本情绪高，但比 Fago 或 Amae 低。

小结

关于情绪是天生的还是后天决定的，是由基因决定还是环境塑造而成的讨论，我们在这一章得到了新的看法。从婴儿时期的耻罪不分，到文化上的耻罪分明，到文化交融下的耻罪交缠，我们看到情绪的发展比我们想象的要复杂得多。

一个受基因决定的情绪，可以在出现后受到文化模因的改造而演变成不同的情绪。而在模因与模因的相互影响下，不同的情绪又会带有彼此的特质，使得相同的情绪存在于不同文化之中。因此，将情绪说成是一件自然物或文化制成品，都是过于简单的说法。我们可以说，不同情绪在其“天生”与“后天”的程度上都有所不同，而且这种程度也非一成不变。

到了此时，我们可以说是打破了情绪要么是生而有之、要么是后天习得的绝对二分的想法。那么，这对于我们思考情绪是身体反应还是认知活动这个问题有什么启发呢？身体反应一般为生而有之且人类所共有，而认知活动则一般深受社会文化的影响，因此相信情绪是生而有之的人，一般视情绪为身体反应，而相信情绪是后天习得的人，一般视情绪为认知活动。现在，既然我们知道情绪是在先天基因与后天模因的相互影响下不断改变的产品，那么，我们便有理由相信，情绪是一种混合了身体反应与认知活动，在两者的相互影响下不断改变的心理状态。

最后一章，我们将以快乐为例子，说明情绪中的身体成分与理性成分如何互相影响，以及不同情绪的身体性和理性如何共同建构成一种关于情绪的情绪——幸福。

第九章
安知鱼乐

做一个不满足的人，胜过一只安逸的猪；做一个不满足的苏格拉底，胜过一个安逸的傻子。如果傻子或猪有异议，那是因为他们未体验过更高级的快乐。

——约翰·斯图亚特·穆勒

不以物喜，不以己悲。居庙堂之高则忧其民，处江湖之远则忧其君。是进亦忧，退亦忧。然则何时而乐耶？其必曰：先天下之忧而忧，后天下之乐而乐。

——范仲淹

引言

1880 年，一个小女孩出生在美国亚拉巴马州的塔斯比亚城。她在 19 个月大时患上急性脑炎，从此变得又盲又聋。她犹如被困在漆黑的房间，失去了与世界的一切联系。不管她多么渴望与人交流，却苦无方法让别人了解自己。可是她没有放弃，在家庭教师安妮 · 莎莉文 (Anne Sullivan) 的悉心指导下，她学会了阅读和写作盲文点字书，并对各种文学作品产生了浓厚的兴趣。在二十岁时，她已能说话，四年后更学会了法语、英语、德语、希腊语和拉丁文五种语言，在哈佛大学取得了文学学士学位。

她将自己的经历写成了《假如给我三天光明》(图 9.1)，勉励了无数残疾人士，给予他们面对困难的勇气。她更身体力行，担任美国全球盲人基金会的国际关系顾问，到访过 35 个国家，毕生以为盲人、聋哑人、黑人、贫民和被压迫的女性争取权益为己任。

她的名字叫海伦 · 凯勒 (Helen Keller)。

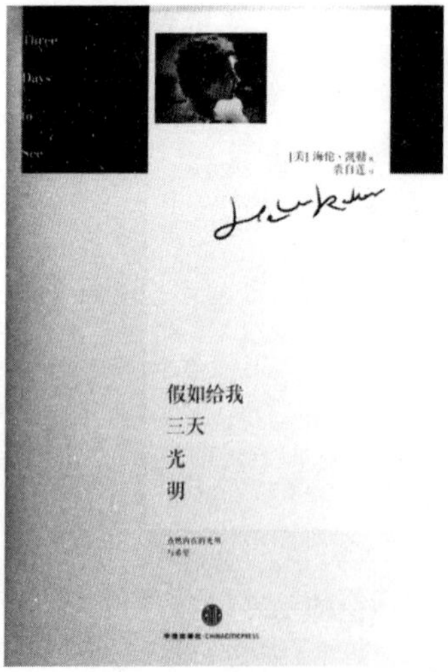

图 9.1 《假如给我三天光明》

听过她的故事的人，无不对她的毅力和人格肃然起敬。然而，如果我们问谁愿意过跟她一样的人生时，大概没有人会愿意。毕竟一个不能看、不能听、不能说的身体，带来太多的不快乐，无法欣赏这个美丽的世界，无法听到各种天籁和音乐，无法对最爱的人说一句“我爱你”。这样的人生纵使功成名就，又有什么意义呢？尽管海伦 · 凯勒在帮助别人时能够获得片刻的快乐，她的人生又怎能算是幸福美满？

然而，她认为自己的人生不仅快乐，并且

幸福。当她为了自己生活的不足苦恼时，她说："我一直哭着自己没有鞋子穿，但等到我知道有人连双脚也没有，我又觉得很幸运了。"当她为了自己得不到别人轻易得到的快乐而忧伤时，她说："当一扇幸福的门关闭的时候，另一扇幸福的门会因此开启。我们却经常看这扇关闭的大门太久，而忘了注意到那扇已经为我们开启的幸福之门。"

我们不禁要问，海伦·凯勒经历的到底是什么样的快乐？是不是存在一种欲望满足之外的、更有价值的快乐等着我们去追寻？如果我们每一天都过得很快乐，这些快乐加起来是不是就等于一个幸福的人生？

在前八章，我们看到情绪兼具身体性与理性的一面。这两个因素在先天基因与后天环境的影响下，塑造出各种各样复杂的情绪。最后一章，我们将以快乐为例，进一步阐述以上主旨。

首先，我们将审视快乐跟深藏在我们身体内部的原始欲望的关系，看看不同的欲望满足后带来的快乐有什么不同。我们同时发现，不少如听笑话或欣赏艺术作品等带来的快乐，都难以用欲望满足来解释。要理解这些快乐，需要从我们的各种认知能力实践（包括规范思维和想象力）入手，由此反映出快乐具有理性的一面。最后，我们将以哲学家罗伯特·诺齐克（Robert Nozick）的"体验机"作为思想实验，论证不管多少快乐，都不足以带来幸福。

笔者认为，幸福藏身于身体与理性两端之间那一片色彩斑斓的情绪之中，在我们每天经历的爱慕、恐惧、愤怒、忌妒、恶心、哀痛、罪疚、羞耻和快乐之中，它既是理性的，又是身体性的，既受先天基因决定，又受后天环境影响，它是一种关于情绪的情绪，在一切情绪之中，又在一切情绪之上。

第一节
欲望的满足

1. 快乐热点

快乐是我们生活中最常出现的情绪，然而它却意外地最不受心理学家、哲学家和生物学家重视。我们可以在文献中找到大量关于愤怒、悲伤、忌妒、恐惧、羞耻或罪疚感的研究，关于快乐的研究却是寥寥可数。

古往今来，学者对负面的情绪特别感兴趣，其中的原因很简单，因为它们对人生造成困扰，带来痛苦，所以要深入研究它们，以找出应对之策。快乐不会造成问题，我们也没必要“应付”带来快乐的事或物，只需要投入其中尽情享受即可，因此也就没有反思快乐的必要性和迫切性。

从进化生物学的角度看，负面情绪能为人类带来进化优势，扮演着提高我们生存率和繁殖率的重要角色。在之前几章，我们已经说明恐惧和愤怒的机制如何帮助我们逃离甚至击退威胁物，忌妒的机制如何保障伴侣的忠贞，恶心的机制如何防止我们进食或接触不洁之物等，这些情绪的进化优势是明显的。

那么，正面的快乐情绪有什么作用呢？当我们饥渴时，一顿丰盛的晚餐和一杯干净的饮用水可以让我们很快乐，然而解除我们饥渴的是食物和水，不是快乐这种情绪。那么，快乐何以能在进化中流传下来？

当代神经科学的出现，驱使科学家从一个新的角度审视快乐的功能。神经科学家采用最新的脑部深层刺激术（deep-brain stimulation），发现人脑中存在多个快乐热点（hedonic hotspots），这些热点会在人感觉欲望满足时释放出类似吗啡的脑克啡（enkephalin），诱发类似大麻的极乐酰胺（anandamide），从而让人感到快乐（图 9.2）。

有趣的是，为数不少的热点存在于我们的报偿回路（reward circuit）中，包括伏隔核的内壳和腹侧苍白球（ventral pallidum）。报偿回路负责透过分泌多巴胺（dopamine）与血清素（serotonin）等神经元，刺激我们持续进行特定的行为，快乐正是这些神经元引起的情绪。就好像我们训练小狗，当它成功做到了某个动作时（例如坐下），我们会给它一块肉作为奖励。为了再得到一块肉，小狗会在我们再次喊出指令时迅速坐下。我们的身体就如同这小狗，脑内的报偿回路就如同训练员，而快乐就是那块肉。

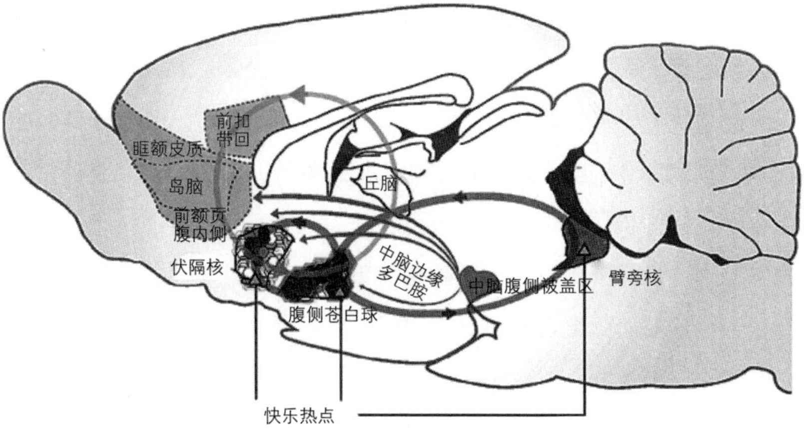

图 9.2　快乐热点

快乐的作用正在于对我们成功满足欲望做出奖励，并鼓励我们持续地满足欲望。这种对欲望满足的追求，为人类带来明显的进化优势。不难想象，将满足食欲和性欲视为首要目标的生物，显然比忽视欲望的生物享有更高的生存和繁殖机会。而享用美食（例如甜食）和与健康的人交配之所以能带来更大的快乐，则是因为追求高能量的食物和高素质的性伴侣能带来更高的生存和繁殖率。以神经科学的研究结果，配合进化心理学的解释，我们便明白，为什么快乐经常在食欲或性欲满足后产生。

2. 愈富有，愈快乐?

就引起快乐的对象而言，科学家将那些能够直接满足我们食欲或性欲的东西（例如巧克力、美女等）称为内在奖励（intrinsic reward），而将那些本身不能引起快乐，但因为与食欲或性欲的满足建立了联系而间接引起的快乐，称为外在奖励（extrinsic reward）。

在现代社会中，最普遍的外在奖励莫过于金钱。金钱代表一个人的购买力，反映他能在市场上获得多少食物或生活必需品，也代表他能为伴侣提供的物质水平，某种程度上反映他对异性的吸引力。换言之，我们能通过金钱满足食欲和性欲，而愈多的金钱则愈能提高我们的生存和繁殖率。从这个意义来看，金钱应该最能为我们带来快乐。

事实上，自从18世纪工业革命和资本主义诞生以来，人类整体的工作条件和生存环境因为机械化而变得愈来愈轻松，人类花在工作上的时间却愈来愈长，究其原因，说穿了不过是为了薪金。于是，通过赚取金钱以换得快乐，成为大部分人相信的不证自明的真理。我们要问的是，金钱与快乐的关系是如此单纯且成正比例吗?

2012年，联合国发表了全球第一份以快乐为基础的调查报告，报告采用咨询公司盖洛普（Gallop World Poll）的数据，以著名的坎特里尔量表（Cantril Ladder）调查全球150多个国家、40多亿人口的快乐指数。

坎特里尔量表是一种“自我标定梯形量表”（self-anchoring scale），它要求受访者想象一道10级的梯子，将自己所能想象的最好的生活界定为10，最差的生活为0，然后汇报自己现在的生活处于0与10之间的哪个位置。得到数据后，再由联合国的研究团队将不同国家人民的快乐指数做出排名。

同样的调查也在2013、2015至2018年进行。表9.1、表9.2显示这6年间最快乐和最不快乐的10个国家。

表 9.1　全球最快乐的 10 个国家（2012—2013，2015—2018）

	2012	2013	2015	2016	2017	2018
1	丹麦	丹麦	瑞士	丹麦	挪威	芬兰
2	芬兰	挪威	冰岛	瑞士	丹麦	挪威
3	挪威	瑞士	丹麦	冰岛	冰岛	丹麦
4	荷兰	荷兰	挪威	挪威	瑞士	冰岛
5	加拿大	瑞典	加拿大	芬兰	芬兰	瑞士
6	瑞士	加拿大	芬兰	加拿大	荷兰	荷兰
7	瑞典	芬兰	荷兰	荷兰	加拿大	加拿大
8	新西兰	奥地利	瑞典	新西兰	新西兰	新西兰
9	澳洲	冰岛	新西兰	澳洲	澳洲	瑞典
10	爱尔兰	澳洲	澳洲	瑞典	瑞典	澳洲

表 9.2　全球最不快乐的 10 个国家（2012—2013，2015—2018）

	2012	2013	2015	2016	2017	2018
1	多哥	多哥	多哥	布隆迪	中非共和国	布隆迪
2	贝宁共和国	贝宁共和国	布隆迪	叙利亚	布隆迪	中非共和国
3	中非共和国	中非共和国	叙利亚	多哥	坦桑尼亚	南苏丹
4	塞拉利昂	布隆迪	贝宁共和国	阿富汗	叙利亚	坦桑尼亚
5	布隆迪	卢旺达	卢旺达	贝宁共和国	卢旺达	也门
6	科摩罗	坦桑尼亚	阿富汗	卢旺达	多哥	卢旺达
7	海地	几内亚	布基纳法索	几内亚	几内亚	叙利亚
8	坦桑尼亚	科摩罗	科特迪瓦	利比里亚	利比里亚	利比里亚
9	刚果共和国	叙利亚	几内亚	坦桑尼亚	南苏丹	海地
10	保加利亚	塞内加尔	乍得	马达加斯加	也门	马拉维

从以上两个图表可以看到，最快乐的 10 个国家大都处于北欧和澳洲等发达地区。这些国家的人均国民生产总值 (GDP per capita) 处于全球顶尖的水平，人们普遍得到政府的全面照顾，生活无忧，平均人口寿命在 80 岁以上。相反，最不快乐的国家大都位于非洲撒哈拉沙漠以南和中东地区。这些国家长期处于战争与饥荒之中，人均国民生产总值处于全球最低水平，人民三餐不继，政府无力提供各种生活所需，平均人口寿命不足 60 岁。

2016 年的全球快乐报告解释，前 10 位与后 10 位的国家，快乐指数相差一倍以上，最主要的原因是人均收入差异。在众多原因中 (例如社会支持、贪污程度等)，两组国家的人均收入差异最为显著，排名前 10 位的国家的人均收入，足足比后 10 位的国家高 25 倍。由此可见，愈富有的国家人民愈快乐，愈贫穷的国家人民愈不快乐。这一数据为证明“金钱能带来快乐”提供了重要的证据。

然而，人的情绪往往没有这么简单。针对金钱与快乐的关系，经济学家理查德·伊斯特林 (Richard Easterlin) 于 1974 年提出了“快乐－收入悖论”(happiness－income paradox)，引起学界的广泛讨论。经过多次修正后，他于 2011 年对该悖论做出以下定义:“在一个特定的时间点上，快乐指数的变化 (国内和国际间) 与其国家收入的变化成正比，但在长时期中，快乐指数不会随国家收入的上升而上升。”也就是说，国家整体的快乐程度短期内会随着收入的增长而上升，但长期下来，升幅会逐渐收窄，甚至跌至负数水平。

理查德·伊斯特林援引了数个大型跨国调查，例如拉丁美洲指标 (Latinobarometer)、世界价值观调查 (World Values Survey) 和欧洲指标 (Eurobarometer)，其中包括 17 个拉丁美洲国家，17 个发达国家 (日本及欧洲国家)，11 个由社会主义转型到资本主义的东欧国家，以及 9 个位于亚洲、拉丁美洲和非洲的不发达国家。

理查德·伊斯特林发现，虽然这些国家处于不同的经济水平，也经历着不同的经济增长速度，但它们的快乐指数一致地没有随着经济的增长幅度而相应地上升，[8] 其中以中国、韩国和智利最为明显。这三个国家的人均国民生产总值在 20 年内翻了一倍，但人们的快乐指数反而轻微地下跌。理查德 · 伊斯特林的实验结果汇总分析研究（meta-analysis）为他的“快乐－收入悖论”提供了强有力的证据，说明在国家层面上，经济增长并不能为人民带来快乐。

心理学家丹尼尔 · 卡内曼（Daniel Kahneman）和经济学家安格斯 · 迪顿（Angus Deaton），以不同的研究方法得出了相似的结论。他们认为，个人的幸福感（subjective well-being）由两个因素组成，分别为情感（emotional well-being）和生活评价（life evaluation）。情感指人每天体验的具体情绪，包括快乐出现的频率和强度。生活评价则指人们对其整体生活的想法或满意度，是一种反省性的综合评价。

他们认为，传统的快乐研究（包括上文中的“世界快乐报告”）使用的坎特里尔量表，只能测量人的生活评价，却忽视了人的情感，因此即使报告能证明人对自己的生活评价会随着收入的上升而提高，但并不能证明收入上升会使人们体验更多快乐的情绪。针对这个问题，他们设计的问卷同时包含了情感（你最近有没有感受到快乐、压力或其他情绪?）和生活评价（你最近对于你的人生有多满意?）两种问题。结果显示，收入与生活评价的关系密切，低收入的人出现较多负面的情感和较低的生活评价，而随着收入的上升，人们对生活的评价也会上升。

有趣的是，虽然人的情感也会随着收入的上升而变好，但当人的年总收入达到 75 000 美元时，快乐度便再也没有提升。这个研究结果印证了理查德 · 伊斯特林的收入－快乐悖论：当你三餐不继、流离失所时，金钱确实能满足你的基本欲望，让你感到快乐；但当你拥有一定数量的财富，各种欲望已基本得到满足时，再多的收入无法让你更快乐。由此可见，除非你是活在赤贫世界的人，否则金钱的累积不能为你带来长久的快乐。

---

[8] 按统计学来说，这些国家的经济增长与快乐指数的上升之间不存在统计上的显著关系。

3. 快乐水车

我们不禁要问，为什么能满足各种欲望的金钱，只能为我们带来短暂的快乐？要回答这个问题，就要从快乐的特性谈起。菲利普·布里克曼（Philip Brickman）和坎贝尔（Campbell）提出了“快乐水车”（hedonic treadmill）的概念，指出人的快乐程度有一种“回复正常”的倾向，即在面对生命中正面或负面的事件时，随之改变的快乐度会迅速回复到事件发生之前的水平。

这一理论得到了不少数据支持。布里克曼（Philip Brickman）、丹·考特斯（Dan Coates）和吉诺夫·布尔曼（Janoff-Bulman）研究中了巨额彩票和经历半身瘫痪的人，发现前者的快乐度在短期内急速上升，后者的快乐度在短期内急速下跌，但两者的快乐度都在一年后便恢复到与事情未发生前、与实验组相仿的平均水平。同样的现象亦出现在离婚、丧偶、生子、女性失业上。

快乐就像一架不断运转的水车，在高峰时会不断下降，在低谷时又会不断上升，总是慢慢回归到正常水平。从正面看，我们在面对人生苦难时不会永远感到悲伤，否极泰来至少在个人感受上是可预期的。但从负面看，一切对于快乐的追求似乎都是徒劳无功的，今天让你很快乐的事，转瞬间便不能再感动你。

为什么我们的快乐会像水车般运转呢？莎士比亚在《一报还一报》中道出了其中的关键：“你并不快乐，因为你永远追求你所没有的事物，而遗忘了你已有的事物。”人会遗忘曾经让自己快乐的事，是因为适应了。

就像你买了一双新鞋子，起初你每走一步都感到鞋子与你的脚摩擦，你会在意鞋带是否系好，鞋子的设计是否符合你的脚型。当你慢慢适应了这双鞋子后，走路时就不会再注意到它，甚至忘记它的存在了。同样，我们会适应让我们快乐的事物。最初，当它们满足我们实时的欲望时，我们会感到快乐，慢慢地，我们就会视这些欲望的满足为正常状态，如同喝一口清水、呼吸一口新鲜空气一样，没有什么值得快乐的。

快乐水车涉及的适应性更多地体现在心理而非身体上。设想你得到一份心仪的工作，你很快乐，因为你的工资可以让你搬进一所比你现有的房子大一倍的房子。当你刚踏进新房子，看到偌大的客厅，美轮美奂的卧房，精致的花园时，你由衷地微笑了，因为这是你梦寐以求的家。看到家人对新屋的欣赏，你也不禁自豪起来。问题是，当你住了一个月，每天都看着同样的房子时，你不会再感到客厅有多大，花园有多美，你的家人也不会再对着新房露出欣赏的神态，因为你们都习惯了。于是，新房子带给你的快乐便会减少，慢慢回到跟你的旧房子相仿的水平，这便是快乐水车的原理。

有趣的是，我们不是对所有引起快乐的事物都有同样的适应性。金钱之所以难以长期为我们带来快乐，正在于我们对金钱以及通过金钱换来的奢侈品的高度适应性。心理学家索尼娅·柳博米尔斯基（Sonja Lyubomirsky）指出，快乐的适应度取决于对象的多样性和可预测度。变化愈大、愈难预计其出现的时机和形式的东西，我们愈难适应，因而它引起的快乐也愈持久。相反，愈是单一，愈是以相同形式不断出现的东西，我们愈容易适应，因而它引起的快乐也愈短暂。

社会心理学家海蒂·霍尔沃森（Heidi Halvorson）说："众所周知，变化是生命的调味料，但它也是对付适应性的有效武器。因为当我们的经验是新颖而不可预测时，我们是不会对其习惯的。相反，若一个愉快的经验不断重复出现——你完全知道它会怎样出现——你便不会从中得到相同的快乐。"

奢侈品之所以难以长期带来快乐，正在于它的单一性和高预测度。这里的奢侈品是指满足生活所需以外，缺少了也不会破坏你的正常生活的东西。奢侈品主要分为两种类型，第一种是生活型奢侈品，例如豪宅、豪华房车、美食等，它们满足我们基本的生存欲望（衣食住行），不过拥有远高于维持基本生存所需的价值。这些东西自购入后，便不会发生变化，200平方米的洋房不会变成500平方米，宝马不会变成法拉利。而且由于我们几乎每天都会使用它们，于是很容易会习惯它们，将它们视为基本生活条件。诺伯特·施瓦茨（Nobert Schwarz）、丹尼尔·卡内曼（Daniel Kahneman）和徐静（Jing Xu）说："名贵房车车主不会比一般两门汽车车主快乐，除非他们驾驶时一直想着车子的性能。"又例如美食，当一个人每天都吃着珍馐美味时，吃再名贵的食物都不会让他快乐，一顿青菜白粥反而能让他食欲大振，这正是单一性使得我们迅速适应快乐对象使然。

另一种为炫耀型奢侈品，例如首饰、名牌衣物等。这类东西本身不能满足我们的基本欲望，因此并不具有内在价值。它们的价值在于与其他人比较时显出的比较价值，用来满足我们建立名誉的欲望，经济学上称之为炫耀性商品(conspicuous commodity)。这种优于他人的欲望，在群体社会中相当普遍。有研究发现，当参加者被要求在 (1) 其他人年薪 25000 美元和自己年薪 50000 美元，与 (2) 其他人年薪 200000 美元而自己年薪 100000 美元这两种情况中作选择时，56% 的人会选 (1)，尽管 (2) 的绝对价值要高得多。

问题是，这种来自比较的快乐具有不对称的适应性。对于自己比别人优越这件事，人的适应性很高。当你戴着劳力士而别人只是戴精工手表时，你的自豪感能给你带来快乐。但慢慢地，你会习惯这种高人一等的感觉，就算看到连精工表也戴不起的人，也不会给你带来加倍的快乐。

可是，对于自己跟别人的差距缩窄这件事，人的适应性却非常低。当愈来愈多的人能负担得起劳力士手表时，你就会感到你的劳力士变得一文不值，它不能再让你快乐，你感到非买一只比劳力士更名贵的手表不可。换句话说，炫耀性奢侈品的不对称适应性的问题在于，当自己与别人的差距扩大时，你不会变得更快乐，但当自己与别人的差距缩小时，你却会懊恼不已。

最后，金钱除了用作购买奢侈品外，财富累积本身正逐渐成为人们追求的目标。也就是说，金钱不再是得到别的东西的手段，而是目的本身。

社会学家马克斯·韦伯 (Max Weber) 在《新教伦理与资本主义精神》一书中讨论资本主义精神时说道：

> 这种伦理的“至高之善”，即尽量地赚钱，加上严格规避一切本能的生活享受，毫无幸福可言的混合物，更不用说享乐了。把赚钱纯粹当作目的本身，从个人幸福或对个人的效用的观点看，显然是完全超然和绝对不合理的。赚钱、获利支配着人，并成为他一生的最终目的。获取经济利益不再从属于人，不再是满足他自己物质需要的手段。

从韦伯的话中可以看出，这种对于财富本身的追求，跟基本欲望的满足无关。人不是为了吃得好、穿得暖而赚钱，甚至不是为了炫耀自己的社会地位而赚钱，只是单纯地为了赚钱而赚钱。这种看似荒谬的做法，在资本主义社会中却成为平常不过的事。

当我们问及别人为什么选择某份工作，为什么每天早上九时上班、晚上九时还未回家时，别人说是为了赚钱。于是我们便不再追问下去，仿佛已经得到最合理的答案。然而，这种财富累积本身，比奢侈品具有更高的单一性和可预测性。银行存款只是一组抽象的数字，当它对我们的实质生活没有直接影响时，我们转眼便会适应它。

一个千万富翁不会每天为了自己拥有巨额财富而快乐，他只会将拥有巨额财富视为他身份的一部分，认为是平常不过的事。同样地，一个人的月薪由一万增加到两万，这种固定加薪由于具有高度可预测性，于是我们很快便不会再为加薪本身而快乐，反而会将新的薪金水平视为正常水平。

丹尼尔·卡内曼和理查德·塞勒（Richard Thaler）说："随着时间的流逝，收入的改变会变得让人不再感到新鲜或惊讶。生活中其他的追求、挫折、成功、困难，会引起新的情绪反应，将人的注意力从收入的改变方面带走，并将它融入人的心理背景中。"由此可见，将财富累积视为目的本身之所以难以为我们带来长期的快乐，正是因为我们对它的高度适应性。

那么，根据快乐水车理论，满足什么欲望能带来比较持久的快乐呢？或者说，有什么东西具有高度多样性和多变性，能够让我们不会轻易适应它带来的快乐？在世界各地众多的快乐调查中，有一种欲望的满足能普遍地让人感到快乐，那就是与人建立关系的欲望：

> 不论贫富贵贱，缺少家庭和朋友的人普遍都不快乐。而跟食欲和性欲不同的是，与他人相处，与人建立亲密关系，是一项多变而难以掌握的活动。时刻都在变化的人，使得每段关系在不同阶段也有不同的义务和要求。

柳博米尔斯基（Lyubomirsky）说："大部分人都会同意人难以如对对象般适应他人。明显地，金钱买不到爱。能用金钱买到的东西，大都容易被我们适应。建立人与人之间的关系，则能创造出一系列正面而多样的经验，有效避免其产生的快乐被我们轻易地适应。"

以亲子之乐为例，父母每天看着子女成长，费尽心思让她们得到最好的教育，小心翼翼地照顾她们的健康。子女时而乖巧，时而顽皮，惹得父母哭笑不得。随着子女的成长，她们会在学校、朋友圈子与社会中经历各种各样的事，父母也就与她们同喜同悲。在父母眼中，孩子的每一个表情，每一个动作，都是新奇和意味深远的。每一次相处，都要用心去体会和理解对方。正因为其中的多样性和多变性，每一段亲子关系都是独一无二的，父母从中得到的快乐也就永远保持新鲜，不会像金钱或奢侈品那样转眼便习惯，视之为正常状态。

相对于满足物欲时产生的快乐，理查德·伊斯特林研究发现，人在满足婚姻和生儿育女的欲望后，其快乐不会显著地减退，正是这个原因造成。

除了建立人际关系以外，满足实现长远而重要的人生目标的欲望，也是带来长期快乐的有效方法。跟旋起旋灭的食欲和性欲不同，对人生目标的追求需要周详的计划，并且需要一步一步去完成，其中涉及对未来的预算、对自己能力的评估和对环境因素的把握。在漫长的实现过程中，会出现数不尽的变量和困境，时刻需要依靠个人的判断和行动去化解，很多时候还要与别人建立关系，共同面对。由于追求的人生目标既丰富多样又难以预测，因此我们对于不断接近目标时得到的快乐，不会轻易感到习惯。

设想一个人以成为小提琴家为人生目标，那么她必须四处寻访名师，学习各种各样的演奏技巧。她需要制定长久而有效的练习计划，每天持之以恒地磨炼技术，更要通过欣赏不同类型的音乐作品（古典音乐、流行乐、爵士乐等）来培养音乐感。除此以外，她需要积极争取与别人合奏的机会，与不同的音乐家互相切磋砥砺，以建立个人的风格。她甚至要学习小提琴的制作过程和发声原理，以帮助她找到一把最能发挥她个性的小提琴。在练习的过程，她会遇到无数的瓶颈，需要费尽心思去超越。在一次又一次的表演中，她会遇上紧张、怯场、失手的情况，需要以无比的毅力和勇气去克服。每一天都有新的挑战，每一次努力都让她进一步接近目标，于是，每一刻她都感到快乐。她还未来得及习惯这种快乐，新的“挑战－努力－快乐”又接踵而来，让她长期处于快乐的状态。

以争取黑人平等权利为己任的马丁·路德·金，以照顾麻疯病人和艾滋病人为己任的特蕾莎修女，还有数不尽的为人类幸福献出生命的仁人志士，虽然他们生命中遇到无数的挑战，但正是其远大的人生目标，持续为他们带来快乐，使他们能一直坚持下去。

让我们作一个小结：人的欲望满足能带来快乐，但在快乐水车的作用下，这些快乐因为适应性而不可避免地减褪，从前让你快乐的事，今天变成了“正常状态”，再也引不起你的快感。愈是单一和可预测的欲望对象，其带来的快乐愈容易被适应，金钱和各种奢侈品正是其中的代表。

要克服快乐水车现象，关键在于以多变且不可预测的东西为欲求对象，例如亲密的人际关系和长远而重要的人生目标。渴望得到快乐的现代人，为了追求更多的金钱，不惜放弃理想，放弃与亲朋好友共聚的时光，可谓本末倒置，适得其反。

第二节
知性之乐

在上一节，我们谈到不同的欲望满足所带来的不同持久度的快乐，然而这些快乐只有量上的不同，本质上都是欲望满足的结果。我们要问：是不是所有的快乐都可以用欲望满足来解释？观察我们的生活，答案似乎是否定的。

站在少女峰上，眺望白雪皑皑的群山，看它们倒映在一尘不染的湖面上，你感到身心舒畅极了，这时候你有什么欲望被满足了呢？当你阅读柯南·道尔的作品《福尔摩斯》，你为其中巧妙的故事布局拍案叫绝，又或是你听到一个精彩的笑话失声大笑，那一刻你有什么欲望被满足了？

欲望满足论最大的问题在于，它假设我们必须先对一个东西或事情有欲望，在获得这个东西时才会感到快乐。可是，快乐有时候说来就来，我们压根儿对引起快乐的东西没有半点认识，更谈不上什么欲望。

在这一节，我们将探讨一种有别于欲望满足的快乐——通过发挥理性能力而获得的快乐，或称为“知性之乐”，并说明这种人类独有的快乐在性质上跟欲望满足之乐有什么分别。

1. 不做快乐的猪

英国哲学家约翰·斯图亚特·穆勒（John Stuart Mill）以其效益主义理论著称。效益主义认为，人应该做能为最多数人带来最大快乐的事。那么，将人类好像家畜一样地圈养，每天让所有人吃得饱穿得暖，放任其交配，生儿育女，是否就是最合乎道德的事？

穆勒明确反对这样的主张，他认为人的快乐是不能跟动物的快乐相提并论的。他说：

> 没有人类会愿意变成低等动物，即使那样做能让他完全地享受野兽的快乐，没有聪明的人会同意做一个蠢材，没有受过教育的人会同意变得无知，没有有感觉和良知的人会同意变得自私和刻薄，即使他们相信变成蠢材、傻瓜、无赖能比现在的他们更快乐。

在《乌托邦》（图 9.3）中，托马斯·摩尔也论及何以乌托邦人不会过分重视这种动物的本能快乐，他说：

> 如有人主张这种享乐构成他的幸福，他就势必承认只有过这样的生活，

> 不断饥渴，不断吃喝，不断发痒，不断用指甲挠，那才算非常幸福。谁不知这样的生活是可厌而悲惨的呢。那些快乐是最低级的，最不纯的，因为伴随这种快乐的，决不能没有痛苦作为其对立物。例如进食的快乐和饥饿有联系，而且两者不均衡，痛苦较强烈而且更持久。痛苦产生于快乐之前，直到快乐和它一同消失它才结束。

图 9.3　摩尔《乌托邦》

摩尔认为，当快乐建立于欲望满足之上，那么，逻辑上我们必须先有欲望，才能有快乐。于是，为了不断地得到快乐，我们需要不断地产生欲望。但欲望本身是一种缺失，它的本质是痛苦的，从欲望满足得来的快乐，也只是痛苦的暂时消失，不可能是真正的快乐。

如果我们同意快乐是人类的终极追求，又同意没有人会愿意沉溺于动物本能的快乐，那么，是否意味着必然存在一种比动物本能快乐更高级、更有价值、只为人类所独有的快乐？这种为人类所独享的高等快乐到底是什么？

早在柏拉图的《菲利布篇》中，苏格拉底已经给出了答案。他说：

> “菲利布认为享受、快感、愉快和其他类似的感觉对所有生物都是好的。而我认为，对于能够参与理性活动的人来说，智能、理智、记忆以至于正确的意见和推理，相比于快感更好和更为可欲，甚至是所有事物中最具优越性的。”

问题是，为什么运用理性比欲望满足带来的快乐更有价值？

亚里士多德对此提出了他的功能论证（function argument）。他认为人与物的好与坏皆取决于它是否能卓越地发挥其功能：一支能够让人流畅地书写的笔便是好的笔。如果一支笔有非常漂亮的雕饰，却不能书写，它一定不是一支好的笔，因为笔的功能在于书写，不在于装饰。同样道理，一个好的笛手、雕刻家或文学家，必须能够发挥其演奏或艺术创作的功能，否则便不算是好的艺术家。既然世事万物都有其功能，人类自然不能例外。

相对于植物灵魂和动物灵魂，亚里士多德认为人的灵魂具有其他生物无可比拟的理性能力，这正是人之为人的功能。只有发挥这种功能的人生，才算是好的人生。也只有好的人生，才能为我们带来真正的快乐。

穆勒同意亚里士多德关于知性之乐具有更高价值的讲法。他说:“人类具有的官能要高于动物的欲望。一旦这些官能被人意识到，那么，只要这些官能没有得到满足，人就不会感到幸福。”

但是，作为一个经验论者，穆勒难以接受功能论这种形而上学的说法，他提出以实证方法比较不同快乐的优劣。他说:“就两种快乐来说，如果所有或几乎所有对这两种快乐都有过体验的人，都不顾自己在道德感情上的偏好，而断然偏好其中的一种快乐，那么这种快乐就是更加值得欲求的快乐。如果对这两种快乐都比较熟悉的人，都认为其中的一种快乐远在另一种快乐之上，即便知道前一种快乐带有较大的不满足也仍然偏好它，不会为了任何数量的合乎他们本性的其他快乐而舍弃它，那么我们就有理由认为，这种被人偏好的快乐在质量上占优，相对而言快乐的数量就变得不那么重要了。”

穆勒认为，理性的运用比欲望的满足能带来更高等的快乐，正是因为所有同时体验过这两种快乐的人，都会毫不犹豫地选择前者。他说:“做一个不满足的人，胜过一只安逸的猪。做一个不满足的苏格拉底，胜过一个安逸的傻子。如果傻子或猪有异议，那是因为他们未体验过更高级的快乐，同时体验过两种快乐的人，都会作如此选择。”

亚里士多德的功能论证与穆勒的实证比较法，分别从人性论与实证的角度，说明知性之乐何以比欲望满足之乐更有价值。对于这两种观点的优劣，哲学家历来有很多不同的看法，不过有一点却是得到了大家的共识：知性之乐是一种性质上完全不同于欲望满足之乐的快乐，它随着我们运用理性的能力而生，不必默认我们对快乐的对象有任何欲望。

这种快乐在日常生活中随处可见。当我们苦思一道艰深的数学题目，一个危机四伏的棋局，一堆错综复杂的机械组件，或是一堆互为因果的方程式时，那灵光一闪，看透真相背后玄机的一刻，那种无以名状的快乐，就是知性之乐。你事后可能会因为解开那道数学或工程难题得到赞赏和实际利益而快乐，但在你解开谜团的一刻，你压根儿不会想到这些“好处”，让你感到满足的，只是你的理性能力的发挥。

这种知性之乐不一定是短暂的，也可以在长期的学习和研究过程中获得。孔子说:“学而时习之，不亦说乎?”表达的正是学习的乐趣。他形容自己说“发愤忘食，乐以忘忧，不知老之将至云尔”，就是说做学问让他快乐得忘了饥饿，忘了自己即将变老。

孔子的弟子颜回以好学著称，孔子评价他时说:“贤哉回也！一箪食，一瓢饮，在陋巷，人不堪其忧，回也不改其乐。贤哉回也。”颜回生活清苦，却依然用功做学问，并从中感到莫大的乐趣，连孔子也佩服他，自愧不如。

古往今来，多少科学家为了做研究废寝忘食，生活刻苦，无名无利。他们之所以能长期坚持下去，只为那尽一己所长以窥探自然奥秘的快感。以开创放射性理论和发现钋镭成名的居里夫人（图 9.4），一生清贫而自得其乐。《居里夫人传》中这样描述她的生活:“每天每天，我都守在实验室里，生活就像一个苦读的学生一般，我常常在实验室里吃最廉价的午餐。与其说我们只抱着一个希望，毋宁说是生活在唯一的梦想中。”

图 9.4　居里夫人

居里夫人不是没有致富的机会，两次赢得诺贝尔奖，她都将大部分奖金分给亲友和助手。她还坚持不为她发明的镭分离法申请专利，以方便志同道合者的研究。对她来说，科研本身带来的快乐，比一切物欲的享受更有价值。她说:“我是那些相信科学含有至美的人。科学家在实验室中不只是一个技术人员,他更是一个被自然现象犹如童话般感动着的小孩。”这种不带有任何目的,纯粹以发挥理性能力而得到的快乐,跟欲望满足得到的快乐不可同日而语。

以上所说的知性之乐,发挥的都是理性中的思辨和推理能力。然而,人类理性所包含的能力远远不止于此,其中还包括想象力、创意思维、范畴思考等。在以下两小节,我们将会探讨这些能力如何相互作用,产生审美上的愉悦和幽默的快感。

2. 审美的愉悦

北宋文学家范仲淹在《岳阳楼记》描述了他登楼后看到的美景,有时“春和景明,波澜不惊,上下天光,一碧万顷”,有时“长烟一空,皓月千里,浮光跃金,静影沉璧”。面对如诗如画的自然景色,范仲淹慨叹说:“登斯楼也,则有心旷神怡,宠辱皆忘,把酒临风,其喜洋洋者矣。”似乎个人的得失荣辱,在如斯美景之前,已变得不重要。这种因美而生,使人忘忧的快乐,可以称为审美的愉悦。

审美的愉悦可以是平静而舒畅的,如身处一望无际的蒙古大草原,或是静谧雅致的星夜之下,也可以是激昂而壮烈的,如面对飞流直下三千丈的尼亚加拉大瀑布,或是陡峭巍峨的西部大峡谷。这种快乐不一定以自然美为对象,一件美的艺术品,同样能让我们产生愉悦之感。如莫扎特的音乐,莫奈、梵高、塞尚的油画,莎士比亚的剧作,都为无数人带来审美的愉悦。我们要问:这种快乐是怎样产生的呢?它跟我们的欲望与理性有什么样的关系?

德国哲学家康德对美感经验的看法,可以给我们一些启示。康德将审美得到的快乐称为“无私的满足”(disinterested satisfaction)。他说:

> 当我说某物很美,或者鉴赏一物时,我所关心的,显然不是该事物的存在对我有何用处,而是该事物的形象给予我何种感受。我们必须知道,美感判断若是涉入丝毫的利害,就会严重偏差,不再是纯粹的鉴赏。

这种与美感不能共存的“利害”关系，在美学家朱光潜《谈美》一书提到的例子中得到说明。

> 假如你是一位木商，我是一位植物学家，另外一位朋友是画家，三人同时来看这棵古松。我们三人可以说同时都“知觉”到这一棵树，可是三人所“知觉”的却是三种不同的东西……你心里盘算它是宜于架屋或是制器，思量怎样去买它，砍它，运它。我把它归到某类某科里去，注意它和其他松树的异点，思量它何以活得这样老。他们的朋友却不这样东想西想，只在聚精会神地观赏它的苍翠的颜色，它的盘屈如龙蛇的线纹以及那一股昂然高举、不受屈挠的气概。

木商眼中看到的是实用关系，即对象如何满足他的物质欲望。植物学家看到的是认知关系，即对象拥有怎样的客观特质，是怎样的一种存在物。这两种眼光之所以与审美的愉悦不能兼容，因为它们都是“有私”的。根据康德的理论，对美的对象的拥有欲和求知欲，会使我们看不到它本身的美，因此也就无法从中得到纯粹审美的满足。

对于艺术品的鉴赏也如是。假想你站在梵高的《星夜》作品（图 9.5）之前，你心中想的尽是：这幅画值多少钱？如果我买下来，应该将它放在家中哪个位置才能显出我的品味？别人看到我在鉴赏这幅画时，会不会佩服我的艺术修养？以至于梵高是在怎样的心理状态下画这幅画的？画中描绘的是哪个地方？以波浪形出现的星星，到底是真实的天文现象，还是画家的幻想？康德认为，当你的心尽为这些欲念占据时，你是不可能以无私的眼光去鉴赏艺术品的美的。

图 9.5　梵高《星夜》

以上例子，说明何以审美的愉悦是一种不涉及欲望满足的快乐。那么这种快乐是怎样产生的呢？康德认为，审美的愉悦是我们的理解力（understanding）和想象力（imagination）之间的自由游戏（free play）的结果。

这里的“想象力”跟我们的一般用法不同，康德认为想象力是一种“将不同的感官信息集结成一个图像”的能力。例如，当我们看到四条小木柱连在一个四方平面上，想象力就会将这些信息集结成“书台”的图像，使我们看到一张书台。在这个过程中，想象力需要理解力提供的概念作为指引，才能将零散的感官信息综合成某一个特定图像。在这个认知过程中，想象力是不自由的，因此也就不能产生审美的愉悦。

真正的美感判断不是这样的，康德说：“美感判断没有一定的概念把它局限在一个特殊的认识规律里，且美感涉及各种认识能力（包括快感、理解力和想象力），于是取得了自由活动之余地。”

对康德而言，美的形式具有“无目的而合目的性”。所谓“无目的”，是指它不能为任何概念去把握。所谓“合目的性”，是指它合乎人类的一般认知能力。所谓“无目的而合目的性”，就是说美的对象符合人类一般的认知能力，却不受制于任何个别的认知概念。换句话说，在感知美的对象时，想象力不将理解力所提供的概念作为法则，可以自由地创造出对象，而我们对这个非概念的对象仍感觉到可以理解。在想象力与理解力相互协调的状态中，产生了审美的愉悦。

例如，当我说“这一朵花很美”时，我并不是以一个特定的概念（如玫瑰）去统合这朵花的线条、颜色与形态，将它理解为某一种花。我是以想象力将这些线条、颜色与形态理解为一种无以名状的美的形式，这种形式虽然无法被概念表述，却依然能被我感受到，我因而从中得到审美的愉悦。

以梵高作品《星夜》为例，画中那火舌般的柏树，湍动的涡状星系，昏黄而半蚀的月亮，笼罩在静谧而齐整的村落之上。当我认为这幅画很美时，我并不是以一个特定的概念（如一种揉合了躁动与冷静的矛盾感或不安感）去理解梵高表达的情绪，而是任由我的想象力将画中的诸种色彩和线条，理解为一种抽象的美的形式，从而得到美的快感。

由此可见，审美愉悦的产生不在于欲望的满足，而在于想象力与理解力相互协调下的认知反应。由于想象力和理解力是我们理性能力的一部分，因此审美愉悦也可以算是一种知性之乐。

康德的理论点出了理性的运作如何驱使人们产生审美愉悦，却为后世美学家留下无数的问题。例如：为什么我们的想象力在缺乏理解力提供的概念帮助下，仍能感知到美的形式？这种美的形式是由对象的什么特质构成的？理解力与想象力的“自由游戏”为什么会产生审美的愉悦？

当代心理学家提出了处理流畅度论（processing fluency theory），为我们回答这些问题提供了一点线索。处理流畅度是指我们的大脑处理外界刺激的速度和准确度，受对象的复杂性，对象所处的背景，以及对象与我们的认知结构的关系所影响。著名的斯特鲁普效应（Stroop effect），测量的正是我们处理文字的流畅度。试看下图：

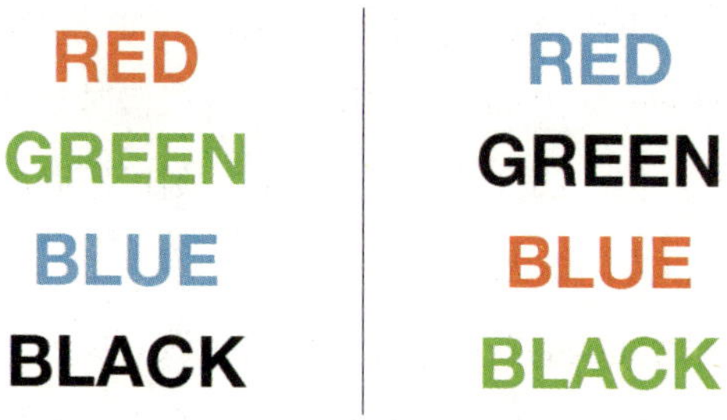

读者不难发现，由于左栏文字的颜色与它的意义一致，读出左栏文字所需的时间比右栏的要短，亦即代表处理前者的流畅度比后者高。研究指出，高处理流畅度能带来正面的情绪，因为它表明人处理该对象的过程没有出错，成功地辨认出了对象。

基于这些发现，雷伯（Reber）、施瓦茨（Schwarz）和温克尔曼（Winkielman）提出，审美的愉悦正是由人对美感对象的处理流畅度决定，处理流畅度愈高，产生的审美愉悦就愈大。对称的图像相比于不对称的图像，在背景中突出的图像相比于朦胧不清的图像，比较来说更令人喜爱，正是因为前者的信息较易被我们处理。

艺术界中的所谓黄金分割 (golden section) 之所以能普遍引起人的审美快感，也与其高处理流畅度有关。米开朗基罗的《大卫》雕像，米勒的《拾穗者》，达·芬奇的《蒙娜丽莎》，以及雅典的帕特农神庙，都是符合黄金比例而能为我们带来审美愉悦的代表。

这岂不是说愈简单的东西愈能引起我们的审美愉悦？孩童的涂鸦比莫奈捕捉光影变化的《干草堆》更让我们快乐吗？千篇一律的通俗小说，比情节错综复杂的莎剧能带来更大的审美快感？这显然与我们的审美经验不符。丹尼尔·伯莱因 (Daniel Berlyne) 的研究就指出，对象的复杂性与人的喜爱度呈现拱形关系，当复杂度提升，喜爱度也会提升；随着复杂度愈来愈高，喜爱度的提升会减慢以至于下降。

雷伯 (Reber) 等人提醒我们，处理流畅度包括感观流畅度与概念流畅度，有时候感观的复杂性会带来概念上的简单意义，从而导致整体的高流畅度。例如杰克逊·波洛克 (Johnson Pollock) 的画作，就以极其复杂的色彩和线条交集表现诸如自由等单一价值。印度的曼陀罗沙画，则以不同的几何图案和数之不尽的彩沙，表现大千世界的虚无。

另外，一个对象的处理流畅度，除了取决于该对象的客观性质外，还取决于观赏者对这个对象的经验与信念。例如，对一个受过长期古典音乐训练，接触过大量不同类型乐曲的音乐家来说，处理一首千头万绪的交响乐的流畅度，就比一般人高得多。

雷伯 (Reber) 等人还发现，当观赏者意识到自己对审美对象之所以有高处理流畅度，是因为美感以外的原因造成时 (例如以前曾经见过，当下重复观看，甚至是身体状态或背景音乐)，她从中得到的审美愉悦就会大大减少。因此，当观赏者知道自己能轻易处理一个对象只是纯粹因为对象的结构或形式过于简单时 (如一个普通的正方形)，她是不会从中得到审美的愉悦的。

现在，让我们看看处理流畅度论如何回答康德的美学问题。

首先，所谓美的形式，不是指审美对象的客观性质，而是这些性质与我们的主观认知结构之间的和谐关系。所谓的和谐关系，可以用我们处理对象的信息流畅度来理解。

其次，审美判断涉及的和谐关系由想象力和判断力的自由游戏构成，可以理解为，我们在未经过或缺乏个别概念的引导下，依然感到自己能流畅地理解对象（无目的而合目的性），或者说，我们感到对象具有一种无以名状的美的形式，冥冥中符合我们的认知结构。

最后，想象力和判断力的自由游戏之所以能带来快感，是因为游戏背后的高处理流畅度，表明我们的认知行为成功与无误。

笔者必须指出，这种理解不是指康德的美学观点本来就是这个意思，而是通过当代心理学提供的证据，说明我们可以响应康德提出的美学问题，进而说明审美愉悦在怎样的意义下，是一种与欲望满足无关、依靠我们的想象力和判断力和谐运作产生的快乐。[9]

3. 幽默式快感

两名从新泽西来的猎人在森林中穿行，其中一位突然身体不支倒地。他好像没了呼吸，两眼呆滞、失神地望向远方。另一个老兄匆忙掏出手机，打给急救服务。他喘着气说："我想我朋友死了！我该怎么办？"接线生说："先冷静一下，我会帮你。首先，你确定他是真的死了么？"片刻沉默后，

[9] 后世美学家对康德美学的批评主要有两点。其一，它过分重视审美对象的形式而忽视其内容，以致不能解释那些不符合美的形式却又普遍被认为美的对象，例如立体派的油画或某些后现代的装置艺术。其二，它要求审美的愉悦必须不涉及欲望，因此不能解释一些与我们的欲望无法分割的审美对象，如一个美人或一件精致的美食。笔者无意在此深入探讨康德如何响应这些批评，亦不认为康德美学能解释所有种类的审美愉悦。就着本章节的推论需要，笔者只倡议一个相对保守的立场，即有好一部分的审美愉悦，例如本节所引述的诸多例子，是由康德所倡议的想象力和判断力的和谐合作产生，我们不必否认有些审美的愉悦是从其他途径而生。

电话中传来“砰”的一声枪响。接着那老兄再次拿起电话，回答说:“好了，那么现在呢？”

这个号称世界上最好笑的笑话，不知道能否博得大家一笑？如果我们确实从中得到一刻的快乐，这种快乐似乎跟欲望满足没有关系。

相信大部分读者从前都没有读过这个笑话，也即表示不会存在“渴望读到这个笑话”的欲望。正常来说，在读的那一刻，也不会无故出现“希望读到一个精彩的笑话”这种欲望。然而,在对故事没半点欲望的情况下,我们还是笑了。这种笑声背后的快乐是什么造成的？所谓的故事的“笑点”是什么意思？

在这一节，我们将会以失谐－解困论解释笑话之所以好笑的原因，并分析这种失谐－解困的心智活动跟我们理性能力的展现有什么关系。

作为一种能引起快感的故事，笑话跟它独特的故事结构有关。查理 · 卓别林说:“所谓幽默，就是在我们看来正常的行为中察觉出细微的差别。通过幽默，我们在貌似止常的现象中，看到了不正常的现象，在貌似重要的事物中看出了不重要的东西。”卓别林通过无数实践得来的关于幽默的深刻见解，在失谐－解困论（incongruity - resolution theory）中得到理论化的解答。

所谓失谐，是指笑话的内容会出现逻辑上、概念上或常识上的不协调。这不是指我们无法理解该故事，而是我们虽然理解故事的字面意思，但感到故事并不符合我们惯常的理解范畴（categories）或快捷思维方式（heuristic reasoning style)。陷入疑惑的我们，当意识到故事原来用另一个范畴或思维模式去理解才说得通时，我们就会感到解困，这个时候，幽默式的快感便会应运而生。

试看以下故事:

侍应生 :“请问，你想将薄饼切成四份还是八份呢？”

胖虎 :“切四份好了，我正在减肥。”

正常来说，同一个薄饼切成四大份或八小份，总分量根本没有分别。胖虎为了减肥，却要求切成四份，仿佛他能因此吃少一点，这种逻辑上的失谐使我们陷入困惑中。当我们意识到胖虎之所以会这样说，是因为他忽视了切出来的每份薄饼有多大，纯粹以薄饼切块的数量去判断自己的进食量。理解到这一点，我们便会感到解困，由此产生幽默式的快感。

听这故事的人，如果对于逻辑没有半点认识，甚至不具备一般人的逻辑直觉，他对于“将同一个薄饼少切些份数以减少吃的分量”这种做法，便不会感到失谐，他也就不会对故事产生任何情绪。即使他能明白以上做法有不合逻辑之处，如果他无法换个角度理解故事的内容，单纯从份数的多少去理解胖虎的决定，他便会对胖虎的话百思不得其解。没有解困，也就不会产生快感。

因此，所谓听不懂一个笑话，可以理解为这两种状况：(1) 不明白故事的失谐之处；(2) 虽感到失谐却未能解困。

再看一幅网上流行的连环画（图 9.6）。第一幅图上的女生说：“统计数据显示，现在三个人中就有一个是脑残。”下面一幅图中，女生强调：“我肯定不是脑残。”接着一幅图，身旁的男性说：“我肯定也不是。”

这时读者不禁会问，那谁是脑残呢？当读者期待在下面的图中得到答案时，却发现图中两个人都没有说话。读者于是感到失谐，因为正常来说，一组连环画，通常都会在最后一张图交代故事的结局。

当读者细心观察最后一幅图，发现图中两人的目光其实是指向读者时，才明白原来漫画暗示脑残的就是读者自己。困惑解开了，幽默式的快感相应而生。

如果读者不懂得最基本的排除法，从“三个人中就有一个是脑残”和“两个人否定自己是脑残”这两个条件中，去追问脑残的究竟是谁，就不会对没有对白的最后一幅图感到失谐。就算他

图 9.6 网上连环画

懂得排除法，如果他不能摆脱“图中的故事只会在图中发生”这种正常的思考模式，尝试转换故事发生的背景，他就意识不到自己成了故事的一部分，也就不能达到解困。缺少了失谐或解困的感受，他就不会感到好笑，也就可以理解为他根本看不懂这个笑话。这个例子中，第一个涉及逻辑上的失谐和简单数学的解困，第二个涉及推理上的失谐和理解背景的解困。

不难想象，在失谐－解困这一理论下，可以有无数种类的失谐，同时也有无数种类的解困，因而构成无穷无尽的笑话形式，诸如反语、讽刺、嘲笑、夸大或少报、自贬、戏弄、反问、戏谑、双关语、名言戏说等。这些形式的共同之处就是，出现一种难以用我们惯常的认识范畴去理解的情况，迫使我们换个新的角度去思考才能理解。因此可以说，根据失谐－解困论，幽默式的快感是在我们惯常的思考模式或方向受到挑战的情况下，换个新的思考模式或方向成功解决难题的结果。

然而，似乎有些幽默并不明显地以“失谐－解困”这个次序出现。艾略特·奥林 (Elliott Oring) 举了以下两个笑话作例子。第一个是这样的：

> 有一个男人去看心理医生。
>
> 医生问他：“你感到有什么不妥？”
>
> 病人说：“医生，我说的话别人全都不相信！”
>
> 医生说：“开玩笑！”

在这个故事中，失谐和解困同时在医生最后那句话中出现。“开玩笑”既表示医生不相信病人说的话别人全都不相信，同时医生的不相信又表示病人的话是真的。这种自我推翻的谬误表现为一种失谐，而医生自打嘴巴，想质疑病人反而证明了病人的话，又解释了为何这种自我推翻会发生，可以理解为一种解困。于是，失谐和解困可谓同时发生。

奥林提供的另一个幽默的例子涉及英文双关语，必须以英文引述以作讨论。

> Why should you always wear a watch in the desert? Because a watch has

springs in it.

这句话的中文意思就是，为什么在沙漠中必须要戴手表？因为手表中有弹弓。“弹弓”的英语为“springs”，同时亦解作“泉水”，能在沙漠中提供生存必不可少的饮水。在这个例子中，“springs”一字既是失谐，又是解困。当它解作“弹弓”时，我们难以理解，为什么在沙漠中非要弹弓不可。当它解作“泉水”时，我们立刻明白为什么它在沙漠中是必需品。于是，在我们读到 springs 一词时，失谐和解困同时出现。

这种情况不独出现在笑话中。在纳哈德（Nerhardt）的研究中，参加者被要求举起几个外形完全相同的物体，其中一个重量比其他的轻很多。当参与者举起很轻的物体时，他们都禁不住笑了出来。物体的实际重量与预期重量的巨大反差构成了失谐，参与者意识到这是一种实验设计，便是解困，但失谐与解困是同时出现的。

类似的行为幽默包括，站在哈哈镜前看到自己变胖或变瘦，听到刚学会说话不久的小孩说脏话，看到人踩在香蕉皮上滑倒等。这些行为幽默的失谐和解困有时同时出现，有时解困甚至出现在失谐之前：我们先察觉到解困的线索，在感觉到失谐时便立即感到快乐。由此可见，失谐－解困不一定要依次出现才能构成幽默。这种失谐－解困论的变型，更能解释非故事性的、瞬间而起的幽默式快感。问题是，这种失谐－解困，何以依然是我们的认知系统运作的结果，而非单纯的非理性的身体反应。

最后，并非所有符合失谐－解困结构的故事或行为，都会引起我们的快感。哲学家罗耶·卡洛尔（Noël Carroll）就指出，当一个失谐的行为或故事冒犯了我们重视的价值观时，它就不会引起我们的快感。

例如以下笑话。

> 一个黑人犹太少年从学校跑回家。
>
> 他问他的爸爸：“爸爸，我更多的是犹太人还是黑人？”
>
> 爸爸问：“儿子，你为什么这么问？”

少年回答道："因为学校有个学生以 $50 卖他的单车，我想知道我应该说服他以 $40 卖给我，还是干脆偷了它！"

这个故事符合失谐和解困的结构：少年以自己的种族决定其行为，就是一种失谐。意识到故事在嘲讽犹太人市侩和黑人都是小偷，便是一种解困。可是，我们并不觉得这则笑话有趣，因为它表现了强烈的种族歧视和偏见，严重地冒犯了我们信奉的"人人皆生而平等"的道德价值观。

另外，当失谐－解困的行为引起我们的不安或同情心时，我们也不会感到快乐。之前提及，当我们看到有人踩在香蕉皮上滑倒会发笑，但如果滑倒的是一位老人家或伤残人士，又或是他滑倒后摔破了头，血流如注，我们便笑不出来。又例如，我们看到哈哈镜中的人头变小会发笑，但看到因为寨卡病毒而患上小头症的婴儿，便绝对笑不出来。

因此，笑话或喜剧的创作者，往往需要用一些特殊的方法，暂时麻痹我们的价值观或同情心。例如，表明这只是一个笑话或只是剧情需要，或是用不会感到痛楚或感到被冒犯的动物来当故事的主角。马戏团中的小丑，总是使用夸张怪异的服饰和化妆，行为举止皆不像正常人，这正是为了让观众看到他被捉弄或是碰壁时不会产生同情心，这样才能尽情发笑。

由此可见，幽默不单涉及推理与范畴思考，更涉及道德价值判断，可以说是相当复杂的理性产品，这也是为什么其他动物难以感受连带的幽默式快感的原因。[10]

4. 快乐水车下的知性之乐

在这一节，我们探讨了通过发挥人之为人所拥有的理性能力而获得的快乐。

---

[10] 对于"失谐-解困"论是否能解释所有形式的幽默，学界有相当大的意见分歧。由于幽默的种类与表现形式可谓无穷无尽，因此针对此论提出的反例亦为数甚多。按照本章节的推论需要，笔者对于此论的解释范围存而不论，只倡议一个相对保守的看法，即有好一部分的能引起快感的幽默形式具有"失谐-解困"这样的理性结构，而不必否认有其他不具有此结构的幽默形式。

单纯如小孩学会一道数学算式，复杂如科学家从宇宙大爆炸到夸克的研究，背后包含的知性之乐，都是我们的推理和演算能力的体现。这种知性之乐不只会在我们主动地、有意识地运用理性时产生，有些更是我们的理性在无意识下运作的结果，例如一些审美的愉悦和幽默式的快感。

那么，这些知性之乐是否如穆勒所说，是比欲望满足更高级的快乐呢？对于如何制订快乐的等级，哲学家与心理学家似乎没有共识。一个相对来说更容易有客观标准的问题是：知性之乐是否比欲望之乐更长久？按照快乐水车的思路，我们要问的是：人对于引起知性之乐的对象的适应度，是否比引起欲望之乐的对象更低？

诚然，跟欲望满足一样，知性之乐同样会因为适应性而减弱。小时候，我们会因为解开一道加法或减法算术题而感到快乐。但当我们熟练地掌握加减法的计算技巧时，同样类型的题目便不再引起我们的快感，我们需要挑战更艰深的几何学或是代数方程式，这样才能重获当初的知性之乐。

对于创意和想象力的运用，道理上也一样。初学者能在演奏一首小曲或画一幅简单的水果素描中得到快感。但随着技巧与修养的提升，艺术家往往需要挑战更高难度的作品，音乐由小曲发展到奏鸣曲、协奏曲、交响乐，绘画由写实派发展到浪漫派、印象派以至于立体主义，这都可以说是为了克服知性的适应性以求得审美愉悦的努力。

尽管如此，基于两方面原因，知性之乐还是比欲望之乐更能克服快乐水车的适应性。

第一，理性展现的方式比欲望满足的方式要丰富得多。人的食欲、性欲与其他动物的食欲、性欲在本质上没有分别，都是相当简单而缺少变化的。吃一百种鱼不会带给你一百种不同的口腹之虞，跟一百个异性性交，甚至会使你厌倦性交。

相对而言，理性能力的运用方式是多姿多彩的。宇宙永远有无尽的谜题等待科学家去探索，自然的美与人的价值，永远等待艺术家以各种各样的形式去表达和呈现，人类社会中的种种政治与经济活动，也永远需要理性的指导和引领。从科学探索到艺术创作，从建设社会到人文关怀，在我们短短的人生中，要适应所有的理性展现活动，谈何容易?

第二，理性展现的目标比欲望满足要深邃而长远得多。欲望是旋起旋灭的，这一刻无论你肚子有多饿，一旦吃饱了，你便对食物毫无兴趣。理性展现却不同，几乎每一项理性展现，都可以成为人一生的事业。无论你参与的是艺术还是科学活动，你会发现你的想象力、判断力、创意与批判思维永远有进步的空间，永远有新的难题等着你去面对和解决。在每一个新的挑战中，你的理性能力也可以有新的展示空间，从而为你带来新的知性之乐。古往今来，多少仁人志士穷毕生之力，为人类的文明发展做出贡献，支撑着他们的，正是这种持续不断地迈向目标的知性满足。

总括而言，无论在深度与广度、多样性与变化度上，知性之乐都比欲望之乐更优，因此，知性之乐可以说比欲望之乐更能克服快乐水车现象，是一种更持久、更“高等”的快乐。

第三节 幸福之路

1. 你快乐，但你幸福吗?

以上两节，我们看到了快乐的两面：通过欲望满足产生的快乐，代表其身体性的一面；通过智力展现产生的快乐，则代表其理性的一面。这些身体性和理性的快乐，构成了我们日常生活中绝大多数行为的动机。我们决定吃什么，穿什么，见什么人，做什么工作，大体而言，都以某种快乐为目的。那么，快乐就是人生最高的目标吗?

美国《独立宣言》开宗明义写道:“我们认为这些真理是不言而喻的:人人生而平等,造物者赋予他们若干不可剥夺的权利,其中包括生命权、自由权和追求幸福的权利。”这里提及的是“幸福”而不是“快乐”。虽然我们每天都以追求快乐为目标,但我们一般将人生的终极目标称之为幸福。

人追求幸福,就如追求生命与自由一样理所当然。人在特定的环境下甚至可以放弃追求生命或自由,却不能想象人有放弃追求幸福的一天。我们不禁要问:快乐等于幸福吗?如果我们每天都过得很快乐,我们的人生算幸福吗?

对于何谓幸福,亚里士多德曾提出“eudaimonia”的概念以作解释。他认为,能称为幸福的东西,必须符合两个标准:第一,它是终极的(ultimate),没有比幸福更有价值的东西,也没有人会愿意用幸福去换取其他事物;第二,它是自足的(self-sufficient),当你得到幸福后,你的生命已经完整,不再需要其他东西。

依这两个标准看,很多人夜以继日追求的东西,根本不能算是幸福。例如金钱,它不是终极的,因为我们愿意用金钱去换取健康和爱等更有价值之物。它也不是自足的,再富有的人,如果生命中没有跟他分享快乐的亲人和朋友,他的生命也算不得完整。

按照这样的思路,快乐似乎也不等于幸福,因为它不是终极的。人常常愿意牺牲一己的快乐去实现更高的价值,例如在灾难中奋不顾身救人的消防员,到战地拯救生命的医护人员等。正如孔子所说:“富与贵,是人之所欲也,不以其道得之,不处也。贫与贱,是人之所恶也,不以其道得之,不去也。”人不一定会接受富贵带来的快乐,也不一定逃避贫贱带来的不快乐,因为在快乐与不快乐背后,有着更高的价值指导我们的行为,例如道德和尊严。由此可见,快乐不是终极的。

快乐也不是自足的,一个时时刻刻都快乐的人生,不一定是幸福的人生。

在奥尔兹(Olds)和米尔纳(Milner)的实验中,一只老鼠的脑袋被插入电极,电极连上盒子(Skinner's box)中的按钮,每当按钮被按下时,老鼠脑袋中的奖励系统〔前额叶的胼胝体下区域(subcollosal area)和终板旁回

图 9.7 “快乐老鼠”

(paraterminal gyrus)〕会受到刺激，让它产生快感（图 9.7）。

研究人员发现，老鼠为了获得这种快感，12 小时内按了 7 500 多次按钮，高峰时期 1 小时按 742 次，即每 5 秒按一次。盒子内虽然提供了食物和水，但老鼠为了按按钮，根本顾不上饮食。如果单就快乐的量来说，这只老鼠可以说是地球上最快乐的动物。

作为一种没有自我反省能力的动物，老鼠会选择不停地按按钮，直到死亡为止。然而，我们愿意过这样的生活吗？如果有人选择将自己关在相同的盒子内,不停地按按钮,我们会认为他的人生幸福吗？答案明显是否定的。由此可见，不管快乐的量有多大，它都不能构成幸福。

反对者或许会说，老鼠从按按钮得到快乐，本身没有什么不妥。人之所以不愿意当这样的老鼠，是因为时时刻刻按按钮带来的苦闷与痛苦，超过了按按钮得到的快乐。再者，按按钮得来的快乐属于低等的快乐，人作为万物之灵，只有运用理性得来的高等快乐，才能构成人的幸福。只要我们得到的是较高等的快乐，并且这些快乐又不会带来额外的痛苦，那么这些快乐还是可以带来幸福的。

如果以上两个原因的确使我们不愿做时刻快乐的老鼠，那么我们不妨以哲学家罗伯特 · 诺齐克（Robert Nozick）的思想实验重新思考这个问题。

诺齐克说：假设有一种体验机，它能给你任何你想要的体验。卓越的神经心理学家可以刺激你的大脑，以至于你会认为并感觉到你正在写一部伟大的小说，或者在交一个朋友，或者在读一本有趣的书。其实这时你正漂浮在一个罐子里，你的脑袋插有各种电极。你愿意钻进这个机器中生活，并预先编制好你生活体验的程序吗？

在体验机中，我们得到的不是纯粹的快乐，而是从自我选择的体验中得来的快乐。喜欢旅游的你，会感到自己走遍天涯海角；喜欢美食的你，会感到自己吃尽了各种美味佳肴；喜欢交际应酬的你，会感到自己相识满天下；喜欢建功立业的你，会感到自己苦心经营的公司或管理的社区甚至国家在你的带领下蒸蒸日上。对你来说，如果只有运用理性获得的高等快乐才能构成幸福，你可以选择当一个科学家、音乐家或是文人墨客。更重要的是，当你在体验机中时，你是不会意识到自己在体验机中的。体验机中的这些体验，跟真实的体验不会有任何分别，你不会有被困在体验机内或自我欺骗的痛苦。

诺齐克认为，即使如此，也没有人愿意花一生时间在体验机中。愿意这样做的人，即使我们不否认他时刻体验着快乐，但也没有人会认为他过着幸福的人生。由此可见，再多高等的快乐，也不会使人感到幸福。

2. 幸福作为一种后设情绪

快乐虽然不能构成幸福，但如果一个人时时都不快乐，我们也断不会认为他的人生是幸福的。显然，幸福与快乐之间存在着密不可分的关系。要理解这个关系，我们可以回到诺齐克的思想实验，追问为什么体验机不能为人带来幸福。

诺齐克列举了三个原因。

第一，我们想要真正地做一些事，而非只去体验做那些事的感觉。换句话说，这些感觉只是我们做这些事的副产品，而不是驱使我们去做的目的。例如，无国界医生到战场救人，在救人的过程中，固然能得到诸多快乐的体验，如拯救生命的快乐，发挥个人能力的快乐，得到别人感谢的快乐等。但如果事实上没有人因为他的付出而得救，那么对于无国界医生来说，这些快乐体验都变得没有意义。相反，即使他在救人的过程中遇到种种挫折，时刻面对失望与难过，但只要事实上有人因为他的行动得救，他也会选择这一份工作。

其他职业亦如是：音乐家想写出一首动人的乐曲，而非只拥有写出名曲的感觉。建筑师想建成一座大厦，而非只享受大厦落成时的快感。科学家想知道宇宙的真相，而非只是感受找到真相时的兴奋，等等。

我们希望世界因为我们的行为变得更好，如果这种改变只是一个假象，即使这种假象能为我们带来真实的快乐，我们也不会感到幸福。除了改变世界，我们也渴望自己能与世界中的人建立真实的关系。

诺齐克在 1989 年出版的《反省的人生》中指出，体验机内的人存在于自己设定的幻想中，无法与人分享自己的生活，也无法参与别人的生活，是一种彻底孤独的存在。尽管体验机可以让我们感到自己相识满天下，但这感觉无法满足那种与别人建立真实的休戚与共的关系的渴望。我们渴望活在一个不孤独的世界，而非只是在孤独的世界中不感到孤独。

第二，我们想要成为具有某种个性的人，而非只是感受某种人的经历。单纯地经历勇敢、善良、孝顺、坚强的人面对的事，不会使我们变得勇敢、善良、孝顺、坚强，因为决定我们是否拥有某一种个性（trait）的，并非我们曾经做过什么事，而是我们面对特定处境时选择怎样做。

譬如说，一个曾经在战场上出生入死的人，不一定是个勇敢的人。只有当他每次遇到危险，都能本着维护正义的立场去面对，他才算是勇敢。如果他在战场上毫不退缩只是因为害怕被长官责骂，或是为了得到升迁的机会，那么他便是懦弱或贪婪而非勇敢。也就是说，即使我们安排自己在体验机内经历勇敢的人所经历的一切事，我们也不会因此成为勇敢的人。

更有甚者，如果一个人只是在药物的影响下没有意识地盲目作战，那我们根本不能对他的个性做出任何评价，因为他的行为并非出于自我的选择。在体验机内的人所做的一切行为，都是由他进入机器前渴望得到何种经历所决定的。当他进入机器后，他的一切选择便由写好的程序决定，他本身已不会再作任何选择，因此也就不具有任何个性。

诺齐克说："漂浮在罐子里的人不过是一团黑乎乎的东西而已。长期处于罐子里的人是什么样的，对于这个问题，不会有任何答案。他是勇敢的、和善的、理智的、聪明的、可爱的？不仅仅是这些问题难以回答，而且还在于他根本就没有办法成为什么。钻进这个机器就是一种自杀。"

第三，诺齐克认为，体验机使我们无法接触到世界“更深的真实”(deeper reality)。这种更深的真实是指超越人类经验的宗教体验。对不少人来说，这些体验构成了他们生命中不可或缺的一部分，赋予了他们生存或行善的意义。由于体验机所能安排的一切体验均由人类的经验构成，这样便断绝了我们接触超越经验的宗教体验的可能性。

对于宗教体验是不是人类幸福的必要部分，诺齐克自己也抱着怀疑的态度。笔者认为，将“更深的真实”理解为保持开放性的世界，更符合我们对幸福的直觉。逻辑上，体验机安排的经历，都必然曾经发生在自己或别人身上，因此，在体验机内，我们是不可能接触到世界未知的一面的。

安排自己去观赏黑洞另一面的光景，探索还未有人类去过的热带雨林，或是阅读米兰昆德拉还未写出来的小说等，即使这些事发生的可能性极低，在现实生活中，它们还是有实现的机会的，在体验机中却绝对不会发生。

更有甚者，体验机中的世界是一切都被安排好的世界。你每一天的生活，每一段经历的起承转合，每一种快乐的强弱长短，都是预先决定的结果，绝对不可能出现意外。即使有时你为某些事情的出现或发展感到意外，这些意外事实上也是故意安排的。电影《22世纪杀人网络》，描述的正是这种状态。

故事讲述2199年的世界，所有人类的大脑都连接到一个母体(Matrix)，进入以计算机程序编写的虚拟世界。母体将视觉、听觉、嗅觉、味觉、触觉和心理等信号传递到人类大脑，使人类感到自己生活在真实的世界。

主角尼奥遇上了逃离虚拟世界的莫菲斯，他对尼奥说:“什么是‘真实’？你如何定义‘真实’？如果你指的是你所感觉到的一切……你所闻到、尝到和看到的……那么所谓‘真实’，仅仅是被大脑解译的电子信号。”在莫菲斯的带领下，尼奥明白自己一直以来认识的世界都是不真实的，自己的生活都是已被安排好的。即使这样的世界和生活有多美好，尼奥知道这样活着也是没有幸福可言的。

在电影的最后一幕，尼奥对母体说:“我要让人类看到你们隐藏的真相，给人类看一个没有你们的世界，一个没有规则、没有控制、没有界限的世界，一个凡事都可能发生的世界。”这正表现出活在一个充满可能性的未知世界对人类有多重要。

我们不否认体验机能为人带来快乐，然而，没有人会选择在体验机中度过一生，因为它不能为人带来幸福。诺齐克提出的体验机不能带来幸福的三个原因，既解释了为什么我们抗拒体验机，同时也显示了我们认为幸福所需包含的要素：真实地改变世界、建立理想的自我和探索世界未知的一面。

古往今来，无数哲人在讨论幸福应该是什么时所提出的答案，笼统而言，都可以归入其中的一类（其中自然存在无数细节上的差别）。笔者并不打算处理“幸福应该是什么”这个规范性（normative）问题，也不认为这些答案中有哪一个明显地比其他的更合理。更令笔者感兴趣的问题反而是，为什么我们对幸福有如此不同的看法，却同样认为体验机中的快乐不能带给我们幸福?

我认为，诺齐克提出的对幸福的三种理解，共同点在于，我们都不为自己的快乐而感到快乐。这后一种的快乐是一种后设情绪（meta-emotion），它是关于情绪的情绪，包含我们对于自己所经历的情绪的价值判断。体验机虽然能为我们带来快乐，但在反思这种快乐后，出于上述种种原因，不同人皆不为得到这种快乐而感到快乐。这种后设快乐，正可以理解为我们日常所说的幸福感。

例如，我们说帮助别人是一件幸福的事，这不是单纯因为我们会因此感到快乐，而是因为“我们为帮助别人感到快乐”这件事本身体现了我们重视的价值，或许它代表我们以正确的事（如让世界变得更美好）为努力的目标，或是它代表我们具有理想的个性，成为心目中理想的人等。于是，我们为自己的快乐而感到更高层次的快乐，亦即是幸福。

如果我们不认为帮助别人能体现这些价值，那么帮助别人带来的快乐，便跟看一出喜剧、听一个笑话带来的快乐没有分别，也不能构成我们的幸福。更有甚者，如果我们立志要当一个“宁教我负天下人，休教天下人负我”的奸雄，帮助别人时虽然也会因天生的良知而感到快乐，但我们会为自己产生的这种快乐而痛苦，因为感受到这种快乐，表明自己距离人生目标愈来愈远，这种快乐正是妨碍自己达到幸福的障碍。

如果幸福感的关键在于感到自己的情绪体现了重要的价值，那么幸福似乎便不止于对自己的快乐感到快乐。

哲学家罗勃特·所罗门（Robert Solomon）说：

> 我们可以说，幸福是一种后设情绪，一个关于我们生命的持续的综合价值判断。它是一种包含一切的情绪，不只关于我们生活中的某一方面，而是以生命整体作为对象……它是一种以我们所有情绪的总和，以及这些情绪所构成的生命为对象的情绪。

如果幸福能以我们所有的情绪为对象，那么当我们为自己的愤怒、悲伤、忌妒、恐惧感到快乐时，这种快乐也能构成幸福感。

例如在第一章，我们谈到了爱的困难之处。爱总是让人牵肠挂肚，忐忑不安，更会像李莫愁般让自己暴露在被背叛的危险之中。然而，能不顾一切地去爱与被爱，在这个有情世界中，为了伴侣信守一生的承诺，正体现了人性最美丽的一面，于是，我们会为自己的爱而快乐。

在第二章，我们谈到中国人对二战时日军的暴行异常愤怒，这种愤怒固然是难受的。但当我们反思这种愤怒，却会意识到自己对于不公义的事的不满不会随时间而流逝，意识到同胞之间休戚与共的亲密关系，于是我们会为自己的愤怒而快乐。

在第三章，我们谈到努斯鲍姆的丧母之痛。在她那深刻的悲伤背后，揭示了她拥有一位多么慈爱的母亲，以及她们那种血浓于水的母女之情。我们可以想象，当努斯鲍姆反思她的悲痛时，也会庆幸她能经历如此沉甸甸的悲伤。

在第四章，我们谈到《追忆似水年华》中，斯万先生对交际花奥黛特的忌妒之情，使他时刻怀疑奥黛特正在与别人幽会。在斯万忌妒的背后，显示他相信奥黛特是一个完美的情人，以及他对奥黛特用情之深，这些都足以让他为自己的忌妒感到自豪。

在第五章，我们谈到了“9·11 事件”中，身处世贸中心的人经历了多么巨大的恐惧。这种恐惧代表着他们对生命的重视，以及为了活下去所付出的巨大努力，生还者当为他们那一刻的恐惧而欣慰。

在第六章，我们谈到对不道德的罪行的恶心之感。那种反胃作呕的身体反应让我们难受，也让我们知道自己的尊严不容践踏，知道自己为了捍卫正义愿意做出什么，于是我们会为这恶心而快乐。

在第七章，我们看到伊法鲁克族人会为不幸的人而 Fago。这种 Fago 他人的能力代表了他们的心灵质素和社会地位，每个人都以能 Fago 为荣。日本人依赖他人时感到的 Amae，则透过人与人之间的紧密关系，让他们产生甘甜的感觉。

在第八章，我们谈到犯错时感到的羞耻与罪疚。这两种情绪使人坐立不安，难以面对自己和他人。但能反省一己的过失，努力去修补和完善自我，本身就是一件难能可贵的事，于是，我们也会为自己知道羞耻和懂得内疚而快乐。

简而言之，当出现的情绪体现了我们珍重的价值观时，即使它们本身让我们感到痛苦，我们也会为它们的出现感到快乐。这种关于情绪的快乐，就是幸福感。

按照以上看法，在日常生活中，当我们说自己为做某件事感到很幸福时，我们所指的就是对这件事引起的快乐、愤怒、悲伤、恐惧等情绪都感到快乐。试想想，能让我们感到幸福的东西，哪一种不是让我们百感交集？反思之后，怎么不为出现这些高低起伏的情绪感到欣慰？

当一个女性述说当上妈妈的幸福时，她所感到的岂止是育儿的快乐？她会担忧孩子的健康，为孩子的劣行而生气。当孩子对别人过分关注时会感到忌妒，替孩子换尿布时会感到恶心，照顾孩子时会因些许不慎和疏忽感到罪疚，其中更有数不尽的母爱。所谓当母亲的幸福，便在这育儿过程中对于出现的一切情绪都感到快乐，深深庆幸自己能亲身经历，亲身感受其中的酸甜苦辣。

当一个医生说她为从事医生这份职业感到幸福时，她既为自己能一展抱负，能够帮助有需要的人而快乐，也为实施手术时的胆战心惊、处理伤口和内脏时的恶心、误诊时的自责、病人不治时的悲痛而快乐，因为这一切情绪代表着她将生命的全部投入到自己的志愿之中，在实现自己的理想时尝尽了其中的酸甜苦辣。正是这样的经历，让她感受到生命的完满，从而对从事这项工作感到幸福。

当一个人为生命中不同领域（例如家庭、事业、爱情、志趣等）中的情绪百味都感到快乐时，我们便说她的人生是幸福的，这也就是所罗门说“幸福是以生命整体为对象”的意思。

小结

在这一章，我们以快乐为例子，说明情绪兼具身体性和理性的一面。快乐既可以通过满足我们身体的欲望而产生，也可通过发挥我们的理性能力而产生。然而我们发现，不论满足多少欲望，以多么理性的态度生活，似乎也难以获得幸福。

事实上，在欲望与理性之间，存在一大片色彩斑斓的情绪地带。我们走在其中，虽然时常荆棘满途，痛苦多于欢乐，但回过头来，往往发现不同情绪都体现了人类最珍贵、最高尚的价值。在不知不觉间，遍体鳞伤的我们原来早已生活在幸福之中。

结语

横看成岭侧成峰，
远近高低各不同。
不识庐山真面目，
只缘身在此山中。
——苏轼《题西林壁》

人是情绪的动物。我们时刻都在或强或弱、或长或短、或甜或苦的情绪中。正因为身在其中，反而使我们永远只看到情绪的一个方面，于是，每个人心目中的情绪都长得不一样：有些人看到情绪冲动盲目的一面，有些人看到情绪理智深邃的一面。笔者希望本书能带领读者从鸟瞰的角度重新审视情绪的本质，看看情绪如何兼具身体性和理性、先天和后天的成分，从而了解情绪多姿多彩的各种特质。

揭示情绪的复杂性是本书最重要的任务，然而情绪的复杂性却远远超越本书所覆盖的范围。当代情绪研究正面对更多更深入的问题，例如，情绪中不同的生理反应到底是由头脑中的哪些神经元控制的，是否存在一组基因，决定这些生理反应的强弱；在一般认知系统以外的具身认知（embodied cognition）和延展认知（extended cognition）如何影响情绪的产生，这些认知活动受到怎样的文化模因影响；关于情绪控制和治疗，到底认知疗法（cognitive therapy）还是物理疗法（physical therapy）对克服负面情绪更有效；是情绪的身体性还是理性出了问题，才使得它恶化为抑郁症或狂躁症；所谓情绪智商（emotional quotient）是怎么一回事，其高低由什么因素决定。还有政治情绪（political emotion）对民主化过程的影响，音乐情绪（musical emotion）对一首音乐的艺术价值的影响，情绪与心情（mood）和个性（trait）的关系，以及在本书未加讨论的种种有趣的情绪，诸如思乡、尴尬、惊讶、同情、无聊、寂寞、骄傲、怨恨等，这些问题都需要更多更深入的研究。

如果本书说得上作了一点点贡献，或许便在于为广大读者打开了了解情绪复杂性之门。门后是更辽阔的草原，更浩瀚的大海，有待诸君前去开发。

参考书目

英文参考资料

Adler, Margot."After a Court Battle, More Sept. 11 Tapes Released."National Public Radio. August 16, 2006. http://www.npr.org/templates/story/story.php?storyId=5658950.

Aristotle. *Nicomachean Ethics: Book I*. Translated by F. H. Peters. London: Kegan Paul, Trench, Truebner & Co., 1983.

Armenta et al."Is Lasting Change Possible? Lessons from the Hedonic Adaptation Prevention Model."In Stability of Happiness, by Kennon M. Sheldon and Richard E. Lucas, 57–74. Burlington: Elsevier, 2014.

Averill, J. R. "A Constructivist View of Emotion."*In Emotion: Theory, Research and Experience. Vol. 1, Theories of Emotion*, edited by Robert Plutchik and Henry Kellerman, 305–339. New York: Academic Press, 1980.

Bahmanyar, Mir. *SEALs: The US Navy's Elite Fighting Force*. Oxford: Osprey, 2008.

Bahrick, Lorraine E., Lisa Moss, and Christine Fadil."Development of Visual Self-Recognition in Infancy."*Ecological Psychology* 8, no. 3 (1996): 189–208.

Bard, Philip."The Central Representation of the Sympathetic System."*Archives of Neurology & Psychiatry* 22, no. 2 (1929): 230–246.

Barrett, Karen Caplovitz, Carolyn Zahn-Waxler, and Pamela M. Cole."Avoiders vs.Amenders: Implications for the Investigation of Guilt and Shame During Toddlerhood?"*Cognition and Emotion* 7, no. 6 (1993): 481–505.

Baumgartner, Thomas, Michaela Esslen, and Lutz Jäncke."From Emotion Perception to Emotion Experience: Emotions Evoked by Pictures and Classical Music."*International Journal of Psychophysiology* 60, no. 1 (2006): 34–43.

Behrens, Kazuko Y. "A Multifaceted View of the Concept of Amae: Reconsidering the Indigenous Japanese Concept of Relatedness."*Human Development* 47, no.1 (2004): 1–27.

Berlyne, D. E. *Aesthetics and Psychobiology*. New York: Appleton-Century-Crofts, 1971.

Blackmore, Susan. "Meme, Myself, I."*New Scientist* (March 13, 1999), 43.

Bless, H., G. Bohner, N. Schwarz, and F. Strack. "Mood and Persuasion: A Cognitive Response Analysis."*Personality and Social Psychology Bulletin* 16, no. 2 (1990):331–345.

Borgomaneri, Sara, Francesca Vitale, Valeria Gazzola, and Alessio Avenanti. "Seeing Fearful Body Language Rapidly Freezes the Observer's Motor Cortex."*Cortex* 65 (2015): 232–245.

Brickman, P., and D. Campbell."Hedonic Relativism and Planning the Good Society."In *Adaptation-Level Theory: A Symposium*, by M. H. Apley, 287–302. New York:Academic Press.

Brickman, P., Dan Coates, and Ronnie Janoff-Bulman. "Lottery Winners and Accident Victims: Is Happiness Relative?"*Journal of Personality and Social Psychology* 36,no. 8 (1978): 917–927.

Briggs, J. L. "'Why Don't You Kill Your Baby Brother?': The Dynamics of Peace in Canadian Inuit Camps."*In The Anthropology of Peace and Nonviolence*, by Leslie E. Sponsel and Thomas Gregor. Boulder: L. Rienner, 1994.

——."Conflict Management in a Modern Inuit Community."In *Hunters and Gatherers in the Modern World: Conflict, Resistance, and Self-Determination*, by Peter P. Schweitzer, Megan Biesele, and Robert K. Hitchcock. New York:Berghahn Books, 2000.

Brontë, Emily. *Wuthering Heights*. Oxford: Oxford University Press, 2009.

Burrows, Edwin G., and Melford E. Spiro. *An Atoll Culture: Ethnography of Ifaluk in the Central Carolines*. New Haven, CT: Human Relations Area Files, 1953.

Buss, D. M., R. J. Larsen, D. Westen, and J. Semmelroth."Sex Differences in Jealousy: Evolution, Physiology, and Psychology."*Psychological Science* 3, no. 4(1992): 252.

Campbell, Anne, Steven Muncer, and Daniel Bibel."Women and Crime: An Evolutionary

Approach."*Aggression and Violent Behavior* 6, no. 5 (2001): 488.

Campos, J. J., K. C. Barrett, M. E. Lamb, H. H. Goldsmith, and C. Stenberg."Socioemotional Development."In *Infancy and Developmental Psychobiology*, by P. H. Mussen, 783–915. New York: Wiley, 1983.

Canadian Criminal Justice Association. "Aboriginal Peoples and the Criminal Justice System." 2000. http://caid.ca/CCJA.APCJS2000.pdf.

Cannon, Walter B."The James-Lange Theory of Emotions: A Critical Examination and an Alternative Theory." *The American Journal of Psychology* 100, nos. 3/4(1987): 570.

Cannon, Walter Bradford. *Bodily Changes in Pain, Hunger, Fear, and Rage*. New York:Appleton, 1929.

Carroll, Noël."A Very Short Introduction."In *Humour: A Very Short Introduction,*1–3. Oxford: Oxford University Press, 2014.

——. "Why Horror?"In *Philosophy of Horror: or, Paradoxes of the Heart*, 159–195. New York: Routledge, 1990.

Charlesworth, W. R."The Role of Surprise in Cognitive Development."In *Studies in Cognitive Development: Essays in Honor of Jean Piaget*, by David Elkind, Jean Piaget, and John H. Flavell, 257–314. London: Oxford University Press, 1969.

Chua, C. L."A Review of Laughable Love."*Studies in Short Fiction* 12, no. 4 (1975):419–421.

Closer. Directed by Mike Nichols. Produced by Mike Nichols, Cary Brokaw, and John Calley. United States: Columbia Pictures, 2004.

Curie, Eve. *Madame Curie: A Biography*. Translated by Vincent Sheean. New York:Da Capo Press, 1986.

Curtis, V. A., L. O. Danquah, and R. V. Aunger. "Planned, Motivated and Habitual Hygiene Behaviour: An Eleven Country Review."*Health Education Research* 24,no. 4 (2009): 655–673.

Curtis, Val, Adam Biran, Katie Deverell, Clarissa Hughes, Kate Bellamy, and Bo Drasar."Hygiene in the Home: Relating Bugs and Behaviour."*Social Science &Medicine* 57, no. 4 (2003): 657–672.

Damasio, Antonio R."Feeling Feelings."In *The Feeling of What Happens: Body and Emotion in the Making of Consciousness*. New York: Harcourt Brace, 1999.

Dancy, Russell. *Plato's Introduction of Forms*. Cambridge: Cambridge University Press,2004.

Darwin, Charles."General Principles of Expression."In *The Expression of the Emotions in Man and Animals*. London: Penguin Books, 2009.

De Souza, Altay Alves Lino, Michele Pereira Verderane, Juliana Tieme Taira, and Emma Otta. "Emotional and Sexual Jealousy As a Function of Sex and Sexual Orientation in a Brazilian Sample."*Psychological Reports* 98, no. 2 (2006): 531.

Dennett, Daniel C."Memes and the Exploitation of Imagination."*The Journal of Aesthetics and Art Criticism* 48, no. 2 (1990): 127–135.

Departures. Directed by Yojiro Takita. Produced by Tashiaki Nakazawa. Japan:Shochiku, 2008.

Devlin, Patrick."The Enforcement of Morals."In *Proceedings of the British Academy*,143–144. Oxford: Oxford University Press, 2004.

Diener, E., and R. Biswas-Diener. *Happiness: Unlocking the Mysteries of Psychological Wealth*. US: Blackwell Publishing, 2008.

Doi, Takeo. *The Anatomy of Dependence*. Translated by John Bester. New York, NY:Kodansha USA, 2014.

Dolan, Ronald E., and Robert L. Worden. *Japan: A Country Study*. Washington:Library of Congress, Federal Research Division, 1992.

Easterlin, Richard A."A Puzzle for Adaptive Theory." *Journal of Economic Behavior &Organization* 56, no. 4 (2005): 513–521.

——. "Does Economic Growth Improve the Human Lot?: Some Empirical Evidence."*Nations and Households in Economic Growth*, 1974, 89–125.

Easterlin et al.,"The Happiness–Income Paradox Revisited." IZA Discussion Paper,no. 5799 (June 2011).

Eibl-Eibesfeldt, Irenäus. *Love and Hate: The Natural History of Behavior Patterns(Foundations of Human Behavior)*. Translated by Geoffrey Strachan. London:Routledge, 1996.

Ekman, Paul."Emotions Across Cultures."In *Emotions Revealed: Recognizing Faces and Feelings to Improve Communication and Emotional Life*. New York: Henry Holt and Company, 2003.

Ekman, Paul, and Wallace V. Friesen."Constants Across Cultures in the Face and Emotion." *Journal of Personality and Social Psychology* 17, no. 2 (1971): 124–129.

——."Why Mistakes Are Made in Understanding Facial Expressions of Emotion."In *Unmasking the Face: A Guide to Recognizing Emotions from Facial Clues*, 20.Cambridge, MA: Malor Books, 2003.

Ekman, Paul, et al.,"Universals and Cultural Differences in the Judgements of Facial Expressions of Emotions."*Journal of Personality and Social Psychology* 53, no. 4(1987): 712–717.

Ellis, Alissa J., Tony T. Wells, W. Michael Vanderlind, and Christopher G. Beevers."The Role of Controlled Attention on Recall in Major Depression."*Cognition and Emotion* 28, no. 3 (2013): 523.

Farrell, Daniel M."Jealousy."*The Philosophical Review* 89, no. 4 (1980): 529–534.

Fernandez-Duque, Diego, Jodie A. Baird, and Michael I. Posner."Executive Attention and Metacognitive Regulation."*Consciousness and Cognition* 9, no. 2(2000): 288–307.

Forgas, Joseph P."Sad and Guilty?: Affective Influences on the Explanation of Conflict in Close Relationships."*Journal of Personality and Social Psychology* 66,no. 1 (1994): 60.

Frankl, Viktor E."Experiences in a Concentration Camp."In *Man's Search for Meaning:An Introduction to Logotherapy*. New York: Washington Square Press, 1963.

Friesen, Wallace Verne. *Cultural Differences in Facial Expressions in a Social Situation:An Experimental Test of the Concept of Display Rules*. San Francisco: University of California, San Francisco, 1972.

Fromm, Erich. *The Art of Loving*. Edited by Ruth Nanda Anshen. New York: Harper& Row, 1956.

Galati, Dario, Barbara Sini, Susanne Schmidt, and Carla Tinti."Spontaneous Facial Expressions in Congenitally Blind and Sighted Children Aged 8–11."*Journal of Visual Impairment & Blindness* 97, no. 7 (July 2003): 418–428.

Garner, W. R. *The Processing of Information and Structure*. Potomac: Erlbaum, 1974.

Gasper, K., and G. L. Clore."Attending to the Big Picture: Mood and Global Versus Local Processing of Visual Information."*Psychological Science* 13, no. 1 (2002).

Goldie, Peter."Culture, Evolution, and the Emotions."In *The Emotions: A Philosophical Exploration*, 99. Oxford: Clarendon Press, 2002.

Goodenough, F. L."Expression of the Emotions in a Blind-Deaf Child."*The Journal of Abnormal and Social Psychology* 27, no. 3 (1932): 328–333.

Gould, S. J., and R. C. Lewontin."The Spandrels of San Marco and the Panglossian Paradigm: A Critique of the Adaptationist Programme."*Proceedings of the Royal Society B: Biological Sciences* 205, no. 1161 (1979): 585–586.

Green,K.J."Navy SEALs Mental Training."YouTube. February 15, 2012. https://www.youtube.com/watch?v=Ju4FojRkEKU.

Guadagno, Rosanna E., and Brad J. Sagarin."Sex Differences in Jealousy: An Evolutionary Perspective on Online Infidelity."*Journal of Applied Social Psychology* 40, no. 10 (2010): 2636.

Haidt, J., P. Rozin, C. Mccauley, and S. Imada."Body, Psyche, and Culture: The Relationship between Disgust and Morality."*Psychology & Developing Societies* 9,no. 1 (1997): 107–131.

Halvorson, Heidi Grant."How to Keep Happiness from Fading."*Forbes* (August 14,2012). https://www.forbes.com/sites/heidigranthalvorson/2012/08/14/how-tokeep-happiness-from-fading/#d615ec619515.

Hammond, David, Geoffrey T. Fong, Paul W. McDonald, K. Stephen Brown, and Roy Cameron. "Graphic Canadian Cigarette Warning Labels and Adverse Outcomes: Evidence from Canadian Smokers."*American Journal of Public Health* 94, no. 8 (2004): 1442–1445.

Harlé, Katia M., John J. B. Allen, and Alan G. Sanfey."The Impact of Depression on Social Economic Decision Making."*Journal of Abnormal Psychology* 119, no.2 (2010): 440–446.

Hart, Sybil L., Heather A. Carrington, E. Z. Tronick, and Sebrina R. Carroll."When Infants Lose Exclusive Maternal Attention: Is It Jealousy?" *Infancy* 6, no. 1(2004): 57–78.

Helliwell, John, Richard Layard, and Jeffrey Sachs, eds. *World Happiness Report* 2012. New York: Sustainable Development Solutions Network, 2012.

——. *World Happiness Report* 2013. New York: Sustainable Development Solutions Network, 2013.

——. *World Happiness Report* 2015. New York: Sustainable Development Solutions Network, 2015.

——. *World Happiness Report* 2016. New York: Sustainable Development Solutions

Network, 2016.

——. *World Happiness Report* 2017. New York: Sustainable Development Solutions Network, 2017.

——. *World Happiness Report 2018*. New York: Sustainable Development Solutions Network, 2018.

Her. Directed by Spike Jonze. Produced by Megan Ellison, Spike Jonze, and Vincent Landay. United States: Warner Bros. Pictures, 2013.

Hill, S. E., and D. J. Delpriore."(Not) Bringing Up Baby: The Effects of Jealousy on the Desire to Have and Invest in Children." *Personality and Social Psychology Bulletin* 39, no. 2 (2013): 5.

Hitler, Adolf."Years of Study and Suffering in Vienna."In *Mein Kampf*, translated by Ralph Manheim, 53. London: Hutchinson & Co, 1974.

Hume, David."Part III: Of the Will and Direct Passions."In *A Treatise of Human Nature*. Kitchener, ON: Batoche, 1999.

Izard, Carroll E. *The Face of Emotion*. New York: Appleton-Century-Crofts, 1971.

James, William."What Is an Emotion?"*Mind* 9, no. 34 (April 1884): 190–191.

Johnson, Frank A. *Dependency and Japanese Socialization: Psychoanalytic and Anthropological Investigations into Amae*. New York: New York University Press,1993.

Judah, Gaby, Robert Aunger, Wolf-Peter Schmidt, Susan Michie, Stewart Granger,and Val Curtis. "Experimental Pretesting of Hand-Washing Interventions in a Natural Setting."*American Journal of Public Health* 99, no. S2 (2009).

Kagan, Jerome. *The Second Year: The Emergence of Self-awareness*. Cambridge, MA:Harvard University Press, 1981.

Kahan, Dan M."'The Anatomy of Disgust' in Criminal Law."*Michigan Law Review* 96, no. 6 (1998): 1649–1650.

Kahneman, D., and A. Deaton."High Income Improves Evaluation of Life but Not Emotional Well-Being."*Proceedings of the National Academy of Sciences* 107, no.38 (2010): 16489–16493.

Kahneman, Daniel, and Richard H. Thaler."Anomalies: Utility Maximization and Experienced Utility."*The Journal of Economic Perspectives* 20, no. 1 (2006):221–234.

Kamimura, Marina."Teen Violence Rising in Japan."*World News* (March 14, 1998). http://edition.cnn.com/WORLD/9803/14/japan.teen.violence/.

Kant, Immanuel. *The Critique of Judgment.* Translated by J. H. Bernard. London:Macmillan, 1914.

——. *Critique of Judgement.* Translated by James Creed Meredith. New York:Oxford University Press, 2007.

Kass, Leon R."The Wisdom of Repugnance: Why We Should Ban the Cloning of Humans." *Valparaiso University Law Review* 32, no. 2 (1997): 687.

Keller, Helen. *We Bereaved.* Leslie Fulenwider, 1929. Reprint, Isha Books, 2013.

"Kieslowski: The Cinema Lesson [*Three Colors: Blue*]." Interview by Dominique Rabourdin. La Sept Arte, 1994.

Kreibig, Sylvia D., Frank H. Wilhelm, Walton T. Roth, and James J. Gross."Cardiovascular, Electrodermal, and Respiratory Response Patterns to Fear- and Sadness-Inducing Films." *Psychophysiology* 44, no. 5 (2007): 787–806.

Kübler-Ross, Elisabeth, and David Kessler. *On Grief and Grieving: Finding the Meaning of Grief through the Five Stages of Loss*. New York: Scribner, 2005.

Kundera, Milan."Symposium."In *Laughable Loves*, edited by Suzanne Rappaport.New York: Harper Perennial, 1999.

Kunst-Wilson, W., and R. Zajonc."Affective Discrimination of Stimuli That Cannot Be Recognized." *Science* 207, no. 4430 (1980): 557–558.

Laing, R. D."Pretence and Elusion."In *Self and Others*. New York: Routledge, 1999.

Lanzetta, John T., Jeffrey Cartwright-Smith, and Robert E. Eleck."Effects of Nonverbal Dissimulation on Emotional Experience and Autonomic Arousal."*Journal of Personality and Social Psychology* 33, no. 3 (1976): 354–370.

Lazarus, Richard S."The Cognitive-Motivational-Relational Theory."In *Emotion and Adaptation*, 122. New York: Oxford University Press, 1991.

Lebra, Takie Sugiyama. *Japanese Patterns of Behavior*. Honolulu: University of Hawai'i Press, 1976.

LeDoux, J."A Few Degrees of Separation."In *The Emotional Brain: The Mysterious Underpinnings of Emotional Life*. New York: Simon & Schuster Paperbacks,1998.

——. "The Emotional Brain, Fear, and the Amygdala."Cellular and Molecular Neurobiology 23, nos. 4–5 (October 2003): 727–738.

Leeuw, Maaike, Mariëlle E. J. B. Goossens, Steven J. Linton, Geert Crombez,Katja Boersma, and Johan W. S. Vlaeyen."The Fear-Avoidance Model of Musculoskeletal Pain: Current State of Scientific Evidence."*Journal of Behavioral Medicine* 30, no. 1 (February 2007): 88.

Levenson, Robert W., Paul Ekman, and Wallace V. Friesen."Voluntary Facial Action Generates Emotion-Specific Autonomic Nervous System Activity."*Psychophysiology* 27, no. 4 (1990): 363–384.

Levenson, Robert W., Paul Ekman, Karl Heider, and Wallace V. Friesen."Emotion and Autonomic Nervous System Activity in the Minangkabau of West Sumatra."*Journal of Personality and Social Psychology* 62, no. 6 (1992): 972–988.

Lewis, M. "Aspects of Self: From Systems to Ideas"In *The Self in Early Infancy Theory and Research*, by P. Rochat, 95–115. Amsterdam: Elsevier, 1995.

——."The Self-Conscious Emotion."Encyclopedia on Early Childhood Development,2001.

Lewis, Michael, and Douglas Ramsay."Development of Self-Recognition, Personal Pronoun Use, and Pretend Play During the 2nd Year."*Child Development* 75,no. 6 (2004): 1821–1831.

Lewis, Michael, Jeannette M. Haviland-Jones, and Lisa Feldman Barrett."Disgust."In *Handbook of Emotions*, 757–776. New York: Guilford Press, 2010.

Lim, Weng Marc."Revisiting Kubler-Ross's Five Stages of Grief: Some Comments on the iPhone 5."*Journal of Social Sciences* 9, no. 1 (2013).

Lipka, Michael. "Appendix II: The Seizure of Cheese from the Altar of Orthia in Xenophon and the 'Diamastigosis' of the Later Sources." In *Xenophon's Spartan Constitution: Introduction, Text, Commentary*, 255–257. Berlin: Walter de Gruyter, 2002.

Loewenstein, George."Out of Control: Visceral Influences on Behavior."*Organizational Behavior and Human Decision Processes* 65, no. 3 (1996): 272–292.

Lucas, Richard E., Andrew E. Clark, Yannis Georgellis, and Ed Diener."Reexamining Adaptation and the Set Point Model of Happiness: Reactions to Changes in Marital Status."*Journal of Personality and Social Psychology* 84, no. 3 (2003):527–539.

Lutz, Catherine A.“Need, Violation, and Danger: Three Emotions in Everyday Life.”In *Unnatural Emotions: Everyday Sentiments on a Micronesian Atoll and Their Challenge to Western Theory*, 144–149. Chicago: The University of Chicago Press, 1988.

——. *Unnatural Emotions: Everyday Sentiments on a Micronesian Atoll and Their Challenge to Western Theory*. Chicago: The University of Chicago Press, 1988.

Lyubomirsky, Sonja.“Hedonic Adaptation to Positive and Negative Experiences.”*Oxford Handbooks Online*, 2010.

Maclean, Paul D.“Psychosomatic Disease and the‘Visceral Brain’: Recent Developments Bearing on the Papez Theory of Emotion.”*Psychosomatic Medicine* 11, no. 6 (1949): 338–353.

Marsh, Abigail A., Reginald B. Adams, and Robert E. Kleck.“Why Do Fear and Anger Look the Way They Do? Form and Social Function in Facial Expressions.”*Personality and Social Psychology Bulletin* 31, no. 1 (2005): 77.

Martin, Manuel L. Saint. “Running Amok: A Modern Perspective on a Culture-Bound Syndrome.” *The Primary Care Companion to The Journal of Clinical Psychiatry* 01, no. 03 (1999): 66–70.

Mavis, Hetherington E., William Kessen, Paul H. Mussen, Marshall M. Haith, and Joseph J. Campos. *Handbook of Child Psychology*. New York: John Wiley and Sons, 1983.

mb243581.“Rwandan Genocide Project (RTLM Radio).”YouTube video, 0:52.Posted April 15, 2009. https://www.youtube.com/watch?v=GeVa6U9yLCc.

McMillan, T. M., and S. J. Rachman.“Fearlessness and Courage: A Laboratory Study of Paratrooper Veterans of the Falklands War.”*British Journal of Psychology* 78,no. 3 (1987): 376–377.

McNeill, J.“Early Irish Penitentials.”In *Medieval Handbooks of Penance: A Translation of the Principal Libri Poenitentiales and Selections from Related Documents*. 29th ed. New York: Columbia University Press, 1938.

Medinnus, Gene Roland. *An Investigation of Piaget's Concept of the Development of Moral Judgment in Six- to Twelve-Year-Old Children from the Lower Socioeconomic Group*. Minneapolis: University of Minnesota, 1957.

Meltzoff, Andrew N.“Understanding the Intentions of Others: Re-enactment of Intended Acts by 18-Month-Old Children.”*Developmental Psychology* 31, no. 5(1995): 838–850.

Meltzoff, Andrew N., and M. Keith Moore."Early Imitation within a Functional Framework: The Importance of Person Identity, Movement, and Development."*Infant Behavior and Development* 15, no. 4 (1992): 479–505.

Mill, John Stuart."What Utilitarianism Is."In *Utilitarianism*, edited by George Sher,6–26. Indianapolis: Hackett Publishing Company, 2001.

de Montaigne, Michel. *The Complete Essays*. Edited by M. A. Screech. London,England: Penguin Books, 2003.

Montgomery, M. R. *Saying Goodbye: A Memoir for Two Fathers*. New York: Knopf,1989.

Moore, Chris, and Valerie Corkum."Infant Gaze Following Based on Eye Direction."*British Journal of Developmental Psychology* 16, no. 4 (1998): 495–503.

Morris, J. S., B. DeGeler, L. Weiskrantz, and R. J. Dolan."Differential Extrageniculostriate and Amygdala Responses to Presentation of Emotional Faces in a Cortically Blind Field."*Brain* 124, no. 6 (2001): 1241–1252.

Munoz-Rivas, Marina J., Jose Luis Grana Gomez, K. Daniel O'Leary, and Pilar Gonzalez Lozano. "Physical and Psychological Aggression in Dating Relationships in Spanish University Students."*Psicothema* 19: 102–107.

National Police Agency."On the Publication of the White Paper on Police 2010."2010. http://www.npa.go.jp/hakusyo/h22/english/White_Paper_2010.pdf.

——."Situation of Juvenile Delinquency in Japan in 2006."2007. https://www.npa.go.jp/english/syonen1/20070312.pdf.

Nerhardt, Göran."Humor and Inclination to Laugh: Emotional Reactions to Stimuli of Different Divergence from a Range of Expectancy."*Scandinavian Journal of Psychology* 11, no. 1 (1970): 185–195.

Niiya, Yu, Phoebe C. Ellsworth, and Susumu Yamaguchi."Amae in Japan and the United States: An Exploration of a'Culturally Unique'Emotion."*Emotion* 6,no. 2 (2006): 279–295.

Nozick, Robert. *The Examined Life: Philosophical Meditations*. New York: Simon &Schuster, 2006.

Nuckolls, Charles William. "Spiro and Lutz on Ifaluk: Value Dialectics on a Micronesian Atoll." In *Culture: A Problem That Cannot Be Solved*, 66. Madison:University of Wisconsin Press, 1998.

Nussbaum, Martha Craven."Emotions as Judgments of Value."In *Upheavals of Thought: The Intelligence of Emotions*. Cambridge, UK: Cambridge UniversityPress, 2001.

Oakes, G. "Max Weber on Value Rationality and Value Spheres." *Journal of Classical Sociology* 3, no. 1 (2003): 27–45.

Öhman, Arne, and Joaquim J. F. Soares."'Unconscious Anxiety': Phobic Responses to Masked Stimuli."*Journal of Abnormal Psychology* 103, no. 2 (1994): 231–240.

Olds, James, and Peter Milner."Positive Reinforcement Produced by Electrical Stimulation of Septal Area and Other Regions of Rat Brain."*Journal of Comparative and Physiological Psychology* 47, no. 6 (1954): 419–427.

Oring, Elliott. Engaging *Humor: Exploring the Structure, Motives, and Meanings of Humor in Everyday Life*. Champaign, IL: University of Illinois Press, 2003.

——."Appropriate Incongruity Redux."In *Engaging Humor*, 1–4. Champagne,IL: University of Illinois Press, 2010.

Pal, Kakali, Abigail Smith, Joseph Hayes, and Apu Chakraborty."Othello Syndrome Secondary to Ropinirole: A Case Study."*Case Reports in Psychiatry* (2012): 1.

Palmer, S. E."Goodness, Gestalt, Groups, and Garner: Local Symmetry Subgroups as a Theory of Figural Goodness."In *The Perception of Structure: Essays in Honor of Wendell R. Garner*, edited by G. R. Lockhead and J. R. Pomerantz, 23–39.Washington DC: American Psychological Association, 1991.

Papez, James W. "A Proposed Mechanism of Emotion." *Archives of Neurology and Psychiatry* 29 (1937): 217–224.

Pass, Olivia Mcneely. "Toni Morrison's Beloved: A Journey through the Pain of Grief." *Journal of Medical Humanities* 27, no. 2 (2006): 117–124.

Piers, Gerhart, and Milton B. Singer. *Shame and Guilt: A Psychoanalytic and a Cultural Study*. New York: W.W. Norton, 1971.

Plato. "Philebus."In *Philebus*, translated by Benjamin Jowett, 44. Champaign:Project Gutenberg.

——. *Meno; and, Phaedo. Edited by David Sedley and Alex Long*. Translated by Alex Long. Cambridge, UK: Cambridge University Press, 2011.

——. *Symposium: Plato*. Edited by C. J. Rowe. Warminster: Aris & Phillips, 1998.

Plutarch."The Life of Lycurgus."In *The Parallel Lives*, Vol. 1, 263. Cambridge, MA:Harvard University Press, 1914.

Plutchik, Robert."The Nature of Emotions."*American Scientist* 89: 344–350.

Porzig-Drummond, Renata, Richard Stevenson, Trevor Case, and Megan Oaten."Can the Emotion of Disgust Be Harnessed to Promote Hand Hygiene?:Experimental and Field-Based Tests." *Social Science & Medicine* 68, no. 6 (2009):1006–1012.

Prinz, Jesse J."Basic Emotions and Natural Kinds."In *Gut Reactions: A Perceptual Theory of Emotion*, 91–92. Oxford: Oxford University Press, 2004.

Proust, Marcel. *The Past Recaptured.* Translated by F. A. Blossom. New York: Modern Library, 1932.

Quine, W. V., and J. S. Ullian. *The Web of Belief.* 2nd ed. New York: Random House,1978.

Quinn, Naomi, and Jeannette Marie Mageo."Adult Attachment Cross-Culturally: A Reanalysis of the Ifaluk Emotion Fago."In *Attachment Reconsidered: Cultural Perspectives on a Western Theory*, 215–240. New York: Palgrave Macmillan,2013.

Raeff, Catherine."Multiple and Inseparable: Conceptualizing the Development of Independence and Interdependence."*Human Development* 49, no. 2 (2006):96–121.

Ramachandran, V. S., and William Hirstein."The Science of Art: A Neurological Theory of Aesthetic Experience."*Journal of Consciousness Studies* 6 (1999): 15–51.

Raskin, Victor. *Semantic Mechanisms of Humor*. Dordrecht: D. Reidel, 1985.

Rawls, John."The Reason for the Two Principles."In *A Theory of Justice*, 133. Cambridge, MA: Harvard University Press, 2009.

Reber, Rolf, Piotr Winkielman, and Norbert Schwarz."Effects of Perceptual Fluency on Affective Judgments."*Psychological Science* 9 (1998): 45–48.

Reber, Rolf, Norbert Schwarz, and Piotr Winkielman. "Processing Fluency and Aesthetic Pleasure: Is Beauty in the Perceiver's Processing Experience?"*Personality and Social Psychology Review* 8, no. 4 (2004): 364–382.

Reiter, Paul L., Benjamin Broder-Oldach, Mary Ellen Wewers, Elizabeth G. Klein,Electra D. Paskett, and Mira L. Katz."Appalachian Residents'Perspectives on New U.S. Cigarette Warning Labels."*Journal of Community Health* 37, no. 6(2012): 1269–1278.

Ring. Directed by Hideo Nakata. Produced by Shinya Kawai and Takenori Sento.Japan: Toho, 1998.

Rochat, Philippe. “Five Levels of Self-Awareness As They Unfold Early in Life.”*Consciousness and Cognition* 12, no. 4 (2003): 717–731.

Rochat, Philippe, and Susan J. Hespos.“Differential Rooting Response by Neonates:Evidence for an Early Sense of Self.” *Early Development and Parenting* 6, no. 34(1997): 105–112.

Rochat, Philippe, Jane G. Querido, and Tricia Striano.“Emerging Sensitivity to the Timing and Structure of Protoconversation in Early Infancy.” *Developmental Psychology* 35, no. 4 (1999): 950–957.

Rozin, P., J. Haidt, and C. R. McCauley.“Disgust.”In *Handbook of Emotions*, by M.Lewis, J. M. Haviland-Jones, and L. F. Barrett, 757–776. 3rd ed. New York:Guilford Press, 2008.

Rozin, Paul, Linda Millman, and Carol Nemeroff.“Operation of the Laws of Sympathetic Magic in Disgust and Other Domains.”*Journal of Personality and Social Psychology* 50, no. 4 (1986): 703–712.

Russell, Bertrand. *History of Western Philosophy*. London: Routledge, 2004.

Safdar, Saba, Wolfgang Friedlmeier, David Matsumoto, Seung Hee Yoo, Catherine T.Kwantes, Hisako Kakai, and Eri Shigemasu.“Variations of Emotional Display Rules within and across Cultures: A Comparison between Canada, USA, and Japan.”*Canadian Journal of Behavioural Science / Revue canadienne des sciences du comportement* 41, no. 1 (2009): 1–10.

de Saint-Exupery, Antoine. *The Little Prince*. Edited by Richard Howard. San Diego:Houghton Mifflin Harcourt Publishing Company, 2000.

Sartre, Jean-Paul.“Existentialism Is a Humanism.”In *Existentialism from Dostoyevsky to Sartre*, by Walter Kaufman. Meridian Publishing Company, 1956.

——.“The Classic Theories.”In *Sketch for a Theory of the Emotions*. London:Methuen, 1962.

——. *Existentialism and Humanism*. Brooklyn: Haskell House, 1977.

——. *Essays in Existentialism*. Citadel Press, 1993.

Schachter, Stanley, and Jerome Singer.“Cognitive, Social, and Physiological Determinants of Emotional State.”*Psychological Review* 69, no. 5 (1962): 379–399.

Scherer, Klaus R., Angela Schorr, and Tom Johnstone."Appraisal Considered As a Process of Multilevel Sequential Checking."In *Appraisal Processes in Emotion:Theory, Methods, Research*, 92–120. Oxford: Oxford University Press, 2001.

Schreiber, M."Grisly Sasebo Murder Defies Explanation."*The Japan Times* (August 16, 2014). http://www.japantimes.co.jp/news/2014/08/16/national/medianational/grisly-sasebo-murder-defies-explanation/#.VT3z8SGqpBc.

Schwarz, N."Feelings as Information: Informational and Motivational Functions of Affective States."In *Handbook of Motivation and Cognition: Foundations of Social Behavior*, by E. T. Higgins and R. Sorrentino, 527–561. Vol. 2. New York: Guilford Press, 1990.

Schwarz, Norbert, Daniel Kahneman, and Jing Xu."Global and Episodic Reports of Hedonic Experience."In *Calendar and Time Diary Methods in Life Course Research*, by Robert F. Belli, Frank P. Stafford and Duane F. Alwin, 167–168.California: Sage Publications, 2009.

Seating Arrangements Mrs. Rosa Parks. December 21, 1956. New York: United Press.

Sellars, John. *Stoicism*. Berkeley: University of California Press, 2006.

Seneca, Lucius Annaeus."Of Consolation: To Helvia."In *On Clemency*, translated by Aubrey Stewart, by Lucius Annaeus Seneca. London: George Bell and Sons, 1900.

Seneca, Lucius Annaeus, Robert A. Kaster, Martha Craven Nussbaum."On Anger."In *Anger, Mercy, Revenge*. Chicago: University of Chicago Press, 2010.

Shakespeare, William. *The Merchant of Venice*. Edited by Jay L. Halio. Oxford:Clarendon Press, 1993.

Sherwell, Philip."9/11: Voices from the Doomed Planes."*The Telegraph* (September 10, 2011). http://www.telegraph.co.uk/news/worldnews/september-11-attacks/8754395/911-Voices-from-the-doomed-planes.html.

Solomon, R. C. *The Passions*. Indianapolis: Hackett Publishing Company, 1993.

——. *True to Our Feelings: What Our Emotions Are Really Telling Us*. Oxford: Oxford University Press, 2007.

Solso, Robert L., ed. *Mind and Brain Sciences in the 21st Century*. Cambridge, MA:MIT Press, 1997.

Statistics Bureau of Japan."Employment Structure of the Population of 15 Years Old and Over and Households."2012. http://www.stat.go.jp/english/data/shugyou/pdf/sum2012.pdf.

Stipek, D.“The Development of Pride and Shame in Toddlers.”In *Self-Conscious Emotions: The Psychology of Shame, Guilt, Embarrassment, and Pride*, by J. P. Tangney and K. W. Foscier, 237–252. New York: Guilford Press, 1995.

Stipek, Deborah, Susan Recchia, Susan McClintic, and Michael Lewis.“Self-Evaluation in Young Children.”*Monographs of the Society for Research in Child Development* 57, no. 1 (1992): 5–8.

Strack, F., L. L. Martin, and S. Stepper. “Inhibiting and Facilitating Conditions of the Human Smile: A Nonobtrusive Test of the Facial Feedback Hypothesis.”*Journal of Personality and Social Psychology* 54, no. 5 (1988).

Stroop, J. Ridley.“Studies of Interference in Serial Verbal Reactions.”*Journal of Experimental Psychology: General* 121, no. 1 (1992): 15–23.

Suls, Jerry. “Cognitive Processes in Humor Appreciation.” In *Handbook of Humor Research*, Vol. 1, edited by Jeffrey H. Goldstein and Paul E. McGhee, 39–57.New York: Springer, 1983.

Talmer.“Joke #3569.”Unijokes. https://unijokes.com/joke-3569/.

Tangney, June Price, Rowland S. Miller, Laura Flicker, and Deborah Hill Barlow.“Are Shame, Guilt, and Embarrassment Distinct Emotions?” *Journal of Personality and Social Psychology* 70, no. 6 (1996): 1256–1269.

Three Colours: Blue. Directed by Krzysztof Kie lowski. Produced by Marin Karmitz. France/Poland/Switzerland: MK2 Diffusion & Miramax, 1993.

Tov-Ruach, Leila.“Jealousy, Attention, and Loss.”In *Explaining Emotions*, by Amélie Rorty, 465–488. Berkeley: University of California Press, 1980.

Tweed, Benjamin Franklin. *Grammar for Common Schools*. Boston: Lee and Shepard, 1888.

UShistory.org.“The Declaration of Independence.”April 4, 1776. http://www.ushistory.org/declaration/document/.

Vogel, E. F.“Kinship Structure, Migration to the City, and Modernization.”In *Aspects of Social Change in Modern Japan*, by R. P. Dore, 91–112. Princeton, NJ:Princeton University Press, 1961.

Vowles, Kevin E., and Richard T. Gross. “Work-Related Beliefs about Injury and Physical Capability for Work in Individuals with Chronic Pain.”Pain 101, no.3 (2003): 291–

298.

Walden, Tedra A., and Tamra A. Ogan. "The Development of Social Referencing."*Child Development* 59, no. 5 (1988): 1230.

Watson, John B., and Rosalie Rayner."Conditioned Emotional Reactions."*Journal of Experimental Psychology* 3, no. 1 (1920): 1–14.

Weiskrantz, L."Behavioral Changes Associated with Ablation of the Amygdaloid Complex in Monkeys."*Journal of Comparative and Physiological Psychology* 29(1956): 381–391.

Whitehead, Alfred North. *Process and Reality: An Essay in Cosmology—Gifford Lectures Delivered in the University of Edinburgh during the Session 1927–28*. New York:The Free Press, 1979.

Wilson, William Raft. *The Unobtrusive Induction of Positive Attitudes*. Ann Arbor:University of Michigan, 1975.

Wiseman, Richard."LaughLab." http://www.laughlab.co.uk/.

Wood, Darryl S."Violent Crime and Characteristics of Twelve Inuit Communities in the Baffin Region, NWT."Master's thesis, Simon Fraser University, 1997.

Woolf, Raphael. *Cicero: The Philosophy of a Roman Sceptic*. New York: Routledge,2015.

Zajonc, Robert B."Attitudinal Effects of Mere Exposure."*Journal of Personality and Social Psychology* 9, no. 2, Part. 2 (1968): 18–22.

中文参考资料（按笔画排序）

—. 日本少年杀人事件 [N].Now 新闻，2014-7-29.http://news.now.com/home/international/player?newsId=108024.

—. 日警擒获骑劫巴士疯子 [N]. 星岛日报，2000-5-5.http://std.stheadline.com/archive/fullstory.asp?andor=or&year1=2000&month1=5&day1=5&year2=2000&month2=5&day2=5&category=all&id=20000505b01&keyword1=&keyword2.

—. 圣经，和合本修订版（神）[M]. 香港：香港圣经公会，2015.

—. 自杀副校长遗书：到阴间再当老师 [N]. 中央通讯社网站，2014-4-18.http://www.

cna.com.tw/news/firstnews/201404185011-1.aspx.

—. 觅乳反射 [J/OL]. 台北：国家网络医药 .http://hospital.kingnet.com.tw/library/diagnose.html?lid=8981.

—. 奥瑟罗 . 上海：世界书局，2012.

土居健郎 . 日本式的“爱”：日本人“依爱”行为的心理分析 [M]. 黄恒正译 . 台北：远流出版公司，1971.

马克斯 · 韦伯 . 资本主义精神；新教伦理与资本主义 [M]. 彭强、黄晓京译 . 西安：陕西师范大学出版社，2002：25.

马塞尔 · 普鲁斯特 . 追忆似水年华——在斯万家那边 [M]. 李恒基、徐继曾译 . 台北：联经出版事业公司，2010.

王肃 . 孔子家语，六本第十五 [M]. 廖名春、邹新明校点 . 沈阳：辽宁教育出版社，1997：43.

艾蜜莉 · 勃朗特 . 咆哮山庄 [M]. 宋兆霖译 . 台北：商周出版社，2006.

古斯塔夫 · 克林姆 . 吻 [M].1907–1908.

包利民、李春树 . 苏格拉底“自知无知”的哲学意义 [J]// 浙江学刊，2005（5）：23–28.

让 - 保罗 · 萨特 . 存在主义是一种人道主义 [M]. 周煦良、汤永宽译 . 上海：上海译文出版社，1988.

托马斯 · 穆尔 . 乌托邦：关于乌托邦人的旅行等等 [M]. 戴镏龄译 . 北京：商务印书馆，1982：80.

达尔文 . 人与动物的情绪表达 [M]. 余人译 . 四川：四川人民出版社，1999.

达尔文 . 人类的由来 [M]. 潘光旦、胡寿文译 . 北京：商务印书馆，2009.

达尔文 . 物种起源，第 1 分册 [M]. 周建人、叶笃庄、方宗熙译 . 北京：三联书店，1955.

朱光潜 . 谈美 [M]. 台北：金枫出版社 .

庄子 . 庄子外篇，知北游，第 5[M]//. 陈鼓应编 . 庄子今注今译（下）. 香港：中华书局，2012：609.

刘备遗诏：蜀书 · 先主传 [M]// 陈寿撰，裴松之注 . 三国志 . 北京：中华书局，1982：891.

米兰 · 昆德拉 . 谈话会 [M]. 陈苍多译 // 可笑的爱 . 香港：皇冠文化，1995.

米歇尔 · 德 · 蒙田 . 蒙田随笔集 [M]. 辛见、沈晖译 . 台北：志文出版社，1990.

池田信夫 . 失去的二十年：日本经济长期停滞的真正原因 [M]. 胡文静译 . 北京：机械工业出版社，2012.

安东尼 · 圣修伯里 . 小王子，第 2 版 [M]. 张译译 . 台北：高宝国际，1999.

阮籍 . 鸠赋 [M]// 严可均辑，马志伟审订 . 全三国文 . 北京：商务印书馆，1999：468

牟宗三 . 圆善论 [M]. 台北：学生书局，1985.

苏轼 . 江城子 · 乙卯正月二十日夜记梦 [M]// 李华编 . 宋词三百首详注 . 江西：百花洲文艺出版社，2009：56.

杜甫 . 杜甫诗选注 [M]. 萧涤非注 . 北京：人民文学出版社，1979.

杜甫 . 蜀相 [M]// 彭定求等编 . 全唐诗 . 北京：中华书局，1960：2431.

李清照 . 一剪梅 [M]// 唐圭璋编 . 全宋词 . 香港：中华书局，1977：928.

邱淑婷 . 中日韩电影：历史、社会、文化 [M]. 香港：香港大学出版社，2010.

攸里辟得斯 . 美狄亚 [M]. 厄尔编，罗念生译 . 长沙：商务印书馆，1940.

辛弃疾 . 青玉案 [M]// 稼轩长短句：第 7 卷 . 上海：上海人民出版社，1975：89.

张雅婷 . 日本“隐蔽青年”逐年增加，足不出户自我封闭 [J/OL]. 环球网，2013-7-9 .http://world.huanqiu.com/exclusive/2013-07/4107509.html.

张端雄、林显宗 . 日本社会 [M]. 台北：致良，2000.

纳撒尼尔 · 霍桑 . 红字 [M]. 王元媛译 . 武汉：长江文艺出版社，2006.

范仲淹 . 岳阳楼记 [M]// 叶国良校阅，王兴华、沈松勤注译 . 范文正公选集 . 台北：三民书局，2014：113–114.

林显宗 . 日本的终身雇用—劳资和谐之分析 [J]// 台湾政治大学学报，64：267–290.

林语堂 . 苏东坡传 [M]. 张振玉译 . 长春：时代文艺出版社，1988.

林逢祺 . 美感经验与教育 [J]// 教育研究集刊，1998 -7（41）：155–170.

尚 - 多米尼克 · 鲍比 . 潜水钟与蝴蝶 [M]. 邱瑞銮译 . 台北：大块文化，1997.

罗尔斯 . 正义论 [M]. 周文子、柯朝钦、吴宗升编，李少军、杜丽燕、张虹译 . 台北：桂冠图书股份有限公司，2003.

罗成典 . 西洋法律哲学导论 [M]. 台北：秀威信息，2013.

罗伯特 · 诺奇克 . 无政府、国家和乌托邦，第三章：道德约束和国家 [M]. 姚大志译 // 北京：中国社会科学出版社，2008：51–54.

罗素．斯多葛主义 [M]. 何兆武、李约瑟译 // 西方哲学史及其与从古代到现代的政治、社会情况的联系，第 1 版，上卷，第 28 章．北京：商务印书馆，2009.

帕拉秋．奇迹男孩 [M]. 吴宜洁译．台北：天地杂志，2012.

岳晓东．幽默心理学：思考与研究 [M]. 香港：香港城市大学出版社，2012.

金庸．神雕侠侣，第 3 版 [M]. 香港：明河社，1959.

周国平．风中的纸屑 [M]. 海口：海南出版社，2003.

屈原．离骚 [M]// 林家骊译注．楚辞．北京：中华书局，2009：19.

孟子．孟子译注 [M]. 杨伯峻译注．北京：中华书局，2015.

项羽．垓下歌 [M// 司马迁著，夏松凉、李敏编．史记今注，项羽本纪第七．南京：南京大学出版社，2010.

赵德志．现代新儒家与西方哲学 [M]. 沈阳：辽宁大学出版社，1994.

柏拉图．《米诺篇》《费多篇》译注 .[M]. 徐学庸译注．北京：北京大学出版社，2015.

柏拉图．飨宴——柏拉图式爱的真谛 [M]. 王晓朝译．台北：左岸文化，2008.

威廉·莎士比亚．威尼斯商人 [M]. 朱生豪译．北京：大众文艺，2008.

姚永朴．论语解注合编 [M]. 余国庆校．安徽：黄山书社，2014

埃里希·弗罗姆．爱的艺术 [M]. 赵正国译．北京：国际文化出版公司，2004.

徐志摩．致梁启超 [M].// 顾永棣编．徐志摩日记书信精选．成都：四川文艺，1991：123.

唐琬．钗头凤·世情薄 [M]// 李华编．宋词三百首详注．江西：百花洲文艺，2009：188.

陶国璋．人生抛掷性 [N]// 信报财经新闻，2009-8-17.

陶渊明．归去来辞 [M]// 洪本健、方笑一、戴从喜、李强著，吴乘权、吴大职编．深入阅读《古文观止》：深入阅读，汇集评论，故事精神不漏接．台北：五南文库，2016：464.

萧伯纳．魔鬼的门徒 [M]. 姚克译．上海：文化生活，2012.

康德．实用人类学 [M]. 邓晓芒译．上海：上海人民出版社，2002.

梁实秋．怒 [M]// 江虹编．梁实秋散文精品．杭州：浙江文艺出版社，1992.

程登吉．婚姻 [M]// 邹圣脉编．幼学琼林．昆明：云南大学出版社，2007：98.

鲁迅．阿 Q 正传 [M]. 北京：人民文学，2009.

鲁思 · 潘乃德 . 菊与刀 [M]. 陆征译 . 台北：远足文化出版社，2012.

童妮 · 摩里森 . 宠儿 [M]. 何文敬译 . 台北：台湾商务印书馆，2003.

道金斯 . 自私的基因：我们都是基因的俘虏 [M]. 赵淑妙译 . 台北：天地文化，1995.

塞涅卡 . 愤怒；强者的温柔：塞涅卡伦理文选 [M]. 包利民译，王之光校 . 北京：中国社会科学出版社，2005.